“十二五”国家重点图书出版规划项目

CHINA WETLANDS RESOURCES
Shanghai Volume

# 中国湿地资源

## 上海卷

◎ 国家林业局组织编写

中国林業出版社

图书在版编目（CIP）数据

中国湿地资源·上海卷／国家林业局组织编写；蔡友铭分册主编．－北京：中国林业出版社，2015.12

“十二五”国家重点图书出版规划项目

ISBN 978-7-5038-8279-1

Ⅰ.①中… Ⅱ.①国… ②蔡… Ⅲ.①湿地资源－研究－上海市 Ⅳ.①P942.078

中国版本图书馆CIP数据核字（2015）第296572号

总 策 划：金 旻

策划编辑：徐小英

主要编辑：徐小英 刘香瑞 李 伟
何 鹏 于界芬

美术编辑：赵 芳

出版发行 中国林业出版社（100009 北京西城区刘海胡同7号）
http://lycb.forestry.gov.cn
E-mail:forestbook@163.com 电话：(010)83143515、83143543

设计制作 北京捷艺轩彩印制版有限公司

印刷装订 北京中科印刷有限公司

版　　次 2015年12月第1版

印　　次 2015年12月第1次

开　　本 787mm×1092mm 1/16

字　　数 294千字

印　　张 11.5

定　　价 85.00元

## 中国湿地资源系列图书
## 编撰工作领导小组

**顾　问：** 陈宜瑜　李文华　刘兴土

**组　长：** 张永利

**副组长：** 马广仁

**成　员：**（按姓氏笔画排序）

王文宇　王忠武　王海洋　韦纯良　邓乃平　邓三龙
兰宏良　刘建武　刘艳玲　刘新池　李　兴　李三原
李永林　来景刚　吴　亚　张宗启　陆月星　陈则生
陈传进　陈俊光　林云举　呼　群　金　旻　金小麒
周光辉　降　初　孟　沙　侯新华　夏春胜　党晓勇
徐济德　奚克路　阎钢军　程中才　雷桂龙　蔡炳华
樊　辉

## 中国湿地资源系列图书
## 编撰工作领导小组办公室

**主　任：** 马广仁

**副主任：** 鲍达明　唐小平　熊智平　马洪兵

**成　员：** 王福田　姬文元　刘　平　闫宏伟　李　忠　田亚玲
王志臣　张阳武　但新球　刘世好　王　侠　徐小英

## 《中国湿地资源·上海卷》编辑委员会



## 《中国湿地资源·上海卷》编写组

**主　　编：** 蔡友铭

**副 主 编：** 谢一民　袁　晓　薛　程

**编 著 者：**（按姓氏笔画排序）

田　波　孙从军　孙余杰　刘雨邑　陈亚瞿　张利权

邹维娜　周云轩　赵云龙　袁　庆　袁　琳　谢一民

童春富　裴恩乐　薄顺奇

**主　　审：** 张利权

**地图绘制：** 袁　庆　张　林　吴文挺

**插图编绘：** 薄顺奇　朱春娇　钱伟伟

**照片摄影：** 袁　晓　袁　琳

# 总　序

湿地是地球表层系统的重要组成部分，是自然界最具生产力的生态系统和人类文明的发祥地之一。在联合国环境规划署（UNEP）委托世界自然保护联盟（IUCN）编制的《世界自然资源保护大纲》中，湿地与森林和海洋一起并称为全球三大生态系统。湿地具有类型多样、分布广泛的特点；湿地更重要的是还具有多种供给、调节、支持与文化服务功能，是人类重要的生存环境和资源资本。湿地与人类生产生活和社会经济发展息息相关。湿地的重要性受到世界各国和国际社会的普遍关注。早在1971 年，国际社会就建立了全球第一个政府间多边环境公约，即《关于特别是作为水禽栖息地的国际重要湿地公约》（简称《湿地公约》）。同时，该公约也是全球最早针对单一生态系统保护的国际公约。1992 年中国加入《湿地公约》，自此我国湿地保护事业进入了新的发展时期。

我国加入《湿地公约》后，在国家林业局设立了专门的湿地保护和履约机构，对内负责组织、协调、指导和监督全国湿地保护工作，对外负责《湿地公约》的履约工作。近年来，中国各级政府在湿地保护方面开展了大量卓有成效的工作，采取了一系列保护和合理利用湿地资源的措施，在湿地保护规划和重点工程建设、财政补贴政策制定实施、法规制度建设、保护体系建设、科研监测、宣传教育和国际合作等方面取得了长足进步。但我国湿地生态系统仍然面临着盲目围垦与改造、污染、水土流失、泥沙淤积、生物资源过度利用等多种因素的破坏和威胁，导致面积减少，生态功能下降，生物多样性丧失。因此，切实保护和合理利用湿地资源，既是保障生态安全和国土安全的当务之急，更是中国实施可持续发展战略势在必行的要务。

开展湿地资源调查，摸清湿地资源家底，把握湿地资源动态，是所有湿地保护工作的基础，也是履行《湿地公约》各项工作的根基。2009 ~ 2013 年，在中央财政的支持下，国家林业局组织开展了第二次全国湿地资源调查工作。在此期间，我有幸作为第二次全国湿地资源调查专家技术委员会的主任委员，和其他专家一起全程参与了此次湿地资源调查的主要技术环节和成果鉴定。

我认为此次调查具有以下几个特点：一是，此次调查的湿地分类、界定标准、调查方法基本与《湿地公约》规定相接轨，使得调查数据符合《湿地公约》的要求，调查成果易于被国际认可，便于国际间的对比和交流。二是，制定了内容全面、方法科学、符合国际标准的统一技术规程《全国湿地资源调查技术规程（试行）》，进行了同标准、同口径的分期分批调查。三是，本次调查利用“3S”技术与现地验证相结合的技术方法，查清了全国范围内（未包括香港、澳门、台湾）8 公顷以上的湿地资源基本情况。四是，湿地调查分为一般调查和重点调查。重点调查包括，国际重要湿地、国家重要湿地、自然保护区（含自然保护小区）和湿地公园内的湿地以及其他特有、分布濒危物种和红树林等具有特殊保护价值的湿地。五是，组织保障有力。国家层面上，成立了第二次全国湿地资源调查领导小组、专家技术委员会、中央技术支撑单位和国家质量检查组；省级层面上，分别成立了湿地调查专职机构，组建了省级专业调查队伍。

需要指出的是，第二次全国湿地资源调查期间，我国湿地保护事业发展迅速。2009 年，中央启动了“湿地生态效益补偿试点”工作；2010 年开始，中央财政设立了湿地保护补助专项资金；2012 年，党的十八大将建设生态文明纳入中国特色社会主义事业“五位一体”总体布局，提出要“扩大森林、湖泊、湿地面积，保护生物多样性”。期间，国家林业局会同相关部门认真实施了《全国湿地保护工程实施规划 (2005 ～ 2010 年 )》和《全国湿地保护工程“十二五”实施规划》。2013 年，国家林业局出台的《推进生态文明建设规划纲要》划定了湿地保护红线，到 2020 年中国湿地面积不少于 8 亿亩。2013 年，国家林业局出台了第一部国家层面的湿地保护部门规章《湿地保护管理规定》。应该说，历时 5 年的湿地资源调查与同期湿地保护事业的发展，是休戚相关，相互促进的。

第二次全国湿地资源调查取得了丰硕成果。在全球范围内，我国率先完成了《湿地公约》倡导的国家湿地资源调查，首次科学、系统地查明了《湿地公约》所定义的我国湿地资源情况。建立了完整的全国湿地资源空间数据库和属性数据库，掌握了近 10 年来湿地资源动态变化情况，建立了稳定的湿地资源调查专业队伍和专家团队，形成了较为完整的湿地资源调查监测技术规范，完成了全国湿地资源总报告、分省报告和多个专题报告，编制了系列成果图。调查成果达到国际先进水平。

党的十八大对建设生态文明作出了全面部署，强调把生态文明建设放在突出地位，融入经济建设、政治建设、文化建设、社会建设各方面和全过程。在全国第二次湿地资源调查成果的基础上，系统编著形成了中国湿地资源系列图书，为新时期我国湿地保护事业奠定了坚实基础。希望本系列图书能够为我国湿地工作者在开展湿地研究、保护与合理利用工作时提供参考和借鉴。

中国科学院院士

2015 年 9 月

# 前　言

湿地与森林、海洋并称为全球三大生态系统，被誉为“地球之肾”“淡水之源”和“天然物种库”。湿地生态系统功能独特，不仅具有净化水质、调节气候、储碳固碳、提供生物栖息场所等生态功能，还具有蓄洪防旱、涵养水源、提供丰富动植物产品、丰富旅游和野外科研场所、传承文化等重要的社会经济功能。人类文明起源于湿地，如古埃及文明起源于尼罗河流域，古巴比伦文明起源于两河流域，中华文明起源于黄河流域。

上海位于长江入海口，是一个具有典型河口湿地冲淤特征的特大城市，有着较为丰富的湿地资源，在我国和全球都具有重要作用和地位。上海的湿地主要为近海与海岸滩涂湿地，在长江巨量来水来沙影响下，河口湿地不断淤积、侵蚀，呈动态变化。河口湿地淤涨为上海提供了重要的土地资源，河口水域保障了全市 2000 多万人口的生产生活用水；河口湿地生态系统是候鸟迁徙重要停歇地，也是上海沿江沿海区域重要的生态安全屏障。在上海国际化发展过程中，湿地发挥了国际航运支持、文化景观和休闲娱乐服务等功能和作用，对上海市“四个中心”建设、生态文明建设以及国民经济社会可持续发展都做出了巨大贡献。

为摸清上海市湿地资源现状，掌握湿地资源动态变化，在国家林业局统一部署下，上海市于 2012 年正式启动第二次湿地资源调查工作。根据国家林业局的要求，结合上海的实际情况，上海市林业局 2011 年 6 月着手湿地调查的前期准备工作，成立了领导小组及其办公室、专家委员会、市区两级调查队伍。湿地调查的技术指导和实施单位主要依托华东师范大学河口海岸科学研究院、上海市野生动植物保护管理站、上海市环境科学研究院、上海市地质调查研究院、中国水产科学院东海水产研究所和上海市应用技术学院等专业机构和科研单位。期间，先后进行了项目申报、工作方案和技术细则的制定与审核、调查启动、市区两级技术培训、试调查、外业调查、内业汇总整理、市级检查、报告编写、数据库和数字湿地系统构建、专家评审多个阶段，总体工作在 2012 年年底基本完成。参与本次调查有市和 9 区（县）林业部门、华东师范大学等 6 家技术单位，人数达 159 人。市级财政投入经费 400 多万元，区（县）财政作相应资金配套。

在全国第二次湿地资源调查中，上海首次采用分辨率为 2 米的遥感数据和全覆盖地面调查验证作业，市、区林业部门和高校、科研机构协同合作，系统、全面和准确地摸清了湿地及湿地动植物资源现状，掌握了全市湿地生物多样性和生态环境状况。结果表明，全市共有 5 个湿地类，13 个湿地型（不含水稻田湿地）。区划湿地区 27 个，面积在 8 公顷以上（含 8 公顷）的湿地斑块 1258 块，总面积为

464583.37 公顷（不含水稻田类型湿地。据 2011 年统计数据，全市水稻田面积为 11.21 万公顷），占全市陆域面积（不含滨海湿地）的 54.15%，占全市国土面积（含滨海湿地）的 37.90%。调查到湿地植物 80 科 209 属 321 种。调查记录到大型底栖动物 144 种，鱼类 18 目 38 科 113 种；水鸟 8 目 15 科 93 种，两栖类动物 1 目 3 科 5 种，爬行类动物 3 目 4 科 6 种，哺乳类动物 5 目 5 科 5 种。

通过上海市第二次湿地资源调查，主要取得以下成果：①采用 3S 技术，特别是采用最新高分辨率遥感影像进行精细判读和现地验证作业，首次全面、准确地查清了全市面积不小于 8 公顷、河流宽度 10 米以上、长度 5 公里以上的全部湿地。②利用 3S 技术与地面验证相结合的湿地全覆盖调查技术，构建了基于 ArcGIS 平台，集成调查样线图、湿地斑块图、遥感影像图、调查表格、湿地图片等多类型多源数据的全系列数字化的上海湿地空间信息数据库和管理系统。③详细清楚地调查了全市重要湿地生物多样性，掌握了湿地动植物本底状况。④系统分析了湿地在城市发展建设中的重要意义，从城市化建设、湿地圈围、外来物种入侵、海岸侵蚀、海平面上升等多因素和多角度，综合分析和评价了湿地与湿地生态系统受威胁情况、保护与利用存在问题及应对策略。⑤从湿地网络体系建设、湿地生态空间发展、湿地立法建设、湿地生态修复、湿地监测与监管、湿地宣传教育与科研以及国际化合作等方面，全面评估上海市湿地管理的现状、存在问题，并在湿地生态空间拓展、湿地生物多样性保护、湿地综合利用等方面提出了针对性的管理建议。⑥培养了湿地调查与监测方面的人才，提升了湿地保护管理能力。通过整合多方资源、搭建专业技术平台，发挥了上海市人才和队伍优势，构建了一支长期稳定的湿地监测队伍。

本书是上海市第二次湿地资源调查和研究成果总结，也是一部全面翔实介绍上海湿地资源的专著。书中全面系统地阐述了上海市湿地及湿地动植物资源现状，总结了上海市的湿地特点。从城市化建设、湿地围垦、外来物种入侵、海岸侵蚀、全球气候变化等方面，阐明了生态文明建设过程中上海湿地保护、利用、管理的现状和问题，并进一步提出了针对性的建议。本书对于我国特大城市快速发展背景下的湿地保护与管理具有重要借鉴意义。希望本书的出版能推动上海市湿地保护管理上一个台阶，进一步发挥湿地在上海市生态文明建设中的支撑作用。同时也对世界河口城市的湿地保护、管理和利用提供借鉴作用。

本书适用于从事湿地生态研究的科研、教学人员，从事自然保护区（水源地、湿地公园、禁猎区、重要栖息地）管理、湿地和野生动植物保护的领导和工作人员，热心和关注湿地保护的市民，各级政府有关生态环境保护和管理部门领导和工作人员。由于种种原因，本书编写中还存在一定局限，有待今后进一步的完善和补充，文中不妥、疏漏和错误之处，欢迎批评指正。

《中国湿地资源 · 上海卷》 编辑委员会

2015 年 6 月

# 目　录

# 第一章
# 基本情况

上海市，是一个位于长江入海口的国际化特大型都市，处于中国沿海经济带和长江经济带的T形交汇点。上海，具有陆、海、河相互作用复杂，自然生态环境脆弱，人口、资源与资本高度集中，人类活动最为频繁的特点。独特的地理区位和城市系统决定了其特有的自然经济社会情况。与世界其他典型河口型城市，如密西西比河口的新奥尔良、莱茵河口的鹿特丹、尼罗河三角洲的开罗，对当地流域和地区发挥重要作用一样，上海对整个长江流域和全国的社会经济文化发展起着关键性作用。

## 第一节 自然概况

### 1 地理位置

上海市简称“沪”“申”，位于太平洋西岸，亚洲大陆东缘，我国南北海岸中部，长江和钱塘江入海汇合处。地域范围在东经120°51′~122°12′，北纬30°40′~31°53′之间，北界长江，东濒东海，南临杭州湾，西接江苏和浙江两省；东西长约120公里，南北宽约100公里，是长江三角洲冲积平原的一部分。市域范围内平均海拔高度为4米左右，陆域面积为6340.50平方公里(上海统计年鉴，2013)，占我国国土总面积的0.06%。

### 2 地质地貌

#### 2.1 地 质

上海市的地貌和工程地质条件与上海市的成陆过程密切相关。第四纪地层学、沉积学和历史考古的综合研究表明，在更新世末次冰期时，古长江自西北向东南途经上海市东北部地区，河口位于海拔-160~-150米的东海陆架外缘。冰后期海侵，海水以较快速度逆长江河谷而上。全新世中期，长江河谷退至镇江、扬州一带，海水上升速度减缓，海面渐趋稳定。此后，随着气候波动和人类活动不断增强，现在的长江三角洲发育，并阶段性地向东南推进，形成了多期河口沙岛，成陆并岸。三角洲南翼相应地发育了上海市西部数列贝壳沙堤及其东侧滨海平原多列沙带；崇明岛于16～17世纪由河口沙体涨接而成(张军宏，2009)；横沙岛于1858年出露水面(谢小平，2004)。

上海市及其邻区横跨扬子古板块和华夏古板块，两者以通过杭州湾的江绍断裂带为界。上海地块，包括上海市全境、长江口佘山岛、鸡骨礁水域及江浙陆域的一小部分。岩石圈厚度60～150公里，上地壳平均厚16.70公里，中地壳平均厚10公里，下地壳平均厚10～11公里；莫霍面埋深变化不大，在30.90～31.10公里，向东缓缓升高。

上海地块有变质基底和沉积盖层双层结构，地质构造稳定；中生代火山岩厚度大，分布广；褶皱断裂发育(赵风清，1999)。

上海市地表为第四纪底层覆盖，厚度在总体上自西南至东北逐渐增大，平均厚度约300米，是土地资源与地下水资源的主要载体。约150米深度以下的含水层地下水水质优良，为上海市矿泉水的重要储存层位。地表下40米以浅地层为海相沉积，土体松软，是典型的软土地基。在城市地下空间开发利用与基础工程建设过程中容易引发环境地质问题。

上海市出露地表的基岩多呈孤丘零星分布，主要集中在西南的金山、松江等地，总面积仅2.5平方公里，为形成于晚侏罗世的火山岩。其他基岩地层均通过钻探揭示，已发现的基岩地层由老到新依次为：元古宇、震旦系、寒武系、奥陶系、志留系、侏罗系、白垩系、古近系、新近系至第四系。其中以侏罗系分布最广，占基岩分布面积70%以上。晚侏罗世至早白垩世火山活动鼎盛，火山喷发物曾几乎遍布全市，形成大量火山熔岩、火山碎屑岩、侵入岩等岩浆作用产物；部分地层尚存火山残留构造。新近纪时期，在上海市东部沿海等局部地区也发生过一定规模的火山喷发，形成基性喷出岩——玄武岩，分布比较局限。上海市的地质构造格局处于扬子古板块东南部，为一周边被各条大断裂所围限的地块。上海市的构造基底较为稳定，不存在发生强震的条件，属地震活动强度弱、频度低的地区之一。上海市的矿产资源仅金山张堰地下蕴藏一定规模的铜矿。地热资源以及浅层地热具有一定开发潜力。矿泉水资源主要储存在上寒武统碳酸盐岩地层及早第四纪地层中。上海市第四纪含水层是长江三角洲地下水系统的重要组成部分。地面沉降是上海市典型的环境地质问题和主要城市地质灾害，在抽汲地下水、工程建设活动等影响下，由第四纪地层的固结压缩而引起。上海市地面沉降在1921年开始逐步显露，至2008年中心城区平均累积沉降量近2米，造成的地面海拔损失，给城市防汛安全带来严重影响。1965年以来，地面沉降逐步得到有效控制。

## 2.2 地 貌

根据地貌分类的形态—成因原则，综合上海市的地貌特点和沉积学分析，采用形态、成因、年龄和组成物质作为综合标志，将上海市地貌划分为三级(许世远等，1986)。第一级地貌单元，主要根据地貌、成因的一致性，将上海市分为三角洲平原、三角洲前缘、前三角洲、潮滩、滨湖平原和湖沼平原等六大单元。第二级地貌单元，除了形态、成因标志外，更充分地注意到组成物质、发育年龄的重要意义。第三级地貌单元，规模较小，地貌的形态、成因、物质、年龄愈趋一致。

按照地貌类型组合特征及其时空分布，将上海市全区划分为河口三角洲、东部滨海平原和西部湖沼平原等 3 个地貌区。各区地势坦荡，起伏变化虽小，却反映了沉积环境和沉积建造的差异，物质条件和水热条件有所区别(许世远等，2004)。

上海市主要为平原地貌，根据上海市的地貌成因类型及其特征，可分为以下 4 个地貌区。

### 2.2.1　东部滨海平原区

包括冈身地带及其以东的上海市陆域，即碟缘高地。冈身地带是由 4～5 列贝壳沙堤构成的沙脊平原，形成于距今 3000～7000 年前。冈身以东地区是距今 3000 年前以来，由潮滩逐渐淤涨而形成的滨海平原，平均海拔 2.50 米。在滨海平原前缘普遍分布有宽 1～3 公里的淤泥质潮滩。

### 2.2.2　西部湖沼平原区

指以淀泖低地为中心的平原低地。即以太湖为中心的碟形洼地东部。区内湖荡众多，河网密布，偶见海拔 100 米以下的山丘分布。全新世海退时曾受海水波及，后演化为淡水湖沼和平原低地。

### 2.2.3　长江河口及水下三角洲区

包括崇明岛、长兴岛和横沙岛等 3 个河口沙岛，南支与北支、南港与北港、南槽与北槽等河口河槽，崇明东滩、横沙东滩、九段沙等河口浅滩，以及一个庞大的长江水下三角洲。

### 2.2.4　杭州湾北部河口湾区

本区东部湾底地形比较平坦，水深 8～10 米，为长江水下三角洲的南缘；西部分布有小金山、大金山和浮山等 3 个岛屿，在岛屿之间形成潮流冲刷槽。大金山岛与小金山岛之间的金山深槽长达 12 公里，宽 2 公里左右，一般水深 30～40 米，最大水深可逾 50 米(刘苍字、董永发，1990)。

## 3　土　壤

上海市土壤类型较为丰富，主要有水稻土、灰潮土、滨海盐土和黄棕壤 4 种类型。土壤类型归属于 4 个土类 7 个亚类 24 个土属和 95 个土种(许世远等，2004)。

上海市的水稻土和灰潮土主要分布在平原地区，是在江、海、河、湖不同时期的沉积母质发育形成的自然土壤基础上，经过人类耕作熟化和定向培育形成的农业土壤类型。水稻土面积最大，占土壤资源总面积的 73.60%。西部和西南部地区地势低洼，主要为脱潜和潜育型水稻土(青泥土、青紫泥、青紫土、青紫头和青黄泥等)；中部和东部地区地势相对较高，主要为潴育型水稻土(青黄泥、黄泥、沟干泥、黄泥头、潮泥沙、潮泥等)；东部沿海地区和长江口各沙岛等母质偏砂，主要为渗育型水稻土(黄夹砂、小粉土和并煞砂土)。

灰潮土为不同旱作种植和旱耕熟化的土壤类型，占总面积 10.40%。全市近郊区种植蔬菜的为菜园灰潮土，远郊区为其他各种旱作和瓜果种植的灰潮土等。

在沿海、滨岸地区，受海水浸渍影响，分布和发育有滨海盐土，占总面积的 15.90%。根据含盐量分为盐土和盐化土类型。此外，上海市西南部零散分布着十几个不足百米高的低山和残丘，为黄棕壤类型，面积仅占 0.10%。

## 4　气　候

上海市濒江临海，属亚热带季风气候区，呈现季风性、海洋性气候特征(上海市气象局)。春秋是季风的转变期，多低温、阴雨天气；夏季在西太平洋副热带高压笼罩下，多东南风，暖热、湿润；冬季受西伯利亚冷高压控制，盛行西北风，寒冷、干燥(胡艳，2006)。其舒适的气候为野生鸟类、湿地植物生长提供了良好环境。

## 4.1 气 温

上海市气候温和、湿润。市区年平均气温最高为18.50℃(2007年)，最低为14.50℃(1917年)。气温年际、季际、月际之间的变化十分明显。历史上市区极端最高气温曾达40.20℃(1934年7月12日)，市区极端最低气温为-12.10℃(1893年1月19日)。

## 4.2 日 照

上海市全年日照时数为1825~2080小时，地理分布特点呈现出由西南向东北递增的趋势。本市青浦区为全年日照最少的地区，日照最多的区域为浦东新区川沙镇。上海市实际年太阳辐射总量以宝山区最多，达到504.13千焦/平方厘米。崇明东部、长兴岛、横沙等地实际年太阳辐射总量为493.50~504.00千焦/平方厘米，属年辐射总量较多区域。南部因受海洋影响，低层云量较多，辐射总量有所减少，奉贤、金山沿海区域最少，仅为461.79千焦/平方厘米。

## 4.3 湿 度

上海市年平均相对湿度77.10%~82.30%。因高强度城市化建设形成热岛效应，上海市市区近地层的水汽含量为低值中心，向郊区逐渐增大。市区相对湿度最小，为77.10%；西南地区的松江最大，达到82.30%。上海市年平均水汽压16.20~16.80百帕，自北向南增加，但在市区有一个低值中心，平均水汽压最低为16.20百帕。随季节变化，冬季最低，夏季最高，秋季高于春季(上海统计年鉴，2013)。

## 4.4 降 水

上海市平均年降水量在1098~1190毫米。降水量分布大致以市区为中心，呈现由南向北减少趋势，特别是北部区域崇明县降水量最少。

上海市年内降水量季节分布不均，全年60%的降水量主要集中在5~9月。6月的降水量最多，在172~188毫米，12月的降水量最少，为32~41毫米。

上海市暴雨(日降水量≥50毫米)日数分布呈现出明显的区域性特点。年平均暴雨日数中心城区为38天，金山区和青浦区最少，为27天，其他区县在28~36天。平均暴雨日数出现在4~9月，其中80%集中在6~9月。

## 4.5 风

上海市地处东南沿海，位于东亚季风盛行区，受季风影响明显。全市除浦东新区以东北偏北风最多外，其他均以东南偏东到东南风最多(解梁军，2006)。4月份开始的夏季风大多为东南风，利于候鸟从南方迁徙来此；秋末冬初的西北向风则有利于候鸟向南方迁徙。

上海市的年平均风速以崇明最大，为3.70米/秒；市区最小为2.80米/秒；其他各区在

3.00～3.60 米/秒。沿海海面、海岛各月的风速普遍比陆地快 4 米/秒左右。月平均风速 3～4 月最大，8 月份次之，10 月份最小。

### 4.6　城市气候

上海市人口众多，建筑物密度大，车流量高度集中，能源消耗明显多于郊区。有大量温室气体、“人为热”“人为水汽”和气溶胶等污染物排放至大气中。由此形成了明显的城市气候“五岛效应”，即热岛、干岛、湿岛、混浊岛和雨岛(周淑贞，1988)。

上海市城市热岛一年四季均可出现，尤以冬季晴稳无风天气下出现的频率最大。近年来，随着城市快速发展和能源消耗的高速增长，热岛范围扩大。上海市城市气候偏干状况也突出，市区月平均水汽压和相对湿度都明显低于郊区。城市气温高，相对湿度降低，有利于城市干岛的形成。白天市区更高的绝对温度有利于干岛的形成；夜间城区的凝露量低于郊区，近地面空气层的水汽压比郊区大，形成湿岛。市区的干、湿岛呈昼夜交替。市区工、商、交通及居住地密集混杂区，空气污染较为严重。城市热岛区上空的悬浮逆温层，不利于下层大气污染物的扩散，成为城市浑浊岛。上海城市雨岛效应明显，在城市特定天气背景下，多种因素的作用会使市中心或下风向雨量增加，形成雨岛现象(许世远，2004)。

## 5　水　文

### 5.1　河流水系

上海市域内江、河、湖、塘相间，水网交织，为典型的平原感潮河网地区。主要水域和河道有长江口，黄浦江，及其支流吴淞江(苏州河)、蕰藻浜、川杨河、淀浦河、大治河、斜塘河、圆泄泾、大泖港、太浦河、拦路港、金汇港和油墩港等(上海统计年鉴，2013)。

全市河网大多属黄浦江水系。黄浦江全长 113 公里，流经上海市区，河道宽 300～770 米，平均 360 米。其上游在松江区米市渡处承接太湖、阳澄淀泖地区和杭嘉湖平原来水，贯穿上海市至吴淞口汇入长江口。吴淞江发源于太湖瓜泾口，在市区外白渡桥附近汇入黄浦江，全长约 125 公里，其中上海市境内约 54 公里，河道平均宽 45 米，俗称苏州河，为黄浦江主要支流。上海市的湖泊多位于与江、浙交界的西部低洼地区，最大湖泊为淀山湖，其在上海市境内面积为 47.50 平方公里(汪松年，2001)。

上海市河道主要分为骨干河道、中小河道和断头浜、沟汊、池塘等类型。全市目前市级和区县级骨干河道 324 条，占全市河道总数的 1.36%；骨干河道全长 3202.10 公里，占全市河道总长 14.79%。骨干湖泊 16 个，占湖泊总数 76.19%；骨干湖泊面积为 57.73 平方公里，占湖泊总面积的 97.32%。

上海市河道分布数量众多、河网密集，但分布不均。9 个郊区县中，河道数量均在 1000 条以上，河道总长均在 1500 公里以上。其中河道长度最长的是浦东新区，共 2944 公里。河网密度除奉贤和崇明等 2 个区县外，一般均在 3.10 公里/平方公里以上，其中宝山区河网密度最高，为 5.52 公里/平方公里。

中心城区由于高度城市化，河道数量较少，河网密度较低。中心城区河道长度平均约在 80

公里以下，最短的虹口区仅20公里，最长的普陀区也只有72公里。中心城区河网密度均在1.50公里/平方公里以下，普陀区相对较高，为1.30公里/平方公里，杨浦区相对较低，为0.51公里/平方公里。

上海市河网水系经过历代开挖、疏拓、截弯取直等措施而基本定型。特别是新中国建立以来，为了适应防洪防涝和水资源利用的需要，全市河道进行全面规划和综合治理，逐渐形成了14个水力控制片的大格局，为上海市挡潮、防洪、排涝、引水、供水、灌溉、航运等发挥了重要作用，也为水资源调度和水环境改善奠定了基础(汪松年，2001)。

## 5.2 水资源

上海市年平均地表径流量30.87亿立方米，浅层地下水资源量为8.89亿立方米，地下水与地表水资源不重复量为5.94亿立方米。本市过境水资源主要有太湖流域来水和长江干流来水。太湖流域来水量主要经黄浦江干流下泄排入长江口。2010年通过黄浦江松浦大桥断面年平均净泄流量为470立方米/秒。长江徐六泾水文站年平均流量则为33100立方米/秒(上海水资源公报，2010)。

## 5.3 水环境质量

上海市内主要河流水质污染以有机污染为主。根据上海市水文总站监测，水质的有机污染指标大部分在Ⅱ类至劣Ⅴ类之间，其中长江口、黄浦江上游及崇明岛水质较好，一般为Ⅱ类至Ⅳ类水。内河河网水质较差，一般为Ⅳ类至劣Ⅴ类水(上海水资源公报，2011)。

2010年全市14个水利控制片水质综合评价结果表明：崇明岛片水质属于Ⅱ类；横沙岛片、太北片、太南片水质属于Ⅳ类；淀南片、商榻片和浦南东片水质属于Ⅴ类；其余各水利控制片水质均属于劣Ⅴ类。主要超标项目为氨氮、化学需氧量和溶解氧(上海市环境状况公报，2011)。

2010年，中心城区骨干河道水质属Ⅴ类至劣Ⅴ类。与上年相比，中心城区水质稳中有升。其中，化学需氧量和氨氮平均浓度分别下降7.90%和5.30%，溶解氧平均浓度上升39.60%，高锰酸盐指数、五日生化需氧量(BOD5)基本持平。

2010年，根据《地表水环境质量标准》(GB3838—2002)，对黄浦江、苏州河、太浦河、斜塘河—泖河—拦路港、圆泄泾—大蒸塘、大泖港—掘石泾—胥浦塘、蕰藻浜、淀浦河、金汇港、大治河、川杨河、油墩港、叶榭塘—龙泉港、浦南运河、浦东运河、环岛河等16条719.8公里的骨干河道进行了水质评价，结果表明，全年期16条骨干河道水质属Ⅱ类至劣Ⅴ类。其中，优于Ⅲ类水(含Ⅲ类)的河道长169.30公里，占评价总河长的23.50%；Ⅳ类水河道长205.60公里，占28.60%；Ⅴ类水河道长98.90公里，占13.70%；劣Ⅴ类水河道长246.00公里，占34.20%(上海水资源公报，2011)。

2010年，淀山湖(上海市部分)47.50平方公里评价湖区，按照湖泊水质评价标准，全年期水质均属于劣Ⅴ类，主要超标项目是总氮和总磷。与往年相比，淀山湖水质总体呈好转趋势。其中总磷、氨氮、化学需氧量平均浓度下降，溶解氧平均浓度上升，高锰酸盐指数、五日生化需氧量和总氮平均浓度基本持平。根据湖泊富营养化评价标准，淀山湖湖区水质属于中度富营养化(上海水资源公报，2011)。

长江口每年面临赤潮、盐水入侵等水环境影响。特别是2005年，上海市及邻近海域共发现赤潮3起，累积发生面积约2450平方公里。赤潮发生时间集中在6月份，主要赤潮生物为中肋骨条藻、具齿原甲藻、米氏凯伦藻和聚生角刺藻等4种，其中米氏凯伦藻有毒性。2005年发现的3起赤潮中，1起含有大量的米氏凯伦藻，最大影响面积达2000平方公里，发生区域距芦潮港约70公里（上海市海洋环境质量公报，2006）。

# 6　动植物资源概况

## 6.1　植物种类

上海市地处北亚热带，区域内平原广阔、丘冈罗列、河湖纵横、潮滩绵延，生境条件多样。丰富的湿地类型为不同生境需求的湿地植物提供了多样的生长空间，植物区系成分较为复杂，种类丰富多样。经调查统计，上海市共有湿地维管植物80科209属321种（恩格勒系统，下同）。其中被子植物68科195属304种（含变种）；裸子植物2科3属5种；蕨类植物5科5属5种；苔藓植物5科6属7种（附录1）。上海市湿地植物优势种28科41属52种，以被子植物为主。其中木本植物5科6属8种；半木本植物2科2属3种；草本植物21科33属41种。常见的湿地木本植物有池杉、水杉、旱柳、落羽杉、枫杨等；半木本植物有柽柳、碱蓬等；草本植物有芦苇、水烛、菰、莲、菖蒲等。其中水杉为国家Ⅰ级保护野生植物，中华结缕草、莲、野菱和野大豆为国家Ⅱ级保护野生植物（上海百科，2010）。

上海市湿地植物群系有44个。其中沿海滩涂湿地典型的植被群系有海三棱藨草群系、糙叶薹草群系、互花米草群系、芦苇群系等；沼泽湿地典型的植被群系有菰群系、芦苇群系、水烛群系、池杉群系、落羽杉群系等；湖泊湿地典型的植被群系有莲群系、菱群系、睡莲群系、菹草群系、苦草群系等；河流湿地典型植被群系有喜旱莲子草群系、浮萍群系、菖蒲群系等。

上海市321种湿地植物的80%以上为自然生长的野生植物，如芦苇、金鱼藻、菹草、荻、海三棱藨草、浮萍、满江红等。它们广泛分布在沿海滩涂、河流湖泊和沼泽湿地等生境中。近年来，出于城市建设、生态修复和美化环境的需要，人工引种了湿地植物种类，如水杉、池杉、海滨木槿、梭鱼草、再力花、克鲁兹王莲等，这些人工栽培的湿地植物多出现在公园、河道和生态修复区，增加了上海市湿地植物的多样性，发挥着重要的生态服务功能。出于保堤护岸、水质净化的需要，上海市在20世纪人为引种了一些外来湿地物种，如互花米草、凤眼莲、喜旱莲子草等。这些外来物种在发挥其生态工程作用的同时，也带来了一些对生态系统功能具有负面作用的影响，如：快速扩散难以控制、改变了当地的生物多样性、对本土物种造成影响等（王荣华，2007）。

## 6.2　动物种类

根据历史文献记载，上海市陆生动物包括：两栖类14种，如中华蟾蜍、黑斑蛙、泽蛙、金钱蛙和虎纹蛙等，广泛分布于河湖、池塘和水田区；爬行类32种，如中华鳖、多疣壁虎、黑眉锦蛇、乌梢蛇、赤链蛇等，分别栖息于水域或陆地和房舍中；鸟类445种，其中终年留居本地的留鸟有65种，其余都属候鸟；哺乳类42种，一般为中小型兽类，如刺猬、华南兔、普通伏翼、黄鼬、貉等。

鸟类中的候鸟随季节更迭而飞临上海地区：①夏候鸟，春夏季节南迁来繁殖的鸟类有52种，如家燕和鹭类；②旅鸟，春秋季节北迁南返时经过上海中转过境的鸟类，有164种，如大部分鸻鹬类和鹟类等；③冬候鸟，秋冬季节迁来越冬的鸟类，有131种，如大部分雁鸭类等；④迷鸟，偶然飞至上海的鸟类有33种(蔡音亭等，2011；薄顺奇等，2013)。

根据文献所示，上海地区分布的445种鸟类中，属古北界的鸟类有257种，东洋界的鸟类有111种，新北界的鸟类有1种，另有广布种鸟类76种(蔡音亭等，2011)。东洋界鸟类以留鸟和夏候鸟为主，古北界以冬候鸟和旅鸟为主，另有1种新北界鸟种，广布种鸟类中旅鸟的比例略高。由此可见，属古北界鸟类的冬候鸟和旅鸟在上海地区鸟类区系组成上占有明显优势，而属东洋界鸟类的鸟种则在上海地区繁殖鸟区系上占有优势。这说明，上海地区鸟类区系具有南北过渡性质，具东洋界和古北界区系的混合特征，反映出上海地处东洋界北缘地区的动物地理特征，也说明上海缺乏本地区特有的鸟类。

上海地区的野生动物中，有100多种属国家和市重点保护野生动物。鸟类中属国家Ⅰ级保护的有7种，如东方白鹳、黑鹳、中华秋沙鸭、白头鹤等；属国家Ⅱ级保护的有47种，如黄嘴白鹭、白琵鹭、小天鹅等。兽类中属国家Ⅰ级保护的有白鳍豚；属国家Ⅱ级保护的有江豚、大灵猫、小灵猫等。爬行类中属国家Ⅱ级保护野生动物的有4种，如玳瑁、棱皮龟等。两栖类中除虎纹蛙为国家Ⅱ级保护野生动物外，其余13种蛙类均列入上海市重点保护动物（上海百科全书，2010）。

上海鱼类资源丰富，共有185种，可分4个生态型。其中淡水鱼29种，栖息于江、河、湖、池的淡水中，以鲤科鱼类为主。海水鱼114种，主要为索饵、繁殖而进入长江口及附近水域的海产鱼，如大黄鱼等。咸淡水鱼36种，主要为生活在河口的广盐性鱼类，如鲻、大弹涂鱼等。洄游性鱼类6种，它们一生中要经历淡水和海水两种完全不同的生态环境，分为降海性和溯河性两类。降海性是繁殖时由江河到海中产卵，幼鱼通过河口进入河湖肥育成长，如日本鳗鲡、松江鲈鱼；溯河性是繁殖时从海溯河而上，在江河中产卵，幼鱼游入海中生长，如鲥鱼。长江中的珍稀涉危鱼类，如中华鲟、白鲟、长吻鮠，上海均有采集到。中华鲟、白鲟列为国家Ⅰ级保护野生动物，松江鲈鱼列为国家Ⅱ级保护野生动物(庄平，2006)。

## 7 气候变化与海洋灾害

上海市地处河海交汇区域，地势低洼，易受海洋灾害影响，特别是风暴潮影响。气候变化与人类复合作用，对长江口及邻近海岸影响强烈。由气候变化导致的海平面上升与地面沉降叠加作用，导致潮间盐水沼泽湿地面积缩小，盐沼植被退化，生活在河口海岸湿地上的生物栖息地萎缩。尤其是鱼类、底栖生物的群落组成和结构发生很大改变，鸟类适宜生境缩小，严重影响湿地鸟类栖息环境与食物来源，威胁河口湿地生物多样性保护和上海市城市生态安全(田波等，2010)。

### 7.1 海平面上升

根据2011年《中国海平面公报》发布的数据，近30年中国沿海海平面总体上升了90毫米，上升速率高于全球平均值。2011年，上海市沿海海平面比常年高35毫米，比2010年明显偏低31毫米。2011 年，受气压偏高、气温和海温偏低、离岸风偏强等因素影响，上海市沿海 3 月和 4 月海平面明显偏低，比常年同期偏低 80 毫米和 52 毫米；比 2010 年同期分别偏低 132 毫米和 145 毫米，长江口沿海海平面接近 30 年的最低位。其他月份海平面均高于常年同期，其中 8 月份和 9 月份海平面较 2010 年同期分别偏高 81 毫米和 85 毫米（国家海洋局，2011）。

预计至 2050 年，上海市沿海海平面将比以往的常年平均值升高 145～200 毫米。上海市现有乡镇级行政区 210 个，铁路营运里程 422 公里，公路里程 11974 公里；受影响的乡镇级居民点有 124 个，占全市的 59.10%；受影响的铁路长度约为 287 公里，占全市的 68.10%；受影响的公路长度约为 2074 公里，占全市的 17.30%；受影响的内陆水域总面积和河流总长度分别为 158 平方公里和 6878 公里（国家海洋局，2011）。

由此可见，相对海平面上升对上海市的影响要远大于绝对海平面的上升。相关历史资料研究同样表明，地面沉降是影响相对海平面上升诸多因子中贡献率最大的因子。上海市 20 世纪五六十年代便出现了地面的大幅度沉降。60 年代后期采取控制措施以后，人为引起地面沉降在相对海平面上升中所占比例自 90% 以上降至 60% 以下（邓兵、范代读，2002）。

## 7.2　风暴潮

上海市毗邻大海，地势低洼，每年受到风暴潮等海洋灾害较为严重。风暴潮增水使潮位和河流水位抬高，海水倒灌，造成土地盐碱化，沿岸淡水资源受到污染，自然资源退化，直接影响到湿地特别是近海与海岸湿地生态环境。

上海市风暴潮灾多为台风风暴潮灾。如 2005 年对上海市影响较严重的风暴潮为“麦莎”和“卡努”，造成直接经济损失达 17.28 亿元。其中，“麦莎”台风最大风力达 10～11 级，市区降雨量达 306.50 毫米，为新中国建立以来对上海市影响最大的台风之一。2011 年，上海市受风暴潮“梅花”影响，受灾人口达 100 万，水产养殖损失 1500 公顷，防波堤损毁 0.14 公里，因灾直接经济损失 1200 万元（上海市海洋环境质量公报，2005）。

据统计，1949～2008 年影响上海市的热带气旋为 128 个，平均每年 2.13 次。其中严重影响的强暴潮过程为 68 次，占影响总次数的 53.00%，平均每年为 1.13 次。严重影响该地区的热带气旋最早出现在 7 月，最迟在 10 月，其中 7～9 月最为集中，约占总数的 93.00%（国家海洋局，2011）。

研究表明，海平面加速上升将导致风暴潮频率和强度增加，加剧风暴潮灾害，将给上海市海岸防护工程和沿海自然生态环境造成巨大损失。目前，全市海堤设计标准大多为百年一遇，要保持这一安全标准，上海市在 2050 年相对海平面上升 50 厘米，海堤需加高 43 厘米（刘杜娟、叶银灿，2005）。

## 7.3　咸水入侵

咸水入侵包括河口咸水上溯和地下水咸淡水界面内移两个方面。上海市的咸水入侵危害主要在于前者。长江口是上海市居民生活用水和工农业生产用水的主要来源，潮水上溯使海水入侵，造成水质恶化，尤其是在 11 月至翌年 4 月的非汛期，咸水入侵使长江口和黄浦江水体含氯度往往超过工业用水和居民用水标准，给社会经济造成严重影响。未来海平面的加速上升，将使潮水上溯距离加长，水体受海水入侵和含氯度超标准的持续时间更长。随着海平面的抬升以及地下水的大规模开采，还将导致地下淡水和海水之间的动态平衡破坏，海水从储水层灌入和破坏地下水结构，从而引发地下水质盐化、水质变差以及地基液化等问题(孙清等，1997)。

根据2011年《中国海平面公报》，2011年长江口共发生咸潮入侵9次，其中冬春季7次，秋冬季2次。冬春季咸潮入侵过程持续时间平均为5.30天；秋冬季咸潮入侵过程持续时间平均为4天。最为严重的咸潮入侵过程出现在3月22~30日，其中3月25日天文大潮期间，长江口宝钢水库的氯度最高值达到1079毫克/升(国家海洋局，2011)。

# 第二节 社会经济状况

## 1 行政区划、人口、民族

上海市辖有16区、1县，分别为8个中心城区，9个郊区区、县(表1-1)。中心城区分别是黄浦区、徐汇区、长宁区、静安区、普陀区、闸北区、虹口区、杨浦区。郊区有闵行区、宝山区、嘉定区、浦东新区、金山区、松江区、青浦区、奉贤区。唯一的1个县是崇明县。全市共109个镇，2个乡，99个街道办事处，3671个居民委员会和1739个村民委员会(上海市统计局，2011)。

**表1-1 上海市行政区划**

| 序 号 | 行政单位名称 | 数 量 | 所辖镇(乡) |
|---|---|---|---|
| 上海市 | | 210 | |
| 1 | 黄浦区 | 10 | 南京东路街道、外滩街道、半淞园路街道、小东门街道、豫园街道、老西门街道、瑞金二路街道、淮海中路街道、打浦桥街道、五里桥街道 |
| 2 | 徐汇区 | 13 | 湖南路街道、天平路街道、枫林路街道、徐家汇街道、斜土路街道、长桥街道、漕河泾街道、康健新村街道、虹梅路街道、田林街道、凌云路街道、龙华街道、华泾镇 |
| 3 | 静安区 | 5 | 静安寺街道、曹家渡街道、江宁路街道、石门二路街道、南京西路街道 |
| 4 | 普陀区 | 10 | 长寿路街道、宜川街道、甘泉路街道、石泉路街道、长风新村街道、曹杨新村街道、万里街道、真如镇街道、桃浦镇、长征镇 |
| 5 | 虹口区 | 8 | 广中路街道、曲阳路街道、欧阳路街道、嘉兴路街道、凉城新村街道、四川北路街道、提篮桥街道、江湾镇街道 |
| 6 | 长宁区 | 10 | 华阳路街道、新华路街道、江苏路街道、天山路街道、周家桥街道、虹桥街道、仙霞新村街道、程家桥街道、北新泾街道、新泾镇 |
| 7 | 闸北区 | 9 | 天目西路街道、北站街道、宝山路街道、芷江西路街道、共和新路街道、大宁路街道、彭浦新村街道、临汾路街道、彭浦镇 |

（续）

| 序 号 | 行政单位名称 | 数 量 | 所辖镇(乡) |
|---|---|---|---|
| 8 | 杨浦区 | 12 | 定海路街道、大桥街道、平凉路街道、江浦路街道、控江路街道、殷行街道、长白新村街道、延吉新村街道、五角场街道、四平路街道、新江湾城街道、五角场镇 |
| 9 | 闵行区 | 13 | 江川路街道、古美街道、新虹街道、浦锦街道、莘庄镇、七宝镇、浦江镇、梅陇镇、虹桥镇、马桥镇、吴泾镇、华漕镇、颛桥镇 |
| 10 | 宝山区 | 12 | 吴淞街道、张庙街道、友谊路街道、庙行镇、罗店镇、大场镇、顾村镇、罗泾镇、杨行镇、月浦镇、淞南镇、高境镇 |
| 11 | 嘉定区 | 10 | 嘉定镇街道、新成路街道、真新街道、马陆镇、南翔镇、江桥镇、安亭镇、外冈镇、徐行镇、华亭镇 |
| 12 | 浦东新区 | 36 | 潍坊新村街道、陆家嘴街道、塘桥街道、周家渡街道、东明路街道、洋泾街道、上钢新村街道、沪东新村街道、金杨新村街道、浦兴路街道、南码头路街道、花木街道、川沙新镇、合庆镇、曹路镇、高东镇、高桥镇、高行镇、金桥镇、张江镇、唐镇、北蔡镇、三林镇、惠南镇、新场镇、大团镇、周浦镇、航头镇、康桥镇、宣桥镇、祝桥镇、泥城镇、书院镇、万祥镇、老港镇、南汇新城镇 |
| 13 | 金山区 | 10 | 石化街道、枫泾镇、朱泾镇、亭林镇、漕泾镇、山阳镇、金山卫镇、张堰镇、廊下镇、吕巷镇 |
| 14 | 松江区 | 15 | 岳阳街道、中山街道、永丰街道、方松街道、九亭镇、泗泾镇、泖港镇、车墩镇、洞泾镇、叶榭镇、新桥镇、石湖荡镇、新浜镇、佘山镇、小昆山镇 |
| 15 | 青浦区 | 11 | 夏阳街道、盈浦街道、香花桥街道、赵巷镇、徐泾镇、华新镇、重固镇、白鹤镇、朱家角镇、练塘镇、金泽镇 |
| 16 | 奉贤区 | 8 | 南桥镇、庄行镇、金汇镇、柘林镇、青村镇、奉城镇、四团镇、海湾镇 |
| 17 | 崇明县 | 18 | 城桥镇、堡镇、庙镇、中兴镇、新河镇、三星镇、向化镇、绿华镇、建设镇、陈家镇、竖新镇、港西镇、港沿镇、新海镇、东平镇、长兴镇、新村乡、横沙乡 |

根据2011年《上海市年鉴》，至2010年年底，上海市户籍人口为1412.32万人，其中男性703.57万人，女性708.75万人，性别比为99∶100。非农业人口1254.95万人，占总人口的88.90%。上海市常住人口为2302.66万人，其中外来人口897.95万人。全市户籍数为519.27万户，平均每户人口2.70人。全市户籍人口密度2227人/平方公里，常住人口密度3632人/平方公里(上海市统计年鉴，2012)。

根据上海市统计局2011年统计结果显示，本市拥有55个少数民族，人口数在2万人以上的有回族(占全市少数民族人口的28.30%)、土家族(12.20%)、苗族(11.40%)、满族(9.10%)和朝鲜族(8.10%)；人口数在2万人以下5000人以上的民族有壮族、蒙古族、侗族、彝族、布依族和维吾尔族(上海市统计局, 2012)。

## 2 交 通

随着上海市社会经济发展、人口的快速增长，全市交通需求持续增长。“十一五”期间，上海市委、市政府十分重视上海市综合交通发展，伴随中国 2010 年上海世界博览会(EXPO2010)的筹备和举办，上海市的交通在基础设施建设和交通运行、管理等方面都取得了举世瞩目的成就和前所未有的突破，基本建成了“枢纽型、功能型、网络化”的综合交通体系。对外交通设施稳步推进，运输能力显著提高。

上海市国际航运中心建设取得重大突破。建成洋山深水港北港区工程和外高桥港区一期至六期工程。2011 年全年，上海市港口货物吞吐量 7.30 亿吨，居世界第一。其中，集装箱吞吐量达 3173.90 万标准箱，比国际上排名第二的新加坡港高 179.80 万标准箱(上海市统计局, 2012)。

至 2011 年年底，虹桥、浦东两个机场共有 5 条跑道、4 座航站楼。虹桥高铁站与沪宁城际、京沪高铁同步建成并投入使用，形成了“三主三辅”6 个铁路客运站格局。

城市轨道交通扩容速度举世瞩目，服务范围扩大到郊区新城。上海市轨道交通比“十五”期末增加了 317 公里，率先成为国内首个突破 400 公里的城市，轨道交通运营线路长度在世界大城市中位居前列。截至 2011 年年底，上海市已经建成并投入运行 13 条轨道交通线(含磁浮线)、运营线路长度达 452.6 公里，轨道交通已经联通宝山、嘉定、松江、闵行等新城(上海市统计局, 2012)。

地面公共交通设施规模扩大，客运枢纽增量显著。至 2011 年年末，共有公共汽(电)车线路 1165 条、线网长度 7052 公里，基本形成了覆盖全市的地面公交网络。建成 49 个综合客运交通枢纽，有效提升了对内对外交通的便捷换乘，改善了居民交通出行条件(上海市统计局, 2012)。

道路规模扩大，路网承载能力不断提高。2011 年全市道路总长 16687 公里，较“十五”期末增加 4460 公里，增长 36.50%。中心城区基本建成“二环十射”城市快速路网，确立了“申”字形快速路骨架和浦江两岸一体化的交通格局。市域范围形成“两环、九射、一纵、一横、两联”高速公路网格局。“十一五”期间新(改)建 249 公里高速公路，总里程达到 776 公里(上海市统计局, 2012)。

## 3 经济发展及工农业生产情况

根据国家对上海市的战略定位和要求，到 2020 年，上海市要基本建成与我国经济实力和国际地位相适应、具有全球资源配置能力的国际经济、金融、贸易、航运中心，基本建成经济繁荣、社会和谐、环境优美的社会主义现代化国际大都市，为建设具有较强国际竞争力的长三角世界级城市群作出贡献。据此，面对复杂多变的外部环境，全市人民在中共中央、国务院和中共上海市委、市政府的坚强领导下，深入贯彻落实科学发展观，紧紧围绕创新驱动、转型发展，按照“六个着力”的要求，努力落实好“十二五”时期上海市“四个中心”和社会主义现代化国际大都市建设要取得决定性进展，转变经济发展方式要取得率先突破，人民生活水平和质量要得到明显提高的要求(上海市人民政府, 2011)。

### 3.1 经济快速增长，向以服务经济为主的产业结构转型迅速

经国家统计局联审通过，2011 年实现上海市生产总值(GDP)19195.69 亿元，全市按常住人口计算的人均生产总值为 82560 元，相对全国人均产值的 34999 元，上海市的人均生产总值已达全国的 2.36 倍，在全国居于第一位。第一产业方面，2011 年完成农业总产值 314.11 亿元，全年粮食种植面积达到 18.63 万公顷，粮食产量达到 121.95 万吨。第二产业方面，全年工业总产值 7230.57 亿元，建筑业总产值 4579.37 亿元。第三产业总产值 7071.64 亿元，第三产业占全市生产总值的 36.84%(上海市统计局，2012)。

上海市进入转型发展新阶段。智力资源较丰富、商务环境较规范、城市开放度较高以及世博后续效应释放，为上海市未来发展提供了坚实基础。同时必须清醒地看到，发展中仍存在不少瓶颈制约和突出问题：资源环境约束趋紧，商务成本攀升，高层次人才缺乏，创新创业活力不足；城市管理和城市安全任务艰巨，城乡区域发展协调性有待增强；常住人口总量快速增长，人口老龄化程度加剧，基本公共服务和社会保障压力加大，收入分配差距较大，群体利益诉求日趋多样、协调难度增加，社会矛盾增多；体制机制瓶颈更加凸显，改革攻坚任务更加艰巨。传统发展模式已不可持续，发展转型迫在眉睫(上海市统计局，2012)。

### 3.2 国际经济、金融、航运、贸易 4 个中心建设稳步进行

经济方面，2011 年全市生产总值中，公有制经济增加值 9584.12 亿元，非公有制经济增加值 9611.57 亿元。金融方面，2011 年实现金融业增加值 2240.47 亿元。航运交通方面，2011 年各种运输方式完成货物运输总量 93318.10 万吨。2011 年上海市港口货物吞吐量达到 7.30 亿吨。对外贸易方面，2011 年上海市关区进出口总额 8123.14 亿美元。

国际国内环境正发生深刻变化。世界多极化、经济全球化深入发展，科技创新孕育新突破，产业结构面临新变革。我国国际经济地位快速上升，经济社会发展长期向好的基本态势没有改变，仍处于工业化、城市化加快发展时期。国内市场需求潜力巨大，特别是人民币国际化进程加快、长三角世界级城市群正在形成以及国家对上海市建设"四个中心"的支持政策，为上海市参与全球竞争、抢占经济发展制高点带来了重大机遇。同时，国际金融危机影响深远，世界经济增速减缓，需求结构显著变化；气候变化、能源资源安全等全球性问题更加突出；各种形式的贸易保护主义抬头；我国发展中长期积累的矛盾还没有根本解决，不平衡、不协调、不可持续问题依然突出；上海市发展环境的不稳定、不确定因素明显增多。

面对新机遇、新挑战，必须增强机遇意识、忧患意识、使命意识和创新意识，充分用好各种有利条件，着力破解前进中的问题，率先走出一条具有特大城市特点的科学发展之路，努力开创上海市建设"四个中心"和社会主义现代化国际大都市的新局面(上海市人民政府，2011)。

# 第二章 湿地类型

上海市是一个典型的大河口都市型湿地城市。在长江上游来水来沙和东海潮流作用下，泥沙在长江河口不断沉积，河口海岸滩涂湿地不断侵蚀淤涨，为上海城市发展提供了最重要的土地后备资源和城市扩展空间。从历史沿革、长江三角洲演变来看，没有河口海岸湿地的发育与演替，就没有今天的上海。湿地特别是近海与海岸湿地，不仅为上海市提供了巨大的生态服务功能，也为经济社会可持续发展提供了强有力的保障，在上海市经济社会发展和生态环境建设中有着十分重要的战略地位和价值。

## 第一节 湿地类型与面积

### 1 湿地概况

湿地是指天然的或人工的，永久的或间歇的沼泽地、泥炭地、水域地带，带有静止或流动、淡水或半咸水及咸水水体，包括低潮时水深不超过 6 米的海域。上海市第二次湿地资源调查范围涉及上海市全部 17 个区县，27 个湿地区，包括陆域范围 6340. 50 平方公里（本次湿地调查遥感判读 6905. 40 平方公里）、滨海湿地范围 3866. 22 平方公里。

根据《全国湿地资源调查技术规程》和《上海市第二次湿地资源调查实施细则》，经调查统计，至 2011 年，上海湿地共有 5 类 13 型（不含水稻田湿地，水稻田湿地仅作统计数据收集）。面积在 8 公顷（含 8 公顷）以上的湿地斑块 1258 个，总面积为 464583. 37 公顷，占上海市陆域面积（不含滨海湿地）的 67. 28%，占国土面积（含滨海湿地）的 43. 15%。其中自然湿地 408947. 82 公顷，占全部湿地的 88. 02%。所有湿地类型中，近海与海岸湿地占绝对比重，面积为 386622. 00 公顷，占全市湿地总量的 83. 22%。

上海市湿地资源分布如图 2-1。

上海市重点调查湿地地理分布如图 2-2。

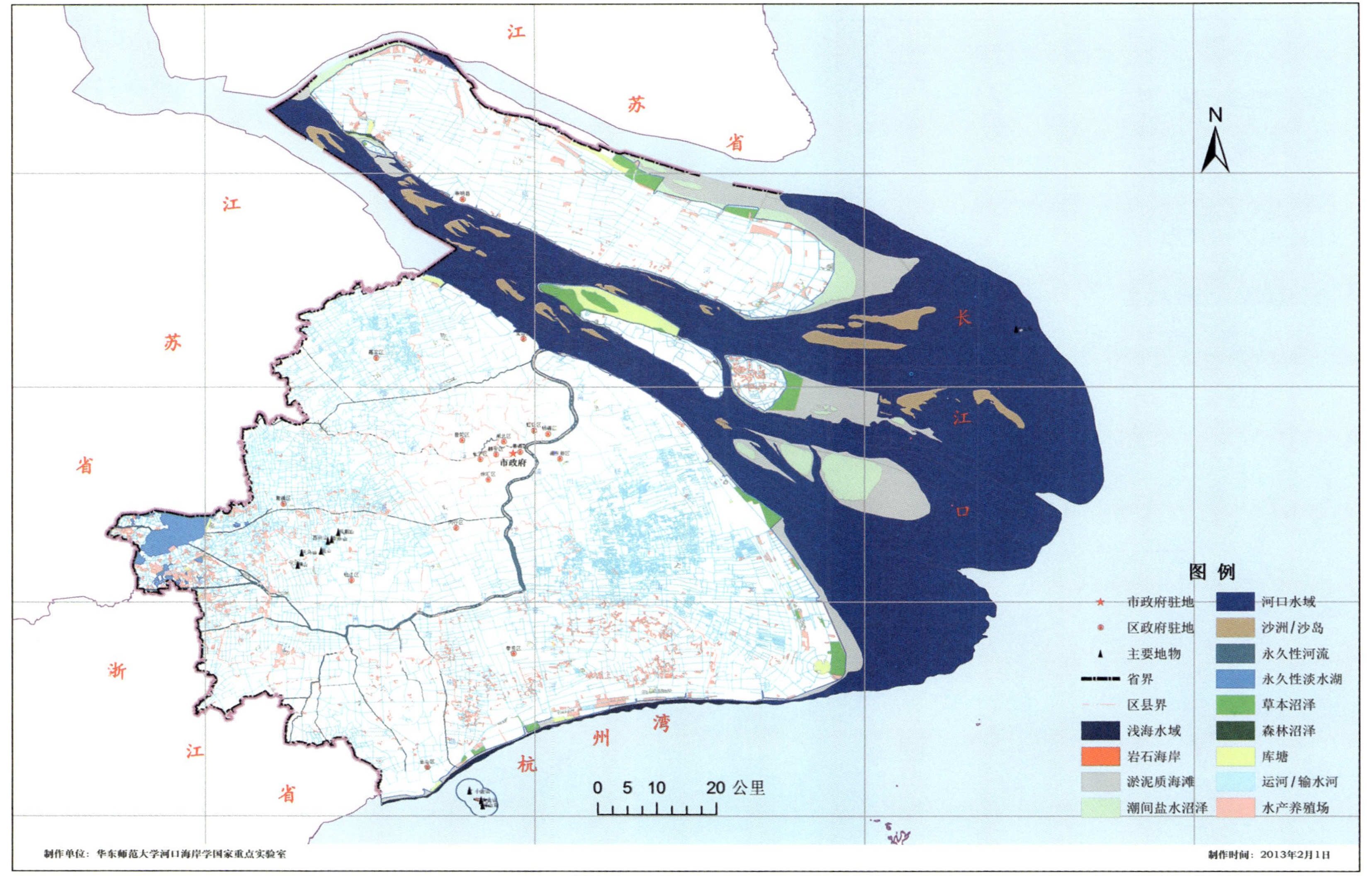


图 2-1 上海市湿地资源分布

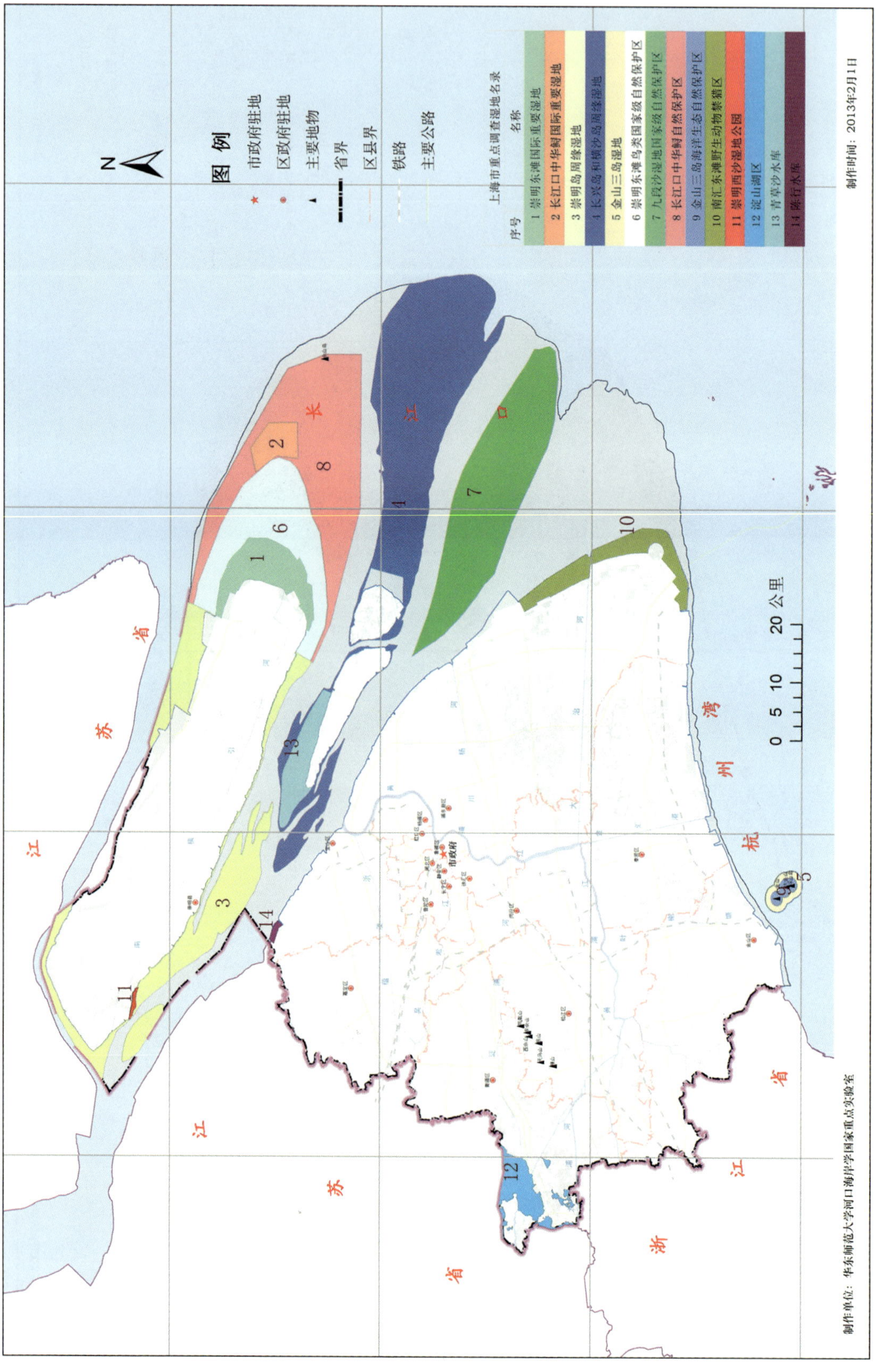

图 2-2 上海市重点调查湿地地理分布

上海市各湿地类型面积统计见表 2-1。根据上海市农业委员会 2011 年统计数据，上海市水稻田类型湿地面积为 11.21 万公顷，在本次湿地资源调查分析中不计入统计。

**表 2-1 上海市湿地类型面积统计**（2011 年）

| 湿地类型 | | 面积(公顷) | 比例(%) |
|---|---|---|---|
| 湿地类 | 湿地型 | | |
| 近海与海岸湿地 | 浅海水域 | 3250.48 | 0.70 |
| | 岩石海岸 | 39.43 | 0.01 |
| | 淤泥质海滩 | 43610.99 | 9.39 |
| | 潮间盐水沼泽 | 17794.53 | 3.83 |
| | 河口水域 | 308483.69 | 66.40 |
| | 三角洲/沙洲/沙岛 | 13442.88 | 2.89 |
| | 小　计 | 386622.00 | 83.22 |
| 河流湿地 | 永久性河流 | 7241.46 | 1.55 |
| | 小　计 | 7241.46 | 1.55 |
| 湖泊湿地 | 永久性淡水湖 | 5795.16 | 1.25 |
| | 小　计 | 5795.16 | 1.25 |
| 沼泽湿地 | 草本沼泽 | 9051.53 | 1.95 |
| | 森林沼泽 | 237.67 | 0.05 |
| | 小　计 | 9289.20 | 2.00 |
| 人工湿地 | 库　塘 | 7521.91 | 1.62 |
| | 运河/输水河 | 28513.34 | 6.14 |
| | 水产养殖场 | 19600.30 | 4.22 |
| | 小　计 | 55635.55 | 11.98 |
| 总　计 | | 464583.37 | 100 |

## 1.1 各湿地类型的湿地面积

上海市有湿地 5 类 13 型，5 个湿地类为近海与海岸湿地、河流湿地、湖泊湿地、沼泽湿地、人工湿地(图 2-3)。13 个湿地型为浅海水域、岩石海岸、淤泥质海滩、潮间盐水沼泽、河口水域、三角洲/沙洲/沙岛、永久性河流、永久性淡水湖、草本沼泽、森林沼泽、库塘、运河/输水河、水产养殖场。

按湿地类来看，近海与海岸湿地占绝对比重，其次为人工湿地。至 2011 年，上海市近海与海岸湿地面积为 386622.00 公顷，占湿地总面积的 83.22%；河流湿地面积为 7241.46 公顷，占湿地总面积的 1.55%；湖泊湿地面积为 5795.16 公顷，占湿地总面积的 1.25%；沼泽湿地面积为 9289.20 公顷，占湿地总面积的 2.00%；人工湿地面积为 55635.55 公顷，占湿地总面积

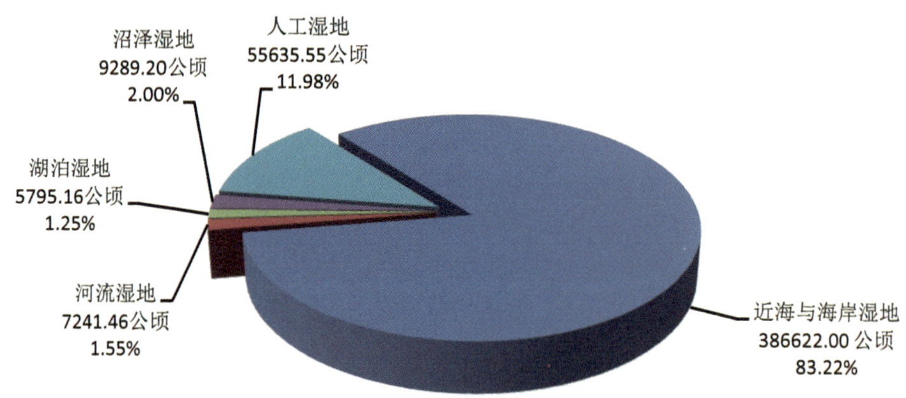


图 **2-3** 上海市各湿地类面积与比例构成(2011 年)

的 11.98%。

从湿地型来看，河口水域湿地占湿地总面积的 66.40%，加上浅海水域，占湿地总面积的 67.10%，表明上海市湿地有将近 67% 在低潮线以下。所有湿地型中，浅海水域 3250.48 公顷，占湿地总面积的 0.70%；岩石海岸 39.43 公顷，占湿地总面积的 0.01%；淤泥质海滩 43610.99 公顷，占湿地总面积的 9.39%；潮间盐水沼泽 17794.53 公顷，占湿地总面积的 3.83%；河口水域 308483.69 公顷，占湿地总面积的 66.40%；三角洲/沙洲/沙岛 13442.88 公顷，占湿地总面积的 2.89%；永久性河流 7241.46 公顷，占湿地总面积的 1.55%；永久性淡水湖 5795.16 公顷，占湿地总面积的 1.25%；草本沼泽 9051.53 公顷，占湿地总面积的 1.95%；森林沼泽 237.67 公顷，占湿地总面积的 0.05%；库塘 7521.91 公顷，占湿地总面积的 1.62%；运河/输水河 28513.34 公顷，占湿地总面积的 6.14%；水产养殖场 19600.30 公顷，占湿地总面积的 4.22%。

### 1.2 各湿地区的湿地类及面积

根据《全国湿地资源调查技术规程》和《上海市第二次湿地资源调查技术实施细则》界定，全市划为 27 个湿地区，其中零星湿地区 17 个，单独区划湿地区 10 个(表 2-2)。在单独区划的湿地区中，湿地面积最大的是长兴岛和横沙岛周缘湿地区，其次为崇明东滩湿地区，第三为长江口南支南岸边滩湿地区。近海与海岸湿地面积最大的为长兴岛和横沙岛周缘湿地区，其次为崇明东滩湿地区，第三为长江口南支南岸边滩湿地区。河流湿地面积最大的湿地区为黄浦江湿地区，其次为松江区零星湿地区，第三为浦东新区零星湿地区。上海市的湖泊湿地仅分布于淀山湖湿地区。沼泽湿地面积最大的为崇明县零星湿地区，其次为长兴岛和横沙岛周缘湿地区，第三为浦东新区零星湿地区。人工湿地面积最大的湿地区为崇明县零星湿地区，其次为浦东新区零星湿地区，第三为淀山湖湿地区。

### 1.3 各流域湿地类及面积

根据水利部全国一、二、三级流域分类标准，上海市涉及 2 个一级流域，3 个二级流域，5

表 2-2 上海市各湿地区湿地类面积统计(2011 年)(公顷)

| 序号 | 湿地区 | 近海与海岸湿地 | 河流湿地 | 湖泊湿地 | 沼泽湿地 | 人工湿地 | 合计 | 比例(%) |
|---|---|---|---|---|---|---|---|---|
| 1 | 黄浦区零星湿地区 | | | | | | | |
| 2 | 静安区零星湿地区 | | | | | | | |
| 3 | 长宁区零星湿地区 | | | | | 22. 37 | 22. 37 | 0 |
| 4 | 虹口区零星湿地区 | | | | | 29. 14 | 29. 14 | 0. 01 |
| 5 | 闸北区零星湿地区 | | | | | 31. 38 | 31. 38 | 0. 01 |
| 6 | 徐汇区零星湿地区 | | 14. 93 | | | 52. 72 | 67. 65 | 0. 01 |
| 7 | 普陀区零星湿地区 | | | | | 81. 52 | 81. 52 | 0. 02 |
| 8 | 杨浦区零星湿地区 | | | | | 95. 62 | 95. 62 | 0. 02 |
| 9 | 大小金山三岛湿地区 | 115. 46 | | | | | 115. 46 | 0. 02 |
| 10 | 苏州河湿地区 | | 356. 46 | | | | 356. 46 | 0. 08 |
| 11 | 闵行区零星湿地区 | | 48. 82 | | | 1290. 95 | 1339. 77 | 0. 29 |
| 12 | 宝山区零星湿地区 | | 139. 27 | | | 1305. 29 | 1444. 56 | 0. 31 |
| 13 | 嘉定区零星湿地区 | | 229. 22 | | | 2366. 55 | 2595. 77 | 0. 56 |
| 14 | 黄浦江湿地区 | | 4021. 17 | | | | 4021. 17 | 0. 87 |
| 15 | 金山区零星湿地区 | | 548. 10 | | 210. 91 | 3302. 92 | 4061. 93 | 0. 87 |
| 16 | 松江区零星湿地区 | | 672. 81 | | | 3863. 26 | 4536. 07 | 0. 98 |
| 17 | 杭州湾北岸湿地区 | 4825. 56 | | | | | 4825. 56 | 1. 04 |
| 18 | 青浦区零星湿地区 | | 580. 20 | | | 4696. 68 | 5276. 88 | 1. 14 |
| 19 | 奉贤区零星湿地区 | | 10. 89 | | 284. 52 | 8136. 65 | 8432. 06 | 1. 81 |
| 20 | 淀山湖湿地区 | | 619. 59 | 5795. 16 | 8. 05 | 4708. 39 | 11131. 19 | 2. 40 |
| 21 | 浦东新区零星湿地区 | | | | 2237. 68 | 9419. 80 | 11657. 48 | 2. 51 |
| 22 | 崇明县零星湿地区 | | | | 3831. 20 | 11044. 95 | 14876. 15 | 3. 20 |
| 23 | 崇明岛周缘湿地区 | 50835. 52 | | | 276. 79 | | 51112. 31 | 11. 00 |
| 24 | 九段沙湿地区 | 66716. 85 | | | | | 66716. 85 | 14. 36 |
| 25 | 长江口南支南岸边滩湿地区 | 72577. 01 | | | | | 72577. 01 | 15. 62 |
| 26 | 崇明东滩湿地区 | 88667. 38 | | | | 1131. 59 | 89798. 97 | 19. 33 |
| 27 | 长兴岛和横沙岛周缘湿地区 | 102884. 22 | | | 2440. 05 | 4055. 77 | 109380. 04 | 23. 54 |
| 总计 | | 386622. 00 | 7241. 46 | 5795. 16 | 9289. 20 | 55635. 55 | 464583. 37 | 100 |

个三级流域(表2-3)。

表2-3 上海市各流域湿地类面积统计(2011年)(公顷)

| 一级流域 | 二级流域 | 三级流域 | 近海与海岸湿地 | 河流湿地 | 湖泊湿地 | 沼泽湿地 | 人工湿地 | 合计 | 比例(%) |
|---|---|---|---|---|---|---|---|---|---|
| 长江区 | 湖口以下干流 | 通南及崇明岛诸河 | | | | 6271.25 | 16232.31 | 22503.56 | 4.84 |
| | 小计 | | | | | 6271.25 | 16232.31 | 22503.56 | 4.84 |
| | 太湖水系 | 武阳区 | | 631.47 | 5714.17 | 8.05 | 3013.58 | 9367.27 | 2.02 |
| | | 黄浦江区 | | 6011.82 | 80.99 | 2733.11 | 33035.08 | 41861.00 | 9.01 |
| | | 杭嘉湖区 | | 598.17 | | | 3354.58 | 3952.75 | 0.85 |
| | 小计 | | | 7241.46 | 5795.16 | 2741.16 | 39403.24 | 55181.02 | 11.88 |
| 共计 | | | | 7241.46 | 5795.16 | 9012.41 | 55635.55 | 77684.58 | 16.72 |
| 滨海湿地 | 滨海湿地 | 滨海湿地 | 386622.00 | | | 276.79 | | 386898.79 | 83.28 |
| | 小计 | | 386622.00 | | | 276.79 | | 386898.79 | 83.28 |
| 总计 | | | 386622.00 | 7241.46 | 5795.16 | 9289.20 | 55635.55 | 464583.37 | 100.00 |

#### 1.3.1 一级流域

一级流域包括长江区、滨海湿地。

(1)长江区：长江区在上海市有2个二级流域4个三级流域。该流域区湿地总面积为77684.58公顷，占上海市湿地总面积的16.72%。至2011年，上海市河流湿地为7241.46公顷，湖泊湿地5795.16公顷，沼泽湿地9012.41公顷，人工湿地55635.55公顷。

(2)滨海湿地：至2011年，上海市滨海湿地总面积为386898.79公顷，占上海市湿地总面积的83.28%。包括近海与海岸湿地386622.00公顷，沼泽湿地276.79公顷。

#### 1.3.2 二级流域

二级流域包括湖口以下干流、太湖水系和滨海湿地3个流域。其中湿地面积最大的为滨海湿地流域，其次为太湖水系流域，第三为湖口以下干流流域。

(1)滨海湿地：湿地总面积386898.79公顷。其中近海与海岸湿地面积386622.00公顷；沼泽湿地面积276.79公顷。

(2)太湖水系：湿地总面积55181.02公顷。其中河流湿地面积7241.46公顷；湖泊湿地面积5795.16公顷；沼泽湿地面积2741.16公顷；人工湿地面积39403.24公顷。

(3)湖口以下干流：湿地总面积22503.56公顷。其中沼泽湿地6271.25公顷；人工湿地16232.31公顷。

#### 1.3.3 三级流域

三级流域包括了通南及崇明岛诸河、武阳区、黄浦江区、杭嘉湖区和滨海湿地。其中滨海湿地区流域湿地面积最大，其次为黄浦江区流域，第三为通南及崇明岛诸河流域。

(1)滨海湿地：湿地总面积386898.79公顷。其中近海与海岸湿地面积386622.00公顷；沼泽湿地面积276.79公顷。

(2)黄浦江区：湿地面积41861.00公顷。其中河流湿地6011.82公顷；湖泊湿地80.99公顷；沼泽湿地2733.11公顷；人工湿地33035.08公顷。

(3)通南及崇明岛诸河：湿地总面积22503.56公顷。其中沼泽湿地6271.25公顷；人工湿地16232.31公顷。

(4)武阳区：湿地总面积9367.27公顷。其中河流湿地631.47公顷；湖泊湿地5714.17公顷；沼泽湿地8.05公顷；人工湿地3013.58公顷。

(5)杭嘉湖区：湿地总面积3952.75公顷。其中河流湿地598.17公顷；人工湿地3354.58公顷。

## 1.4 各行政区湿地类及面积

至2011年，上海市17个行政区中，按湿地资源总量排名前三位的分别是崇明县、浦东新区、青浦区，3个区县湿地面积为428552.71公顷，占全市湿地的92.24%。面积最小的区县为中心城区静安区，仅有一苏州河河流湿地，面积为4.15公顷(表2-4、图2-4)。

**表2-4 上海市各行政区湿地类面积统计(2011年)(公顷)**

| 序号 | 行政区 | 近海与海岸湿地 | 河流湿地 | 湖泊湿地 | 沼泽湿地 | 人工湿地 | 合计 | 比例(%) |
|---|---|---|---|---|---|---|---|---|
| 1 | 静安区 | | 4.15 | | | | 4.15 | 0.00 |
| 2 | 闸北区 | | 12.89 | | | 31.38 | 44.27 | 0.01 |
| 3 | 长宁区 | | 31.13 | | | 22.37 | 53.50 | 0.01 |
| 4 | 虹口区 | | 57.32 | | | 29.14 | 86.46 | 0.02 |
| 5 | 普陀区 | | 53.43 | | | 81.52 | 134.95 | 0.03 |
| 6 | 黄浦区 | | 192.57 | | | | 192.57 | 0.04 |
| 7 | 徐汇区 | | 292.87 | | | 52.72 | 345.59 | 0.07 |
| 8 | 杨浦区 | | 424.75 | | | 95.62 | 520.37 | 0.11 |
| 9 | 闵行区 | | 1085.27 | | | 1290.95 | 2376.22 | 0.51 |
| 10 | 嘉定区 | | 339.07 | | | 2366.55 | 2705.62 | 0.58 |
| 11 | 松江区 | | 1162.10 | | | 3863.26 | 5025.36 | 1.08 |
| 12 | 金山区 | 1882.50 | 548.10 | | 210.91 | 3302.92 | 5944.43 | 1.28 |
| 13 | 宝山区 | 5690.31 | 327.04 | | | 1305.29 | 7322.64 | 1.58 |
| 14 | 奉贤区 | 2571.10 | 282.26 | | 284.52 | 8136.65 | 11274.53 | 2.43 |
| 15 | 青浦区 | | 1290.57 | 5795.16 | 8.05 | 9405.07 | 16498.85 | 3.55 |
| 16 | 浦东新区 | 134090.97 | 1137.94 | | 2237.68 | 9419.80 | 146886.39 | 31.62 |
| 17 | 崇明县 | 242387.12 | | | 6548.04 | 16232.31 | 265167.47 | 57.08 |
| 总计 | | 386622.00 | 7241.46 | 5795.16 | 9289.20 | 55635.55 | 464583.37 | 100.00 |

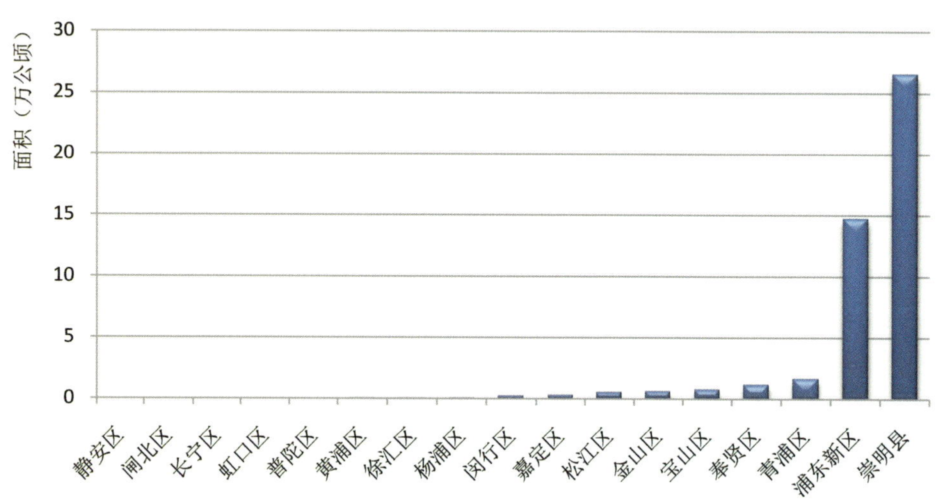


图 **2-4** 上海市各行政区湿地面积分布（2011 年）

(1)崇明县：崇明县湿地面积总量为 265167.47 公顷。其中近海与海岸湿地面积 242387.12 公顷；沼泽湿地面积 6548.04 公顷；人工湿地面积 16232.31 公顷，均列为全市第一。境内有崇明东滩国际重要湿地、长江口中华鲟国际重要湿地、崇明东滩鸟类国家级自然保护区、长江口中华鲟自然保护区、崇明西沙国家湿地公园和崇明东滩湿地公园，是全市自然湿地保存最好、生物多样性最丰富的地区。

(2)浦东新区：浦东新区湿地面积为 146886.39 公顷。其中近海与海岸面积 134090.97 公顷，该类型列全市第二；河流湿地面积 1137.94 公顷，列全市第三；沼泽湿地面积 2237.68 公顷，列全市第二；人工湿地面积 9419.80 公顷，列全市第二。区内主要有九段沙湿地国家级自然保护区、南汇东滩野生动物禁猎区。

(3)青浦区：青浦区湿地面积 16498.85 公顷，具有上海市全部湖泊湿地类型，其面积为 5795.16 公顷。其中河流湿地面积 1290.57 公顷；沼泽湿地面积 8.05 公顷；人工湿地面积 9405.07 公顷。境内主要有以淀山湖为代表的湖泊群，对上海市具有重要水源涵养和旅游休闲文化价值。

# 2 近海与海岸湿地

## 2.1 近海与海岸湿地各湿地型及面积

至 2011 年，全市近海与海岸湿地总面积为 386622.00 公顷，占上海市湿地总面积的 83.22%。包括浅海水域、岩石海岸、淤泥质海滩、潮间盐水沼泽、河口水域、三角洲/沙洲/沙岛 6 个湿地型(图 2-5)。

### 2.1.1 浅海水域

浅海水域是指浅海湿地中，湿地底部基质为无机部分组成，植被盖度 <30% 的区域，多数情况下低潮时水深小于 6 米(全国湿地资源调查技术规程)，包括海湾、海峡。上海市浅海水域湿地面积 3250.48 公顷，占近海与海岸湿地总面积的 0.84%。

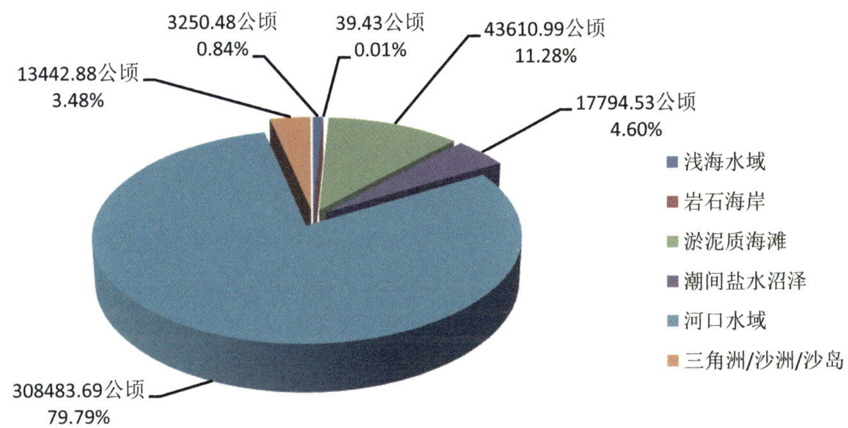


图 **2-5** 上海市近海与海岸湿地各湿地型面积与比例构成(2011 年)

### 2.1.2 岩石海岸

岩石海岸是指底部基岩 75% 以上是岩石和砾石，包括岩石性沿海岛屿、海岩峭壁。上海市岩石海岸湿地面积为 39.43 公顷，仅占近海与海岸湿地总面积的 0.01%。

### 2.1.3 淤泥质海滩

淤泥质海滩是指由淤泥质组成的植被盖度 <30% 的淤泥质海滩。全市淤泥质海滩湿地面积达 43610.99 公顷，占近海与海岸湿地总面积的 11.28%。

### 2.1.4 潮间带盐水沼泽

潮间带盐水沼泽是指潮间地带形成的植被盖度≥30% 的潮间带沼泽，包括盐碱沼泽、盐水草地和海滩盐沼。全市潮间带盐水沼泽湿地面积达 17794.53 公顷，占近海与海岸湿地总面积的 4.60%。

### 2.1.5 河口水域

河口水域是指从近口段的潮区界(潮差为零)至口外海滨段的淡水舌锋之间的永久性水域。全市河口水域湿地面积 308483.69 公顷，占近海与海岸湿地总面积的 79.79%。

### 2.1.6 三角洲/沙洲/沙岛

三角洲/沙洲/沙岛是指河口系统四周冲积的泥/沙滩，沙洲、沙岛(包括水下部分)植被覆盖 <30%。全市三角洲/沙洲/沙岛湿地面积达 13442.88 公顷，占近海与海岸湿地总面积的 3.48%。

## 2.2 各湿地区近海与海岸湿地各湿地型及面积

近海与海岸湿地分布在上海市 27 个湿地区中的 7 个(表 2-5)。至 2011 年，湿地区中近海与海岸湿地面积最大的是长兴岛和横沙岛周缘湿地区，其面积为 102884.22 公顷，占近海与海岸湿地总面积的 26.61%。湿地区中近海与海岸湿地第二大的是崇明东滩湿地区，其面积为 88667.38 公顷，占近海与海岸湿地总面积的 22.93%。第三大的是长江口南支南岸边滩湿地区，其面积为 72577.01 公顷，占近海与海岸湿地总面积的 18.77%。

**表 2-5 上海市各湿地区近海与海岸湿地各湿地型面积统计(2011 年)(公顷)**

| 序 号 | 湿地型<br>湿地区 | 浅海水域 | 岩石海岸 | 淤泥质海滩 | 潮间盐水沼泽 | 河口水域 | 三角洲/沙洲/沙岛 | 合 计 | 比例(%) |
|---|---|---|---|---|---|---|---|---|---|
| 1 | 大小金山三岛湿地区 | 76.03 | 39.43 | | | | | 115.46 | 0.03 |
| 2 | 杭州湾北岸湿地区 | 3174.45 | | 1509.37 | 141.52 | | | 4825.56 | 1.25 |
| 3 | 崇明岛周缘湿地区 | | | 8073.44 | 4657.37 | 34339.59 | 3765.12 | 50835.52 | 13.15 |
| 4 | 九段沙湿地区 | | | 10253.78 | 7188.19 | 49060.44 | 214.44 | 66716.85 | 17.26 |
| 5 | 长江口南支南岸边滩湿地区 | | | 5326.63 | 173.96 | 67076.42 | | 72577.01 | 18.77 |
| 6 | 崇明东滩湿地区 | | | 9759.91 | 4628.24 | 69377.08 | 4902.15 | 88667.38 | 22.93 |
| 7 | 长兴岛和横沙岛周缘湿地区 | | | 8687.86 | 1005.03 | 88630.16 | 4561.17 | 102884.22 | 26.61 |
| 总 计 | | 3250.48 | 39.43 | 43610.99 | 17794.53 | 308483.69 | 13442.88 | 386622.00 | 100.00 |

各个湿地区中，浅海水域湿地仅分布于杭州湾北岸湿地区和大小金山三岛湿地区；岩石海岸仅分布于大小金山三岛湿地区；淤泥质海滩湿地面积最大的为九段沙湿地区，其次为崇明东滩湿地区，第三为长兴岛和横沙岛周缘湿地区；潮间盐水沼泽湿地面积最大的为九段沙湿地区，其次为崇明岛周缘湿地区，第三为崇明东滩湿地区；河口水域湿地面积最大的为长兴岛和横沙岛周缘湿地区，其次为崇明东滩湿地区，第三为长江口南支南岸边滩湿地区；三角洲/沙洲/沙岛湿地仅分布于崇明东滩湿地区，长兴岛和横沙岛周缘湿地区，崇明岛周缘湿地区和九段沙湿地区。

## 2.3 各行政区近海与海岸湿地各湿地型及面积

全市 17 个行政区中，近海与海岸湿地仅分布于其中 5 个行政区内(表 2-6)。至 2011 年，行政区内近海与海岸湿地面积最大的为崇明县，面积为 242387.12 公顷，占近海与海岸湿地总面积的 62.69%；浦东新区居第二位，近海与海岸湿地面积为 134090.97 公顷，占总面积的 34.68%。

**表 2-6 上海市各行政区近海与海岸湿地各湿地型统计(2011 年)(公顷)**

| 序 号 | 湿地型<br>行政区 | 浅海水域 | 岩石海岸 | 淤泥质海岸 | 潮间盐水沼泽 | 河口水域 | 三角洲/沙洲/沙岛 | 合 计 | 比例(%) |
|---|---|---|---|---|---|---|---|---|---|
| 1 | 金山区 | 1097.74 | 39.43 | 629.54 | 115.79 | | | 1882.50 | 0.49 |
| 2 | 奉贤区 | 1738.57 | | 806.58 | 25.95 | | | 2571.10 | 0.67 |
| 3 | 宝山区 | | | | | 5690.31 | | 5690.31 | 1.47 |
| 4 | 浦东新区 | 414.17 | | 15653.66 | 7362.15 | 110446.55 | 214.44 | 134090.97 | 34.68 |
| 5 | 崇明县 | | | 26521.21 | 10290.64 | 192346.83 | 13228.44 | 242387.12 | 62.69 |
| 总 计 | | 3250.48 | 39.43 | 43610.99 | 17794.53 | 308483.69 | 13442.88 | 386622.00 | 100.00 |

# 3 河流湿地

## 3.1 河流湿地各湿地型及面积

至2011年，上海市河流湿地面积共有7241.46公顷，全部为永久性河流湿地(表2-7)。永久性河流湿地是指常年有径流的河流，仅包括河床部分。全市河流湿地中，河道级别为市级的河流有26条，面积较大河流有黄浦江、苏州河、太浦河、淀浦河。

**表2-7 上海市河流湿地名称、级别及面积统计(2011年)**

| 序号 | 河流名称 | 河流级别 | 河道级别 | 所属主要区县 | 面积(公顷) | 比例(%) |
|---|---|---|---|---|---|---|
| 1 | 池泾河 | 6 | 区级 | 金山区 | 7.47 | 0.11 |
| 2 | 祝家港 | 6 | 区级 | 金山区 | 11.41 | 0.16 |
| 3 | 新泾塘 | 6 | 区级 | 金山区 | 12.17 | 0.17 |
| 4 | 南泖泾 | 6 | 区级 | 松江区 | 17.12 | 0.24 |
| 5 | 惠高泾 | 6 | 区级 | 金山区 | 36.49 | 0.50 |
| 6 | 盐铁河 | 6 | 区级 | 嘉定区 | 46.67 | 0.64 |
| 7 | 叶榭塘 | 6 | 市级 | 松江区 | 54.41 | 0.75 |
| 8 | 六里塘 | 5 | 区级 | 金山区 | 54.41 | 0.75 |
| 9 | 大泖塘 | 5 | 市级 | 松江区 | 61.25 | 0.85 |
| 10 | 东泖河 | 5 | 市级 | 青浦区 | 62.55 | 0.86 |
| 11 | 浏　河 | 5 | 区级 | 嘉定区 | 62.96 | 0.87 |
| 12 | 龙泉港 | 6 | 市级 | 奉贤区、金山区 | 110.58 | 1.53 |
| 13 | 圆泄泾—大蒸塘 | 5 | 市级 | 松江区 | 122.25 | 1.69 |
| 14 | 西泖河 | 5 | 市级 | 青浦区 | 125.97 | 1.74 |
| 15 | 红旗塘人蒸港 | 5 | 市级 | 青浦区 | 134.14 | 1.85 |
| 16 | 拦路港 | 5 | 市级 | 青浦区 | 134.18 | 1.85 |
| 17 | 横潦泾—竖潦泾河系 | 5 | 市级 | 松江区 | 135.38 | 1.87 |
| 18 | 张泾河 | 6 | 区级 | 金山区 | 144.30 | 1.99 |
| 19 | 急水港 | 6 | 区级 | 青浦区 | 150.70 | 2.08 |
| 20 | 掘石—胥浦河系 | 5 | 市级 | 金山区 | 182.16 | 2.52 |
| 21 | 泖河—斜塘河 | 5 | 市级 | 松江区 | 224.25 | 3.10 |
| 22 | 蕴藻浜 | 5 | 市级 | 嘉定区、宝山区 | 258.86 | 3.57 |
| 23 | 淀浦河 | 6 | 市级 | 徐汇区、闵行区、松江区、青浦区 | 332.90 | 4.60 |

（续）

| 序　号 | 河流名称 | 河流级别 | 河道级别 | 所属主要区县 | 面积(公顷) | 比例(%) |
|---|---|---|---|---|---|---|
| 24 | 苏州河 | 4 | 市级 | 虹口区、静安区、黄浦区、闸北区、长宁区、闵行区、普陀区、青浦区、嘉定区 | 356.46 | 4.92 |
| 25 | 太浦河 | 5 | 市级 | 青浦区 | 381.25 | 5.26 |
| 26 | 黄浦江 | 4 | 市级 | 浦东新区、宝山区、虹口区、黄浦区、奉贤区、徐汇区、杨浦区、松江区、闵行区 | 4021.17 | 55.53 |
| 总　计 | | | | | 7241.46 | 100 |

其中黄浦江流经浦东新区、宝山区、虹口区、黄浦区、奉贤区、徐汇区、杨浦区、松江区、闵行区9个区县，苏州河流经虹口区、静安区、黄浦区、闸北区、长宁区、闵行区、普陀区、青浦区、嘉定区9个区县，太浦河流经青浦区，淀浦河流经徐汇区、闵行区、松江区、青浦区4个区县。

## 3.2　各流域河流湿地各湿地型及面积

至2011年，全市河流湿地均分布在一级流域长江区内，河流湿地面积为7241.46公顷；二级流域太湖水系，湿地面积为7241.46公顷；3个三级流域，包括武阳区、黄浦江区和杭嘉湖区。其中武阳区的河流湿地面积为631.47公顷，占河流湿地总面积的8.72%；黄浦江区的湿地面积为6011.82公顷，占河流湿地总面积的83.02%；杭嘉湖区的湿地面积为598.17公顷，占河流湿地总面积的8.26%（表2-8）。

**表2-8　上海市各流域河流湿地各湿地型面积统计**（2011年）

| 流　域 | | | 湿地型 | 比例(%) |
|---|---|---|---|---|
| 一级流域 | 二级流域 | 三级流域 | 永久性河流(公顷) | |
| 长江区 | 太湖水系 | 武阳区 | 631.47 | 8.72 |
| | | 黄浦江区 | 6011.82 | 83.02 |
| | | 杭嘉湖区 | 598.17 | 8.26 |
| 总　计 | | | 7241.46 | 100 |

## 3.3　各湿地区河流湿地各湿地型及面积

全市27个湿地区中，有12个湿地区有河流湿地类型分布（表2-9）。湿地区中河流湿地面积最大的是黄浦江湿地区，面积为4021.17公顷，占河流湿地总面积的55.53%；河流湿地面积第二大的是松江区零星湿地区，面积为672.81公顷，占河流湿地总面积的9.29%；第三是淀山湖湿地区，面积为672.81公顷，占河流湿地总面积的8.56%。

表 2-9　上海市各湿地区河流湿地各湿地型面积统计(2011 年)

| 序　号 | 湿地区 | 永久性河流(公顷) | 比例(%) |
|---|---|---|---|
| 1 | 奉贤区零星湿地区 | 10.89 | 0.15 |
| 2 | 徐汇区零星湿地区 | 14.93 | 0.21 |
| 3 | 闵行区零星湿地区 | 48.82 | 0.67 |
| 4 | 宝山区零星湿地区 | 139.27 | 1.92 |
| 5 | 嘉定区零星湿地区 | 229.22 | 3.17 |
| 6 | 苏州河湿地区 | 356.46 | 4.92 |
| 7 | 金山区零星湿地区 | 548.10 | 7.57 |
| 8 | 青浦区零星湿地区 | 580.20 | 8.01 |
| 9 | 淀山湖湿地区 | 619.59 | 8.56 |
| 10 | 松江区零星湿地区 | 672.81 | 9.29 |
| 11 | 黄浦江湿地区 | 4021.17 | 55.53 |
| 总　计 | | 7241.46 | 100 |

## 3.4　各行政区河流湿地各湿地型及面积

全市 17 个行政区中，除崇明县外，其他 16 个区均有河流湿地分布(表 2-10，图 2-6)。上海市各行政区内，青浦区河流湿地面积最大，为 1290.57 公顷，占河流湿地总面积的 17.82%；其次为松江区，1162.10 公顷，占河流湿地总面积的 16.05%；第三为浦东新区，1137.94 公顷，占河流湿地总面积的 15.71%。

表 2-10　上海市各行政区河流湿地各湿地型面积统计(2011 年)

| 序　号 | 行政区 | 永久性河流(公顷) | 比例(%) |
|---|---|---|---|
| 1 | 静安区 | 4.15 | 0.06 |
| 2 | 闸北区 | 12.89 | 0.18 |
| 3 | 长宁区 | 31.13 | 0.43 |
| 4 | 普陀区 | 53.43 | 0.74 |
| 5 | 虹口区 | 57.32 | 0.79 |
| 6 | 黄浦区 | 192.57 | 2.66 |
| 7 | 奉贤区 | 282.26 | 3.90 |
| 8 | 徐汇区 | 292.87 | 4.04 |
| 9 | 宝山区 | 327.04 | 4.52 |
| 10 | 嘉定区 | 339.07 | 4.68 |
| 11 | 杨浦区 | 424.75 | 5.87 |

（续）

| 序　号 | 行政区 | 永久性河流(公顷) | 比例(%) |
|---|---|---|---|
| 12 | 金山区 | 548.10 | 7.57 |
| 13 | 闵行区 | 1085.27 | 14.99 |
| 14 | 浦东新区 | 1137.94 | 15.71 |
| 15 | 松江区 | 1162.10 | 16.05 |
| 16 | 青浦区 | 1290.57 | 17.82 |
| 总　计 | | 7241.46 | 100 |

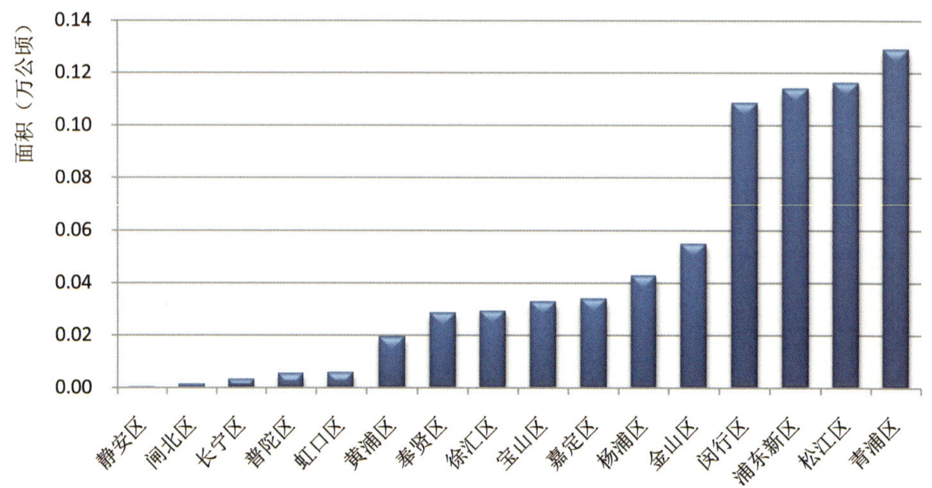


图 **2-6**　上海市各行政区河流湿地面积分布(2011 年)

# 4　湖泊湿地

## 4.1　湖泊湿地各湿地型及面积

至 2011 年，全市湖泊湿地共有 5795.16 公顷，全部为永久性淡水湖湿地。永久性淡水湖指由淡水组成的永久性湖泊。上海市共有 21 块湖泊湿地，其中面积较大的有淀山湖、元荡、葑漾荡、汪洋荡(表 2-11)。

**表 2-11　上海市湖泊湿地名称及面积统计**(2011 年)

| 序　号 | 湖泊名称 | 永久性湖泊(公顷) | 比例(%) |
|---|---|---|---|
| 1 | 任屯荡 | 8.35 | 0.14 |
| 2 | 吴天荡 | 17.03 | 0.29 |
| 3 | 涨水盂 | 17.30 | 0.30 |
| 4 | 东白荡 | 20.59 | 0.36 |

（续）

| 序　号 | 湖泊名称 | 永久性湖泊（公顷） | 比例（%） |
|---|---|---|---|
| 5 | 海河荡 | 25.74 | 0.44 |
| 6 | 朱沼漾 | 26.45 | 0.46 |
| 7 | 三分荡 | 29.85 | 0.52 |
| 8 | 西白荡—小场塘 | 32.37 | 0.56 |
| 9 | 南白荡 | 32.43 | 0.56 |
| 10 | 长白荡 | 32.79 | 0.57 |
| 11 | 西白荡 | 33.27 | 0.57 |
| 12 | 吴家荡—西湾荡 | 48.70 | 0.84 |
| 13 | 大淀湖 | 51.14 | 0.88 |
| 14 | 雪落漾 | 54.68 | 0.94 |
| 15 | 火泽荡 | 58.11 | 1.00 |
| 16 | 李家荡 | 88.75 | 1.53 |
| 17 | 大莲湖 | 94.03 | 1.62 |
| 18 | 汪洋荡 | 156.95 | 2.71 |
| 19 | 葑漾荡 | 170.36 | 2.94 |
| 20 | 元　荡 | 302.28 | 5.22 |
| 21 | 淀山湖 | 4493.99 | 77.55 |
| 总　计 | | 5795.16 | 100 |

上海市的湖泊湿地全部分布于本市青浦区西部，地貌单元为湖沼平原地区，即西部碟形洼地区，呈星星罗棋布状湖群出现。

## 4.2　各流域湖泊湿地各湿地型及面积

至2011年，全市湖泊湿地均分布于一级流域长江区内，湿地面积为5795.16公顷；二级流域太湖水系内，湿地面积为5795.16公顷；2个三级流域内，包括武阳区和黄浦江区，其中武阳区湖泊湿地面积为5714.17公顷，占湖泊湿地总面积的98.60%，黄浦江区湖泊湿地面积为80.99公顷，占湖泊湿地总面积的1.40%（表2-12）。

**表2-12　上海市各流域湖泊湿地各湿地型面积统计**（2011年）

| 流　域 | | | 湿地型 | 比例（%） |
|---|---|---|---|---|
| 一级流域 | 二级流域 | 三级流域 | 永久性淡水湖（公顷） | |
| 长江区 | 太湖水系 | 武阳区 | 5714.17 | 98.60 |
| | | 黄浦江区 | 80.99 | 1.40 |
| 总　计 | | | 5795.16 | 100 |

### 4.3 各湿地区湖泊湿地各湿地型及面积

全市27个湿地区中，湖泊湿地仅分布在淀山湖湿地区。至2011年，湖泊湿地面积为5795.16公顷。

### 4.4 各行政区湖泊湿地各湿地型及面积

全市17个行政区中，湖泊湿地仅分布于青浦区。至2011年，湖泊湿地面积为5795.16公顷。

## 5 沼泽湿地

### 5.1 沼泽湿地各湿地型及面积

至2011年，全市沼泽湿地共有9289.20公顷，包括草本沼泽和森林沼泽2个湿地型(图2-7)。其中森林沼泽全部分布在崇明县；草本沼泽分布在崇明县、浦东新区、奉贤区、金山区以及青浦区。

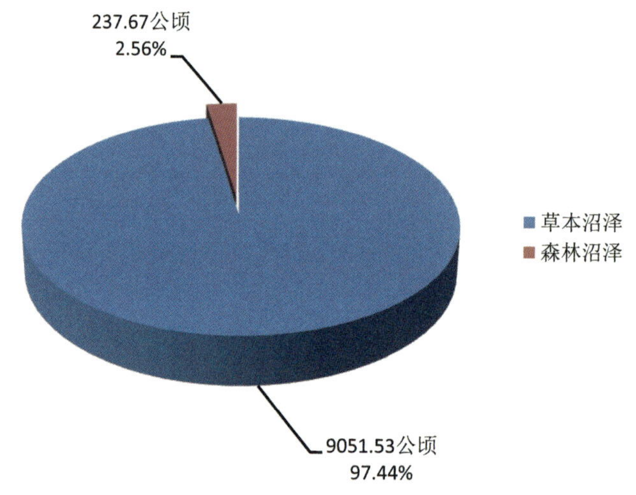


图2-7 上海市沼泽湿地各湿地型面积与比例构成(2011年)

草本沼泽是指由水生和沼生的草本植物组成优势群落的淡水沼泽。全市的草本沼泽湿地面积为9051.53公顷，占全市沼泽湿地总面积的97.44%。森林沼泽是指以乔木森林植物为优势群落的淡水沼泽。全市森林沼泽湿地面积为237.67公顷，占全市沼泽湿地总面积的2.56%。

### 5.2 各流域沼泽湿地各湿地型及面积

至2011年，全市的沼泽湿地分布于2个一级流域，3个二级流域，4个三级流域(表2-13)。

**表 2-13　上海市各流域沼泽湿地各湿地型面积统计(2011 年)**

| 流域 | | | 湿地型 | | 合计(公顷) | 比例(%) |
|---|---|---|---|---|---|---|
| 一级流域 | 二级流域 | 三级流域 | 草本沼泽(公顷) | 森林沼泽(公顷) | | |
| 长江区 | 湖口以下干流 | 通南及崇明岛诸河 | 6271.25 | | 6271.25 | 67.51 |
| | 小　计 | | 6271.25 | | 6271.25 | 67.51 |
| | 太湖水系 | 武阳区 | 8.05 | | 8.05 | 0.09 |
| | | 黄浦江区 | 2733.11 | | 2733.11 | 29.42 |
| | 小　计 | | 2741.16 | | 2741.16 | 29.51 |
| 共　计 | | | 9012.41 | | 9012.41 | 97.02 |
| 滨海湿地 | 滨海湿地 | 滨海湿地 | 39.12 | 237.67 | 276.79 | 2.98 |
| | 小　计 | | 39.12 | 237.67 | 276.79 | 2.98 |
| 总　计 | | | 9051.53 | 237.67 | 9289.20 | 100 |

### 5.2.1　一级流域

上海市沼泽湿地分布在 2 个一级流域即长江区和滨海湿地。

(1)长江区：该流域沼泽湿地为草本沼泽。至 2011 年，其总面积为 9012.41 公顷，占上海市沼泽湿地总面积的 97.02%。

(2)滨海湿地：至 2011 年，流域内沼泽湿地总面积为 276.79 公顷，占上海市沼泽湿地总面积的 2.98%。其中草本沼泽湿地面积为 39.12 公顷；森林沼泽湿地面积为 237.67 公顷。

### 5.2.2　二级流域

沼泽湿地分布在湖口以下干流、太湖水系和滨海湿地 3 个流域。其中沼泽湿地面积最大的为湖口以下干流，其次为太湖水系，最后的为滨海湿地。

(1)湖口以下干流：湖口以下干流只有草本沼泽湿地，其面积为 6271.25 公顷。

(2)太湖水系：太湖水系只有草本沼泽湿地，面积为 2741.16 公顷。

(3)滨海湿地：滨海沼泽湿地总面积为 276.79 公顷。其中草本沼泽湿地面积为 39.12 公顷；森林沼泽湿地面积为 237.67 公顷。

### 5.2.3　三级流域

三级流域包括了通南及崇明岛诸河、武阳区、黄浦江区和滨海湿地。其中通南及崇明岛诸河湿地面积最大；其次为黄浦江区；第三为滨海湿地。

(1)通南及崇明岛诸河：通南及崇明岛诸河只有草本沼泽湿地，面积为 6271.25 公顷。

(2)黄浦江区：黄浦江区只有草本沼泽湿地，面积为 2733.11 公顷。

(3)滨海湿地：滨海沼泽湿地总面积为 276.79 公顷。其中草本沼泽湿地面积为 39.12 公顷；森林沼泽湿地面积为 237.67 公顷。

(4)武阳区：武阳区只有草本沼泽湿地，面积为 8.05 公顷。

## 5.3 各湿地区沼泽湿地各湿地型及面积

全市27个湿地区中，7个湿地区有沼泽湿地类型分布(表2-14)。其中沼泽湿地面积最大的是崇明县零星湿地区，为3831.20公顷，占沼泽湿地总面积的41.24%；第二大的是长兴岛和横沙岛周缘湿地区，其面积为2440.05公顷，占沼泽湿地总面积的26.27%；第三是浦东新区零星湿地区，其面积为2237.68公顷，占沼泽湿地总面积的24.09%。

**表2-14 上海市各湿地区沼泽湿地各湿地型面积统计**(2011年)

| 序号 | 湿地区 | 草本沼泽(公顷) | 森林沼泽(公顷) | 合计(公顷) | 比例(%) |
|---|---|---|---|---|---|
| 1 | 淀山湖湿地区 | 8.05 | | 8.05 | 0.09 |
| 2 | 金山区零星湿地区 | 210.91 | | 210.91 | 2.27 |
| 3 | 崇明岛周缘湿地区 | 39.12 | 237.67 | 276.79 | 2.98 |
| 4 | 奉贤区零星湿地区 | 284.52 | | 284.52 | 3.06 |
| 5 | 浦东新区零星湿地区 | 2237.68 | | 2237.68 | 24.09 |
| 6 | 长兴岛和横沙岛周缘湿地区 | 2440.05 | | 2440.05 | 26.27 |
| 7 | 崇明县零星湿地区 | 3831.20 | | 3831.20 | 41.24 |
| 总计 | | 9051.53 | 237.67 | 9289.20 | 100 |

草本沼泽湿地面积最大的是崇明县零星湿地区，面积为3831.20公顷，占沼泽湿地总面积的41.24%；草本沼泽湿地面积占第二位的是长兴岛和横沙岛周缘湿地区，面积为2440.05公顷，占沼泽湿地总面积的26.27%；位居第三的是浦东新区零星湿地区，其面积为2237.68公顷，占沼泽湿地总面积的24.09%。

森林沼泽只分布于崇明岛周缘湿地区，面积为237.67公顷，占沼泽湿地总面积的2.56%。

## 5.4 各行政区沼泽湿地各湿地型及面积

全市17个行政区中，沼泽湿地仅分布在5个行政区内(表2-15，图2-8)。行政区内沼泽湿地面积最大的是崇明县，面积为6548.04公顷，占沼泽湿地总面积的70.49%；浦东新区沼泽湿地面积为2237.68公顷，位居第二，占沼泽湿地总面积的24.09%。

**表2-15 上海市各行政区沼泽湿地各湿地型面积统计**(2011年)

| 序号 | 行政区 | 草本沼泽(公顷) | 森林沼泽(公顷) | 合计(公顷) | 比例(%) |
|---|---|---|---|---|---|
| 1 | 青浦区 | 8.05 | | 8.05 | 0.09 |
| 2 | 金山区 | 210.91 | | 210.91 | 2.27 |
| 3 | 奉贤区 | 284.52 | | 284.52 | 3.06 |
| 4 | 浦东新区 | 2237.68 | | 2237.68 | 24.09 |
| 5 | 崇明县 | 6310.37 | 237.67 | 6548.04 | 70.49 |
| 总计 | | 9051.53 | 237.67 | 9289.20 | 100 |

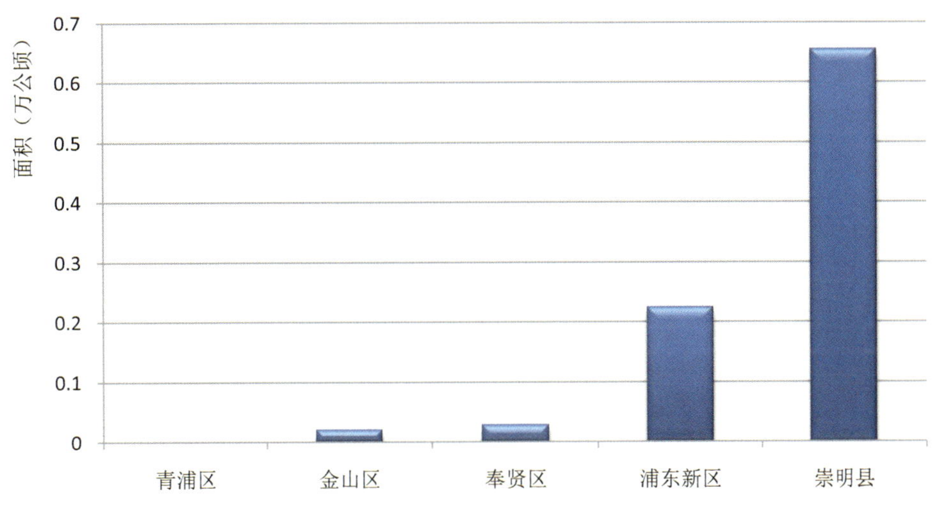


图 **2-8**　上海市各行政区沼泽湿地面积分布(2011 年)

# 6　人工湿地

## 6.1　人工湿地各湿地型及面积

至 2011 年，全市人工湿地面积为 55635.55 公顷，主要有库塘、运河/输水河、水产养殖场 3 个湿地型(图 2-9)。全市库塘湿地面积为 7521.91 公顷，主要有青草沙水库、宝钢水库和陈行水库等库塘湿地，是上海市主要的原水供水地，对保障上海市用水安全有着重要的战略意义。运河/输水河湿地是指为输水或水运而建造的人工河流湿地，包括以灌溉为主要目的的沟、渠。全市运河/输水河湿地面积为 28513.34 公顷。水产养殖场湿地是指以水产养殖为目的的鱼塘、蟹塘，以及水生作物种植池塘。全市水产养殖场湿地面积为 19600.30 公顷，主要分布于上海市郊区各区县。

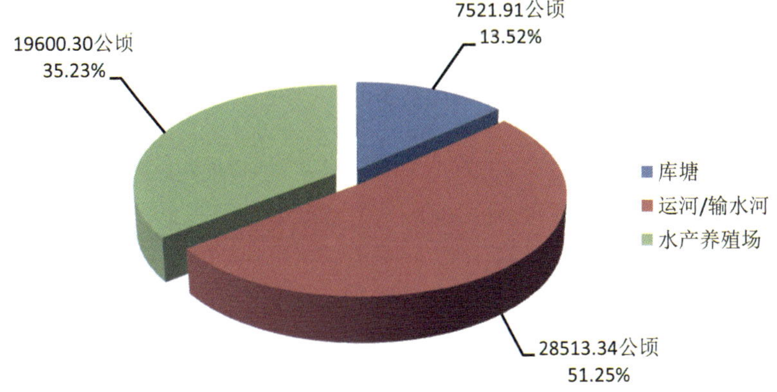


图 **2-9**　上海市人工湿地各湿地型面积与比例构成(2011 年)

## 6.2 各流域人工湿地各湿地型及面积

全市人工湿地分布在1个一级流域，2个二级流域，4个三级流域(表2-16)。

**表2-16 上海市各流域人工湿地各湿地型面积统计**(2011年)

| 流域 | | | 湿地型 | | | 合计（公顷） | 比例（%） |
|---|---|---|---|---|---|---|---|
| 一级流域 | 二级流域 | 三级流域 | 库塘（公顷） | 运河/输水河（公顷） | 水产养殖场（公顷） | | |
| 长江区 | 湖口以下干流 | 通南及崇明岛诸河 | 5164.37 | 4746.64 | 6321.30 | 16232.31 | 29.18 |
| | 小计 | | 5164.37 | 4746.64 | 6321.30 | 16232.31 | 29.18 |
| | 太湖水系 | 武阳区 | 83.29 | 784.36 | 2145.93 | 3013.58 | 5.42 |
| | | 黄浦江区 | 2171.05 | 21639.80 | 9224.23 | 33035.08 | 59.38 |
| | | 杭嘉湖区 | 103.20 | 1342.54 | 1908.84 | 3354.58 | 6.03 |
| | 小计 | | 2357.54 | 23766.70 | 13279.00 | 39403.24 | 70.82 |
| 总计 | | | 7521.91 | 28513.34 | 19600.30 | 55635.55 | 100 |

### 6.2.1 一级流域

上海市人工湿地分布在1个一级流域即长江区。

长江区：上海市的人工湿地全部分布在长江区流域。至2011年，人工湿地总面积为55635.55公顷。其中库塘湿地面积为7521.91公顷；运河/输水河湿地面积为28513.34公顷；水产养殖场湿地面积为19600.30公顷。

### 6.2.2 二级流域

上海市人工湿地分布在湖口以下干流和太湖水系2个二级流域。其中人工湿地面积最大的为太湖水系流域；其次为湖口以下干流流域。

(1)太湖水系：太湖水系人工湿地面积为39403.24公顷。其中库塘湿地面积为2357.54公顷；运河/输水河湿地面积为23766.70公顷；水产养殖场湿地面积为13279.00公顷。

(2)湖口以下干流：湖口以下干流人工湿地面积为16232.31公顷。其中库塘湿地面积为5164.37公顷；运河/输水河湿地面积为4746.64公顷；水产养殖场湿地面积为6321.30公顷。

### 6.2.3 三级流域

上海市人工湿地分布在通南及崇明岛诸河、武阳区、黄浦江区和杭嘉湖区4个三级流域。其中黄浦江区最大；其次为通南及崇明岛诸河；第三为杭嘉湖区。

(1)黄浦江区：黄浦江区人工湿地面积为33035.08公顷。其中库塘湿地面积为2171.05公顷；运河/输水河湿地面积为21639.80公顷；水产养殖场湿地面积为9224.23公顷。

(2)通南及崇明岛诸河：通南及崇明岛诸河人工湿地面积为16232.31公顷。其中库塘湿地面积为5164.37公顷；运河/输水河湿地面积为4746.64公顷；水产养殖场湿地面积为6321.30公顷。

(3)杭嘉湖区：杭嘉湖区人工湿地面积为3354.58公顷。其中库塘湿地面积为103.20公顷；

运河/输水河湿地面积为1342.54公顷；水产养殖场湿地面积为1908.84公顷。

(4)武阳区：武阳区人工湿地面积为3013.58公顷。其中库塘湿地面积为83.29公顷；运河/输水河湿地面积为784.36公顷；水产养殖场湿地面积为2145.93公顷。

## 6.3　各湿地区人工湿地各湿地型及面积

全市27个湿地区中，18个湿地区有人工湿地类型分布(表2-17)。人工湿地面积最大的为崇明县零星湿地区，面积为11044.95公顷，占人工湿地总面积的19.85%；其次为浦东新区零星湿地区，面积为9419.80公顷，占人工湿地总面积的16.93%；第三为奉贤区零星湿地区，面积为8136.65公顷，占人工湿地总面积的14.62%。

**表2-17　上海市各湿地区人工湿地各湿地型面积统计**(2011年)

| 序　号 | 湿地区 | 库塘(公顷) | 运河/输水河(公顷) | 水产养殖场(公顷) | 合计(公顷) | 比例(%) |
|---|---|---|---|---|---|---|
| 1 | 长宁区零星湿地区 | | 22.37 | | 22.37 | 0.04 |
| 2 | 虹口区零星湿地区 | | 29.14 | | 29.14 | 0.05 |
| 3 | 闸北区零星湿地区 | | 31.38 | | 31.38 | 0.06 |
| 4 | 徐汇区零星湿地区 | | 52.72 | | 52.72 | 0.09 |
| 5 | 普陀区零星湿地区 | 13.01 | 68.51 | | 81.52 | 0.14 |
| 6 | 杨浦区零星湿地区 | 9.01 | 86.61 | | 95.62 | 0.17 |
| 7 | 崇明东滩湿地区 | 76.01 | 540.22 | 515.36 | 1131.59 | 2.03 |
| 8 | 闵行区零星湿地区 | 47.69 | 1220.22 | 23.04 | 1290.95 | 2.32 |
| 9 | 宝山区零星湿地区 | 416.93 | 808.48 | 79.88 | 1305.29 | 2.35 |
| 10 | 嘉定区零星湿地区 | 82.10 | 2148.76 | 135.69 | 2366.55 | 4.25 |
| 11 | 金山区零星湿地区 | 147.08 | 1746.33 | 1409.51 | 3302.92 | 5.94 |
| 12 | 松江区零星湿地区 | 191.80 | 2592.77 | 1078.69 | 3863.26 | 6.94 |
| 13 | 长兴岛和横沙岛周缘地区 | 4055.77 | | | 4055.77 | 7.29 |
| 14 | 青浦区零星湿地区 | 78.58 | 3086.36 | 1531.74 | 4696.68 | 8.44 |
| 15 | 淀山湖湿地区 | 207.31 | 1650.53 | 2850.55 | 4708.39 | 8.46 |
| 16 | 奉贤区零星湿地区 | 418.75 | 2958.40 | 4759.50 | 8136.65 | 14.62 |
| 17 | 浦东新区零星湿地区 | 745.28 | 7264.12 | 1410.40 | 9419.80 | 16.93 |
| 18 | 崇明县零星湿地区 | 1032.59 | 4206.42 | 5805.94 | 11044.95 | 19.85 |
| 总　计 | | 7521.91 | 28513.34 | 19600.30 | 55635.55 | 100 |

库塘湿地面积最大的为长兴岛和横沙岛周缘湿地区，湿地面积为4055.77公顷；其次为崇明县零星湿地区，面积为1032.59公顷；第三为浦东新区零星湿地区，面积为745.28公顷。

运河/输水河湿地面积最大的为浦东新区零星湿地区，面积为7264.12公顷；其次为崇明县零星湿地区，面积为4206.42公顷；第三为青浦区零星湿地区，面积为3086.36公顷。

水产养殖场湿地面积最大的为崇明县零星湿地区，面积为5805.94公顷；其次为奉贤区零星湿地区，面积为4759.5公顷；第三为淀山湖湿地区，面积为2850.55公顷。

## 6.4 各行政区人工湿地各湿地型及面积

全市17个行政区，除中心城区静安区和黄浦区没有人工湿地分布外，其他15个区县均有人工湿地类型分布(表2-18，图2-10)。行政区内人工湿地面积最大的为崇明县，面积为16232.31公顷，占人工湿地总面积的29.18%；其次为浦东新区，其人工湿地面积为9419.80公顷，占人工湿地总面积的16.93%；第三为青浦区，其人工湿地面积为9405.07公顷，占人工湿地总面积的16.90%。

**表2-18 上海市各行政区人工湿地各湿地型面积统计(2011年)**

| 序 号 | 行政区 | 库塘(公顷) | 运河/输水河(公顷) | 人工养殖场(公顷) | 合计(公顷) | 比例(%) |
|---|---|---|---|---|---|---|
| 1 | 长宁区 | | 22.37 | | 22.37 | 0.04 |
| 2 | 虹口区 | | 29.14 | | 29.14 | 0.05 |
| 3 | 闸北区 | | 31.38 | | 31.38 | 0.07 |
| 4 | 徐汇区 | | 52.72 | | 52.72 | 0.10 |
| 5 | 普陀区 | 13.01 | 68.51 | | 81.52 | 0.14 |
| 6 | 杨浦区 | 9.01 | 86.61 | | 95.62 | 0.17 |
| 7 | 闵行区 | 47.69 | 1220.22 | 23.04 | 1290.95 | 2.32 |
| 8 | 宝山区 | 416.93 | 808.48 | 79.88 | 1305.29 | 2.35 |
| 9 | 嘉定区 | 82.10 | 2148.76 | 135.69 | 2366.55 | 4.25 |
| 10 | 金山区 | 147.08 | 1746.33 | 1409.51 | 3302.92 | 5.94 |
| 11 | 松江区 | 191.80 | 2592.77 | 1078.69 | 3863.26 | 6.94 |
| 12 | 奉贤区 | 418.75 | 2958.40 | 4759.50 | 8136.65 | 14.62 |
| 13 | 青浦区 | 285.89 | 4736.89 | 4382.29 | 9405.07 | 16.90 |
| 14 | 浦东新区 | 745.28 | 7264.12 | 1410.40 | 9419.80 | 16.93 |
| 15 | 崇明县 | 5164.37 | 4746.64 | 6321.30 | 16232.31 | 29.18 |
| 总 计 | | 7521.91 | 28513.34 | 19600.30 | 55635.55 | 100 |

各行政区内库塘湿地面积最大的为崇明县，面积为5164.37公顷；其次为浦东新区，面积为745.28公顷；第三为奉贤区，面积为418.75公顷。

各行政区内运河/输水河湿地面积最大的为浦东新区，面积为7264.12公顷，其次为崇明县，面积为4746.64公顷；第三为青浦区，面积为4736.89公顷。

各行政区内水产养殖场湿地面积最大的为崇明县，面积为6321.30公顷；其次为奉贤区，面积为4759.50公顷；第三为青浦区，面积为4382.29公顷。

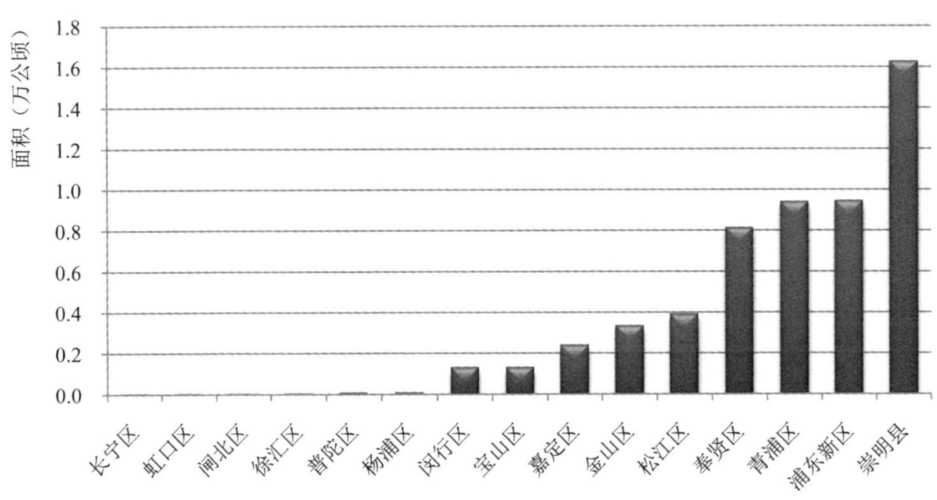


图 **2-10**　上海市各行政区人工湿地面积分布(2011 年)

# 第二节 湿地分布规律

## 1　分布规律

上海市位于长江入海口、三角洲前缘地带。长江口具有三级分叉、四口入海的地理格局。特殊的地理位置、地形地貌和水文条件决定了全市的湿地分布。上海市东濒东海、北依长江，西为太湖碟形洼地的边缘，南临杭州湾入东海延伸地带。从区位分布上看，全市湿地主要分布在东部浦东新区，北部崇明县和西部青浦区。三区县湿地资源总和占全市湿地的 90% 左右。从湿地类型分布上看，近海与海岸湿地主要分布在长江口和杭州湾北岸区域；河流湿地、人工湿地在本市陆域内广泛分布，但中心城区和郊区县的分布不均；湖泊湿地主要分布于本市西部；沼泽湿地则主要在长江口边滩地带以及一线大堤内、南部杭州湾北岸大堤内分布。

### 1.1　近海与海岸湿地

近海与海岸湿地主要有两个集中分布地带：一是长江的河口地带，二是东海的杭州湾北岸区域。其中，河口水域、沙洲/沙岛仅在长江口分布；潮间盐水沼泽、淤泥质光滩在长江口沿岸以及杭州湾北岸均有分布；浅海水域、岩石海岸湿地则仅分布本市南部杭州湾北岸区域。

### 1.2　河流湿地

河流湿地主要分布在黄浦江以西的区域内，多为黄浦江支流或源流，并且大多呈东西向排列。黄浦江源流汇自西部碟形洼地地区，最后向北在吴淞口注入长江。

### 1.3 湖泊湿地

湖泊湿地为永久性淡水湖，全部分布在太湖碟形洼地边缘的本市西部青浦区域。

### 1.4 沼泽湿地

草本沼泽主要分布在杭州湾北岸大堤内，长江口河口地带海堤内也有分布，本市西部淀山湖区偶见分布；森林沼泽仅在上海市北部崇明岛西端大堤外分布。

### 1.5 人工湿地

人工湿地在上海市陆域范围内广泛分布。其中人工养殖塘湿地主要分布在上海市北部、南部和西部郊区县区域；运河/输水河则在全市陆域内广泛分布，中心城区分布密度较低，北部、东南部以及西部郊区区域分布密度较大；库塘湿地主要分布于长江北支、南支、北港边滩以及杭州湾北岸边滩地带。

## 2 湿地特点

### 2.1 湿地类型丰富，湿地资源总量相对较大

湿地是上海城市基本生态网络体系的重要组成部分，对上海城市生态文明建设和社会经济发展作用巨大。

根据本次调查结果(至2011年)，上海市湿地面积达到4645.83平方公里，占上海市陆域面积(不含近海与海岸湿地，陆域范围6905.40平方公里)的67.28%，占国土面积(含近海与海岸湿地3866.22平方公里)的43.13%。相对全市其他土地类型和全国的湿地占比水平来看，上海市的湿地资源总量相对比较高。不能忽略的是，河口水域和浅海水域类型湿地占全市湿地总量的65%以上，表明上海市过半的湿地资源在低潮线水深0米以下。通过本次调查，查明上海市共有5个湿地类，13个湿地型(不含水稻田湿地)。5个湿地类在上海市均有分布。由于崇明国际生态岛建设和上海市植树造林工程项目实施，本次调查在崇明岛西端新发现了森林沼泽湿地类型，面积为237.67公顷，占全市湿地资源总量比例为0.05%。

根据上海市基本生态网络结构规划，至2020年，湿地、林园地、绿地、耕地生态用地比例达到陆域用地的50%以上，生态用地总面积达到3500平方公里。目前，上海市陆域(一线大堤内)湿地面积达到802.28平方公里，湿地已成为城市基本生态网络体系中重要的组成部分，必将与绿地、林园地融合发展。形成水绿交织，滨水宜人的优美城市景观，提升上海市城市环境品质，提高居民生活环境质量。

湿地，特别是近海与海岸湿地对上海具有重大意义，自新中国建立以来，上海市近海与海岸带湿地围垦面积总计为1040.9平方公里，使上海市的土地面积扩大了15%。同时，长江口水域深水航道和岸线工程码头建设，有力保障了上海市国际航运中心建设实现。在围垦和海岸带工程建设中，由于重视对湿地资源的保护，兼顾了上海市社会经济发展和生态环境保护的双重需求，构建了国际重要湿地、国家级自然保护区和省级自然保护区，较好地履行了湿地保护的国际义务和

国家要求。综合来看，近海与海岸湿地为上海市国民经济和社会发展做出了巨大贡献。

## 2.2 近海与海岸湿地占湿地资源绝对比重高，且不断动态变化

本次调查结果显示，5 个湿地类，近海与海岸湿地占绝对比重，至 2011 年，其总面积为 3866.22 平方公里，占全市湿地总量比例达到 83.22%。因此，近海与海岸湿地总量和变化，关系到上海市湿地的发展和未来。由于上海市地处长江河口，海拔高程低、地势低洼，近海与海岸湿地极易受长江流域来水来沙、东海潮流、海岸侵蚀、海平面上升、城市地面沉降以及长江口围垦、港口工程等人类活动影响。特别是长江流域来水来沙在长江口不断沉积，加上东海潮流的作用，近海与海岸带湿地在长江口不断淤涨和侵蚀，同时也不断被围垦。与第一次湿地资源调查的同一湿地斑块比较，近海与海岸湿地资源总量和比例明显下降。依照第一次湿地资源调查以水深 5 米为近海与海岸湿地界定标准，2001 年上海市近海与海岸湿地面积 305421.39 公顷，2012 年调查水深 5 米以上的近海与海岸湿地面积已降为 250902.15 公顷。近 10 年来近海与海岸湿地明显减少，减少面积为 54519.24 公顷，减少率达到 17.85%。其中，对湿地生物多样性极其重要的水深 0 米以上的潮间盐水湿地、淤泥质光滩湿地资源下降较快。本次调查显示水深 0 米以下的河口水域已占到近海与海岸湿地四分之三以上，表明长江口近海与海岸湿地未来淤涨趋势减缓，部分岸段湿地侵蚀将加剧。

近年来，全球气候变化明显，表现在海温升高、长江口海平面加速上升；长江流域水库修建、河道挖砂、流域水土流失治理，以及南水北调工程等，造成长江口来水来沙显著减少；为满足上海市经济发展用地需求的滩涂湿地围垦工程，以及上海市国际航运中心建设形势下的长江口综合整治工程，多种因素叠加复合，对近海与海岸湿地资源及其生态环境造成极大威胁。因此，需要更加重视近海与海岸带湿地资源的培育和保护。

## 2.3 湿地类型结构快速变化，人工化趋势加大，外来湿地植物入侵明显

本次调查结果表明，人工湿地为 556.35 平方公里，人工湿地占全部湿地总量不高，约为 12%。但相比较上海市陆域内湿地 972.13 平方公里的资源总量，上海市陆域范围内人工湿地比重高达 57.23%。其中，库塘湿地贡献最大。近 10 年来，上海市新增建设了许多库塘湿地，如 2010 年建成的青草沙水库，湿地面积达到 40.56 平方公里，是上海市主要原水供水地；临港新城建设的滴水湖湿地，湿地面积为 4.50 平方公里；崇明北湖湿地，面积 6.88 平方公里；为休闲旅游开发的金山城市沙滩，湿地面积为 1.30 平方公里；奉贤碧海金沙，面积 1.43 平方公里。此外全市水产养殖场湿地面积达到 196.0 平方公里，人工湿地比重不断加大。

人工湿地增加的同时，因人类活动和行为引进和带来外来物种，外来物种入侵在上海市呈现不断加重趋势。如从美国引进的互花米草已扩散到上海市海岸带各个区域，其分布面积从 2000 年的 19.03 平方公里，蔓延到 2008 年的 56.98 平方公里。本次调查还发现新增加了一些湿地外来入侵植物，如水盾草、喜旱莲子草等，在内陆特别是郊区县河道中广泛分布。外来物种特别是互花米草挤占了本土湿地植被的生态空间，对当地鸟类群落带来不利影响，同时给滩涂养殖等带来直接经济损失，对当地湿地生态系统带来严重影响。针对湿地结构变化、人工湿地比重加大以及外来物种影响加剧，如何有效保护和修复湿地生态系统和生态环境，将是湿地管理者和科研人员面

临的重大问题。

## 2.4 输水河人工湿地在市域内差异化分布，河流生态环境健康度不高，城市化开发建设影响胁迫严重

上海市输水河人工河流水系发达，在市域内广泛分布，纵横交错。本次调查统计表明，运河/输水河湿地面积达到285.13平方公里，占到湿地总面积的6.14%。分布最多区县是浦东新区、青浦区、嘉定区和奉贤区。但同时发现，河网密度在市域内差异显著，呈两极化趋势，中心城区较低，郊区县则较高。高度城市化地区，非主干河道不断减少，河网呈单一化和主干化趋势。根据本次自然河流和人工河流调查标准统计显示，全市河网长度在1.27万公里左右，河网密度为1.84公里/平方公里。中心城区9个区河网密度均在1.0公里/平方公里以下；特别是高度城市化的静安区，河网密度仅为0.1公里/平方公里；郊区县则大多在2.0公里/平方公里以上。其中，嘉定区河网密度最高，为2.65公里/平方公里；青浦区为2.61公里/平方公里。

本次调查还发现，在上海市高速城市化建设进程中，许多村镇级河网末端河道被填埋的现象比较突出，非主干道河道不断减少；部分河流河道裁弯取直，河网结构趋于简单，水面率下降；仅强调景观作用出现大量城市河流河道边岸与廊道硬质化，河流湿地生态系统与陆地生态系统阻隔分裂、湿地植物与水系生物链断裂；部分区域河道连通性不够，环境污染严重。如何保护河网水系健康及近自然的河网水系结构，对上海市城市生态环境健康发展至关重要。

## 2.5 以长江河口为依托的库塘人工湿地是上海市水安全的重要基础保障

以青草沙水库为代表的库塘人工湿地提供了上海这个特大城市近一半以上人口的原水用水。随着上海市城市快速发展和生活水平提高，黄浦江上游水源地可供水量已不能满足要求；同时受上游和沿岸污染影响，水质相对较差且具有不稳定性，黄浦江上游水源已部分不符合饮用水取水标准。陈行水库，湿地调查面积仅为3.44平方公里，避咸蓄淡水库库容偏小，抗咸能力低下。根据上海市城市总体规划，2020年合格原水缺口将达到每天600万立方米，原水供应量存在较大缺口。

在此情况下，华东师范大学河口海岸学国家重点实验室陈吉余院士提出在长兴岛周缘青草沙江心沙洲湿地上建设青草沙水库。通过多年建设，全部工程于2010年完工。2011年6月，青草沙水源地原水工程全面建成通水，是我国目前最大的江心水库。通过本次调查，青草沙水库总面积近65平方公里，湿地面积为64.96平方公里。其中，水面积40.56平方公里，草本沼泽24.40平方公里。

青草沙水库日供水规模719万立方米，其最大有效库容达5.53亿立方米，设计有效库容为4.35亿立方米，相当于10个杭州西湖。水库蓄满水时，可在不取水的情况下连续供水68天，可确保咸潮期的原水供应，受益人口超过1000万人。其规模是上海全市原水供应总规模的50%以上。工程的建成和投入运行，改写了上海市饮用水主要依靠黄浦江水源的历史，也保障了上海市两千多万人口的生产生活用水安全。

由于受到长江口上游江苏和上海市化工企业和排污厂的共同污染，长江口水质目前氮、磷含量偏高，青草沙水库存在水质恶化风险，需要通过开展湿地修复、建设生态混凝土护坡等方式，

缓解水质恶化。

## 2.6 城市湿地景观效益显著，彰显时尚魅力都市和海派人文文化

以黄浦江、苏州河河流湿地为代表，上海市有着丰富的湿地景观资源。湿地以“水”融合“绿”或“文”等形式入景，是自然景观和人文景观的重要载体。上海市典型湿地景观，还有近海与海岸湿地的崇明东滩湿地公园、崇明西沙湿地公园和宝山炮台湾国家湿地公园；河流湿地的具有深厚文化底蕴和人文景观的黄浦江外滩万国建筑景区和苏州河第一景外白渡桥；湖泊湿地的淀山湖风景区；库塘湿地的浦东临港新城滴水湖；近海与海岸湿地人工改造后形成的滨海湿地人文景观，如金山城市沙滩与奉贤碧海金沙景区。依生态功能良好的近海与海岸湿地构建的浦东滨江森林公园和奉贤海湾森林公园等滨海景观，与内陆区域中自然河流湿地、人工运河、湖泊等景观联动，湿地景观效益和价值显著。

上海市目前拥有国家 A 级旅游景区 74 家，近四分之三的上海市 A 级景点与湿地资源相关。尤其是作为上海市母亲河的黄浦江河流湿地，见证了上海市近代历史的发展，是上海市都市的代表和象征，荟萃了上海市自然城市景观的精华和人文景观的精髓，集聚了外滩、滨江湿地公园、后滩湿地公园系列人文历史和现代景观，形成了一条集航运、金融与生态都市旅游于一体的休闲旅游带，彰显着上海市时尚魅力都市和海派人文文化，发挥着巨大的经济社会效益。

## 2.7 湖泊湿地集中连片分布，湿地水环境较好，水源涵养与经济生态价值突出

上海市湖泊湿地仅有永久性淡水湖，湖泊湿地面积为 57.95 平方公里，共有大小湖泊 21 个。其中面积较大的有淀山湖、元荡、葑漾荡、汪洋荡。最大的湖泊是淀山湖，面积达到 44.94 平方公里。湖泊集中连片，全部分布在上海市西部青浦区金泽镇和朱家角镇。青浦位于长江三角洲太湖平原东侧，地处苏、浙、沪两省一市交界处，属黄浦江水系。

上海市水资源主要来自于太湖流域和长江流域，水资源中 99% 以上为地表水。地表水中本地区降水形成的水量仅占 3.1%，上游太湖来水量则占到 16.9%。淀山湖区湖泊湿地承接太湖流域来水，形成黄浦江上游水源地涵养区，生态位置作用特别突出。近 10 年来，由于停止了淀山湖网箱养鱼，实施养殖人口转移、河道疏浚整治以及湖泊湿地修复恢复等综合措施，水体总氮 2010 年比 2006 年下降了 16%，总磷 2010 年比 2006 年下降了 16.3%，湖区水质状况逐步呈现好转的趋势。

## 2.8 湿地保护管理形式和体系较完整，湿地保有率较高

上海市湿地保护工作经过多年发展，现在已形成 2 处国际重要湿地，处国家重要湿地，2 处国家级自然保护区，2 处省级自然保护区和 2 处国家湿地公园。为保护迁徙鸟类及其生境，原南汇区和奉贤区人民政府划建 2 处野生动物禁猎区，同时构建 4 块水源地保护区，多个沿江滨海森林(湿地)公园。从保护体系和区域分布上看，基本涵盖了上海市重要的湿地，形成了自然保护区、野生动物禁猎区、水源保护区、湿地公园、森林公园和风景名胜区多种形式并存，较为完整的湿地保护管理体系。目前，上海市湿地保有率已达到 43.13%，湿地保护率则达到 28.93%，相对全国水平来看，上海市湿地保有率指标值较高。

# 第三章 湿地生物资源

## 第一节 湿地植物和植被

### 1 湿地植物

#### 1.1 湿地植物种类组成

上海市范围内的近海与海岸湿地、河流湿地、湖泊湿地和各种人工湿地共有湿地维管植物80科209属321种(恩格勒系统)。其中被子植物68科195属304种(含变种)，裸子植物2科3属5种，蕨类植物5科5属5种，苔藓植物5科6属7种(附录1)。被子植物是上海市湿地植物的主要组成成分。

在80科湿地植物中，多于5个种(含变种)的科共16个，即禾本科(49种)、菊科(32种)、莎草科(23种)、蓼科(17种)、睡莲科(13种)、豆科(10种)、藜科(8种)、眼子菜科(7种)、十字花科(7种)、伞形科(7种)、唇形科(7种)、水鳖科(6种)、鸢尾科(5种)、天南星科(5种)、旋花科(5种)、毛茛科(5种)。其中超过10种的5个科：禾本科、莎草科、菊科、睡莲科和蓼科大都属于世界性的大科，广布于世界各地，在上海市分布亦相当广泛，是湿地植物群落的主要构建者(表3-1、表3-2)。

**表3-1 上海市湿地被子植物科、属、种数量统计(个)**

| 含种的数量 | 科 数 | 含属数 | 含种数 | 含种的数量 | 科 数 | 含属数 | 含种数 |
|---|---|---|---|---|---|---|---|
| >10种的科 | 6 | 83 | 144 | 含4种的科 | 8 | 19 | 32 |
| 含8种的科 | 1 | 3 | 8 | 含3种的科 | 6 | 14 | 18 |
| 含7种的科 | 4 | 19 | 28 | 含2种的科 | 10 | 13 | 20 |
| 含6种的科 | 1 | 5 | 6 | 含1种的科 | 28 | 28 | 28 |
| 含5种的科 | 4 | 11 | 20 | 合 计 | 68 | 195 | 304 |

**表 3-2　上海市湿地被子植物科、属、种数量统计(属数/种数)**

| | | |
|---|---|---|
| >10 种的科(6 科) | | |
| 豆科(Leguminosae)8/10 | 禾本科(Gramineae)35/49 | 菊科(Compositae)22/32 |
| 蓼科(Polygonaceae) 2/17 | 莎草科 (Cyperaceae) 9/23 | 睡莲科 (Nymphaeaceae) 7/13 |
| 8 种的科(1 科) | | |
| 藜科 (Chenopodiaceae) 3/8 | | |
| 7 种的科(4 科) | | |
| 唇形科 (Labiatae)7/7 | 伞形科 (Umbelliferae) 6/7 | 十字花科(Brassicaceae)5/7 |
| 眼子菜科(Potamogetonaceae)1/7 | | |
| 6 种的科(1 科) | | |
| 水鳖科 (Hydrocharitaceae)5/6 | | |
| 5 种的科(4 科) | | |
| 鸢尾科(Iridaceae)2/5 | 旋花科(Convolvulaceae)4/5 | 天南星科 (Araceae )3/5 |
| 毛茛科(Ranunculaceae)2/5 | | |
| 4 种的科(8 科) | | |
| 菱科(Trapaceae)1/4 | 泽泻科(Alismataceae)3/4 | 美人蕉科 (Cannaceae)1/4 |
| 杨柳科(Salicaceae )2/4 | 大戟科 (Euphorbiaceae)3/4 | 石竹科(Caryophyllaceae)4/4 |
| 玄参科 (Scrophulariaceae)2/4 | 雨久花科(Pontederiaceae)3/4 | |
| 3 种的科(6 科) | | |
| 车前科 (Plantaginaceae)1/3 | 锦葵科 (Malvaceae)2/3 | 茜草科 (Rubiaceae)3/3 |
| 桑科 (Moraceae)3/3 | 苋科(Amaranthaceae)3/3 | 柳叶菜科(Onagraceae)2/3 |
| 2 种的科(10 科) | | |
| 报春花科(Primulaceae)1/2 | 香蒲科 (Typhaceae)1/2 | 茨藻科 (Najadaceae)1/2 |
| 酢浆草科 (Oxalidaceae)1/2 | 浮萍科 (Lemnaceae)2/2 | 景天科 (Crassulaceae)1/2 |
| 蔷薇科 (Rosaceae)2/2 | 三白草科(Saururaceae)2/2 | 小二仙草科(Haloragaceae) |
| 睡菜科 (Menyanthaceae)1/2 | | |
| 1 种的科(28 科) | | |
| 胡桃科(Juglandaceae)1/1 | 桦木科 (Betulaceae) 1/1 | 壳斗科 (Fagaceae) 1/1 |
| 木麻黄科(Casuarinaceae )1/1 | 商陆科(Phytolaccaceae)1/1 | 马齿苋科 (Portulacaceae)1/1 |
| 金鱼藻科(Ceratophyllaceae)1/1 | 山茶科 (Theaceae)1/1 | 罂粟科(Papaveraceae )1/1 |
| 金缕梅科(Hamamelidaceae)1/1 | 牻牛儿苗科(Geraniaceae)1/1 | 楝科(Meliaceae)1/1 |
| 葡萄科 (Vitaceae) 1/1 | 堇菜科(Violaceae )1/1 | 柽柳科 (Tamaricaceae)1/1 |
| 葫芦科(Cucurbitaceae )1/1 | 龙胆科(Gentianaceae )1/1 | 萝藦科 (Asclepiadaceae)1/1 |
| 茄科(Solanaceae)1/1 | 马钱科(Loganiaceae)1/1 | 忍冬科(Caprifoliaceae )1/1 |

（续）

| | | |
|---|---|---|
| 桔梗科(Campanulaceae)1/1 | 川蔓藻科(Ruppiaceae )1/1 | 百合科(Liliaceae )1/1 |
| 鸭跖草科(Commelinaceae)1/1 | 竹芋科(Marantaceae)1/1 | 兰科(Orchidaceae)1/1 |
| 千屈菜科 (Lythraceae)1/1 | | |

## 1.2 常见湿地植物

上海市常见湿地植物28科41属52种，其中木本植物5科6属8种，亚灌木植物2科2属3种，草本植物21科33属41种(表3-3)。

**表3-3 上海市湿地高等植物优势种**

| 生活型 | 中文名 | 拉丁名 | 科 名 | 属 名 | 生 境 | 生长类型 | 植物门类 |
|---|---|---|---|---|---|---|---|
| 木本 | 水杉 | *Metasequoia glyptostroboides* | 杉科 | 水杉属 | 河流、库塘、池塘 | 人工 | 裸子植物 |
| | 池杉 | *Taxodium ascendens* | 杉科 | 落羽杉属 | 沿海滩涂 | 人工 | 裸子植物 |
| | 落羽杉 | *Taxodium distichum* | 杉科 | 落羽杉属 | 沿海滩涂 | 人工 | 裸子植物 |
| | 枫杨 | *Pterocarya stenoptera* | 胡桃科 | 枫杨属 | 沿海滩涂 | 人工 | 被子植物 |
| | 垂柳 | *Salix babylonica* | 杨柳科 | 柳属 | 河流、库塘、池塘 | 人工 | 被子植物 |
| | 旱柳 | *Salix matsudana* | 杨柳科 | 柳属 | 沿海滩涂 | 人工、自然 | 被子植物 |
| | 江南桤木 | *Alnus trabeculosa* | 桦木科 | 桤木属 | 沿海滩涂 | 人工 | 被子植物 |
| | 重阳木 | *Bischofia polycarpa* | 大戟科 | 秋枫属 | 沿海滩涂 | 人工 | 被子植物 |
| 亚灌木 | 碱蓬 | *Suaeda glauca* | 藜科 | 碱蓬属 | 沿海滩涂 | 自然 | 被子植物 |
| | 盐地碱蓬 | *Suaeda salsa* | 藜科 | 碱蓬属 | 沿海滩涂 | 自然 | 被子植物 |
| | 柽柳 | *Tamarix chinensis* | 柽柳科 | 柽柳属 | 沿海滩涂、沼泽 | 人工、自然 | 被子植物 |
| 草本 | 槐叶苹 | *Salvinia natans* | 槐叶苹科 | 槐叶苹属 | 湖泊、河流、库塘、池塘 | 自然 | 蕨类植物 |
| | 满江红 | *Azolla imbricata* | 满江红科 | 满江红属 | 湖泊、河流、库塘、池塘 | 自然 | 蕨类植物 |
| | 水蓼 | *Polygonum hydropiper* | 蓼科 | 蓼属 | 河流、库塘、池塘 | 自然 | 被子植物 |
| | 喜旱莲子草 | *Alternanthera philoxeroides* | 苋科 | 莲子草属 | 湖泊、河流、库塘、池塘 | 自然 | 被子植物 |
| | 竹节水松 | *Cabomba caroliniana* | 睡莲科 | 水盾草属 | 湖泊、河流、库塘、池塘 | 自然 | 被子植物 |
| | 莲 | *Nelumbo nucifera* | 睡莲科 | 莲属 | 河流、库塘、池塘 | 人工 | 被子植物 |
| | 金鱼藻 | *Ceratophyllum demersum* | 金鱼藻科 | 金鱼藻属 | 湖泊、河流、库塘、池塘 | 自然 | 被子植物 |
| | 乌菱 | *Trapa bicornis* | 菱科 | 菱属 | 湖泊、池塘 | 人工 | 被子植物 |

（续）

| 生活型 | 中文名 | 拉丁名 | 科 名 | 属 名 | 生 境 | 生长类型 | 植物门类 |
|---|---|---|---|---|---|---|---|
| 草本 | 野菱 | *Trapa incisa* | 菱科 | 菱属 | 湖泊、池塘 | 自然 | 被子植物 |
| | 菱 | *Trapa bispinosa* | 菱科 | 菱属 | 湖泊、池塘 | 人工 | 被子植物 |
| | 黄花水龙 | *Ludwigia peploides* | 柳叶菜科 | 丁香蓼属 | 湖泊 | 自然 | 被子植物 |
| | 穗状狐尾藻 | *Myriophyllum spicatum* | 小二仙草科 | 狐尾藻属 | 湖泊、河流、库塘、池塘 | 自然 | 被子植物 |
| | 慈姑 | *Sagittaria trifolia* | 泽泻科 | 慈姑属 | 河流、库塘、池塘 | 自然、人工 | 被子植物 |
| | 伊乐藻 | *Elodea nuttallii* | 水鳖科 | 伊乐藻属 | 河流、库塘、池塘 | 自然、人工 | 被子植物 |
| | 水鳖 | *Hydrocharis dubia* | 水鳖科 | 水鳖属 | 湖泊、河流、库塘、池塘 | 自然 | 被子植物 |
| | 黑藻 | *Hydrilla verticillata* | 水鳖科 | 黑藻属 | 湖泊、河流、库塘、池塘 | 自然 | 被子植物 |
| | 苦草 | *Vallisneria natans* | 水鳖科 | 苦草属 | 湖泊、河流、库塘、池塘 | 自然 | 被子植物 |
| | 菹草 | *Potamogeton crispus* | 眼子菜科 | 眼子菜属 | 湖泊、河流、库塘、池塘 | 自然 | 被子植物 |
| | 竹叶眼子菜 | *Potamogeton malaianus* | 眼子菜科 | 眼子菜属 | 湖泊、河流、库塘、池塘 | 自然 | 被子植物 |
| | 篦齿眼子菜 | *Potamogeton pectinatus* | 眼子菜科 | 眼子菜属 | 湖泊、河流、库塘、池塘 | 自然 | 被子植物 |
| | 大茨藻 | *Najas marina* | 茨藻科 | 茨藻属 | 湖泊 | 自然 | 被子植物 |
| | 凤眼莲 | *Eichhornia crassipes* | 雨久花科 | 凤眼莲属 | 河流、库塘、池塘 | 自然、人工 | 被子植物 |
| | 梭鱼草 | *Pontederia cordata* | 雨久花科 | 梭鱼草属 | 河流、库塘、池塘 | 人工 | 被子植物 |
| | 黄菖蒲 | *Iris pseudacorus* | 鸢尾科 | 鸢尾属 | 河流、库塘、池塘 | 人工 | 被子植物 |
| | 芦竹 | *Arundo donax* | 禾本科 | 芦竹属 | 河流、库塘、池塘 | 自然、人工 | 被子植物 |
| | 长芒稗 | *Echinochloa caudata* | 禾本科 | 稗属 | 河流、库塘、池塘 | 自然 | 被子植物 |
| | 无芒稗 | *Echinochloa crusgali* | 禾本科 | 稗属 | 河流、库塘、池塘 | 自然 | 被子植物 |
| | 假稻 | *Leersia japonica* | 禾本科 | 假稻属 | 河流、库塘、池塘 | 自然 | 被子植物 |
| | 芦苇 | *Phragmites australis* | 禾本科 | 芦苇属 | 沿海滩涂、湖泊、河流、库塘、池塘 | 自然 | 被子植物 |
| | 互花米草 | *Spartina alterniflora* | 禾本科 | 米草属 | 沿海滩涂 | 自然、人工 | 被子植物 |
| | 菰 | *Zizania latifolia* | 禾本科 | 菰属 | 湖泊、河流、库塘、池塘、沼泽 | 自然、人工 | 被子植物 |

（续）

| 生活型 | 中文名 | 拉丁学名 | 科　名 | 属　名 | 生　境 | 生长类型 | 植物门类 |
|---|---|---|---|---|---|---|---|
| 草本 | 菖蒲 | *Acorus calamus* | 天南星科 | 菖蒲属 | 河流、库塘、池塘 | 人工 | 被子植物 |
| | 浮萍 | *Lemna minor* | 浮萍科 | 浮萍属 | 湖泊、河流、库塘、池塘 | 自然 | 被子植物 |
| | 紫萍 | *Spirodela polyrrhiza* | 浮萍科 | 紫萍属 | 湖泊、河流、库塘、池塘 | 自然 | 被子植物 |
| | 水烛 | *Typha angustifolia* | 香蒲科 | 香蒲属 | 沿海滩涂、河流、库塘、池塘 | 自然 | 被子植物 |
| | 香蒲 | *Typha orientalis* | 香蒲科 | 香蒲属 | 河流、库塘、池塘 | 自然、人工 | 被子植物 |
| | 糙叶薹草 | *Carex scabrifolia* | 莎草科 | 薹草属 | 沿海滩涂、沼泽 | 自然 | 被子植物 |
| | 海三棱藨草 | *Scirpus* × *mariqueter* | 莎草科 | 藨草属 | 沿海滩涂 | 自然 | 被子植物 |
| | 藨草 | *Scirpus triqueter* | 莎草科 | 藨草属 | 沿海滩涂、沼泽 | 自然 | 被子植物 |
| | 水葱 | *Scirpus validus* | 莎草科 | 藨草属 | 河流、库塘、池塘 | 自然、人工 | 被子植物 |
| | 再力花 | *Thalia dealbata* | 竹芋科 | 再力花属 | 河流、库塘、池塘 | 人工 | 被子植物 |

## 1.3 珍稀濒危湿地植物

上海市湿地植物中有国家重点保护野生植物5种，其中水杉和莲均为人工引种(表3-4)。

**表3-4 上海市湿地分布的国家重点保护野生植物统计**

| 中文名 | 拉丁名 | 保护等级 | 分布区 | 备　注 |
|---|---|---|---|---|
| 水杉 | *Metasequoia glyptostroboides* | 国家Ⅰ级 | 崇明岛周缘湿地 | 人工引种 |
| 中华结缕草 | *Zoysia sinica* | 国家Ⅱ级 | 南汇东滩禁猎区 | |
| 莲 | *Nelumbo nucifera* | 国家Ⅱ级 | 淀山湖区、崇明东滩国际重要湿地 | 人工引种 |
| 野菱 | *Trapa incisa* | 国家Ⅱ级 | 淀山湖区、崇明东滩国际重要湿地 | |
| 野大豆 | *Glycine soja* | 国家Ⅱ级 | 崇明区、嘉定区 | |

注：保护等级中，Ⅰ、Ⅱ 级分别表示1998年国务院公布的《国家重点保护野生植物名录》中的保护级别。

## 1.4 湿地植物区系分布及特点

按照吴征镒《中国种子植物属的分布区类型》(1980)的划分系统，对上海市湿地植物195属被子植物的分布区系进行统计，发现上海市湿地被子植物的分布区系类型较多，全球15个区系类型中除了中亚分布型外，其余14个区系类型上海市都有分布。在14个分布区类型中，世界分布属比例最大，占26.67%；其余依次递减为北温带分布属，占21.03%；泛热带分布属，占16.92%；旧世界温带分布属，占7.69%；热带亚洲分布属和东亚分布属，均占5.13%；东亚和北美洲间断分布属，占4.62%；热带亚洲和热带美洲间断分布属，占4.10%；旧世界热带分布属，占3.59%；热带亚洲至热带大洋洲分布属，占2.05%；温带亚洲分布属，占1.54%；热带亚洲至热带非洲，地中海、西亚至中亚分布，中国特有分布属，均占0.51%(表3-5)。

**表3-5　上海市湿地被子植物分布区系类型统计(个)**

| 分布区类型 | 属　数 | 占总属数% | 种　数 | 占总种数% |
|---|---|---|---|---|
| 1. 世界分布 | 52 | 26.67 | 103 | 33.88 |
| 2. 泛热带分布 | 33 | 16.92 | 47 | 15.46 |
| 3. 热带亚洲和热带美洲间断分布 | 8 | 4.10 | 12 | 3.95 |
| 4. 旧世界热带分布 | 7 | 3.59 | 8 | 2.63 |
| 5. 热带亚洲至热带大洋洲分布 | 4 | 2.05 | 5 | 1.64 |
| 6. 热带亚洲至热带非洲分布 | 1 | 0.51 | 2 | 0.66 |
| 7. 热带亚洲分布 | 10 | 5.13 | 11 | 3.62 |
| 8. 北温带分布 | 41 | 21.03 | 68 | 22.37 |
| 9. 东亚和北美洲间断分布 | 9 | 4.62 | 10 | 3.29 |
| 10. 旧世界温带分布 | 15 | 7.69 | 23 | 7.57 |
| 11. 温带亚洲分布 | 3 | 1.54 | 3 | 0.99 |
| 12. 地中海、西亚至中亚分布 | 1 | 0.51 | 1 | 0.33 |
| 14. 东亚分布 | 10 | 5.13 | 10 | 3.29 |
| 15. 中国特有分布 | 1 | 0.51 | 1 | 0.33 |
| 合　计 | 195 | 100 | 304 | 100 |

# 2　湿地植被类型、面积及分布

## 2.1　湿地植被面积及分布

上海市有5个湿地类，即近海与海岸湿地、河流湿地、湖泊湿地、沼泽湿地和人工湿地。其中植被面积最大的是近海与海岸湿地，至2011年，上海市近海海岸湿地拥有13165.26公顷湿地植被面积，占上海市湿地植被总面积的57.53%。植被覆盖度最大的湿地类是沼泽湿地，单位面积上植被覆盖率为58.35%(表3-6)。

**表3-6　上海市各湿地类湿地植被面积(2011年)**

| 序　号 | 湿地类 | 湿地面积(公顷) | 湿地组成比例(%) | 植被面积(公顷) | 植被面积所占比例(%) | 植被覆盖率(%) |
|---|---|---|---|---|---|---|
| 1 | 近海与海岸湿地 | 386622.00 | 83.22 | 13165.26 | 57.53 | 3.41 |
| 2 | 河流湿地 | 7241.46 | 1.55 | 153.31 | 0.67 | 2.12 |
| 3 | 湖泊湿地 | 5795.16 | 1.25 | 132.63 | 0.58 | 2.29 |

（续）

| 序 号 | 湿地类 | 湿地面积（公顷） | 湿地组成比例(%) | 植被面积（公顷） | 植被面积所占比例(%) | 植被覆盖率(%) |
|---|---|---|---|---|---|---|
| 4 | 沼泽湿地 | 9289.20 | 2.00 | 5420.13 | 23.69 | 58.35 |
| 5 | 人工湿地 | 55635.55 | 11.98 | 4012.13 | 17.53 | 7.21 |
| 合 计 | | 464583.37 | 100 | 22883.46 | 100 | 4.80 |

上海市湿地的湿地型有13种类型(不包括水稻田)。至2011年，湿地总面积464583.37公顷，其中湿地植被面积约22883.46公顷，占湿地总面积的4.80%。植被面积最大的湿地型是潮间带盐水沼泽(总面积17794.53公顷，植被面积12931.43公顷，植被覆盖率为72.67%)，其次是草本沼泽(总面积9051.53公顷，植被面积5265.77公顷，植被覆盖率为58.18%)，再次为水产养殖场(总面积19600.3公顷，植被面积2225.71公顷，植被覆盖率11.36%)。此外，虽然森林沼泽的面积只有237.67公顷，但植被覆盖率是所有湿地型中较高的，为64.95%(表3-7)。

**表3-7 上海市湿地型与植被面积**（2011年）

| 序 号 | 湿地型 | 斑块数量 | 面积（公顷） | 面积比例（%） | 湿地植被面积（公顷） | 植被面积所占比例(%) | 植被覆盖率(%) |
|---|---|---|---|---|---|---|---|
| 1 | 浅海水域 | 6 | 3250.48 | 0.70 | 0.00 | 0.00 | 0.00 |
| 2 | 岩石海岸 | 3 | 39.43 | 0.01 | 0.00 | 0.00 | 0.00 |
| 3 | 淤泥质海滩 | 24 | 43610.99 | 9.39 | 225.35 | 0.98 | 0.52 |
| 4 | 潮间盐水沼泽 | 43 | 17794.53 | 3.83 | 12931.43 | 56.51 | 72.67 |
| 5 | 河口水域 | 21 | 308483.69 | 66.40 | 0.00 | 0.00 | 0.00 |
| 6 | 三角洲/沙洲/沙岛 | 34 | 13442.88 | 2.89 | 8.48 | 0.04 | 0.06 |
| 7 | 永久性河流 | 53 | 7241.46 | 1.55 | 153.31 | 0.67 | 2.12 |
| 8 | 永久性淡水湖 | 21 | 5795.16 | 1.25 | 132.63 | 0.58 | 2.29 |
| 9 | 草本沼泽 | 24 | 9051.53 | 1.95 | 5265.77 | 23.01 | 58.18 |
| 10 | 森林沼泽 | 3 | 237.67 | 0.05 | 154.36 | 0.67 | 64.95 |
| 11 | 库 塘 | 82 | 7521.91 | 1.62 | 184.25 | 0.81 | 2.45 |
| 12 | 运河/输水河 | 134 | 28513.34 | 6.14 | 1602.17 | 7.00 | 5.62 |
| 13 | 水产养殖场 | 810 | 19600.30 | 4.22 | 2225.71 | 9.73 | 11.36 |
| 合 计 | | 1258 | 464583.37 | 100 | 22883.46 | 100 | 4.80 |

## 2.2 湿地植被类型

上海市湿地植被群系共分5个植被型组9个植被型44个植物群系。5个植被型组包括针叶林湿地植被型组、阔叶林湿地植被型组、灌丛湿地植被型组、草丛湿地植被型组和浅水植物湿地植被型组；9个植被型，分别为暖性针叶林湿地植被型、落叶阔叶林湿地植被型、盐生灌丛湿地植被型、莎草型湿地植被型、禾草型湿地植被型、杂类草湿地植被型、漂浮植物型、浮叶植物型和沉水植物型。

### 2.2.1　针叶林湿地植被型组

**Ⅰ. 暖性针叶林湿地植被型**

(1)落羽杉群系：分布于上海市崇明岛周缘湿地和崇明西沙湿地公园的沿海滩涂。单优种群落，也常与池杉、中山杉混生。

(2)池杉群系：分布于上海市崇明岛周缘湿地和崇明县的沿海滩涂。单优种群落，也常与落羽杉、旱柳混生。

(3)水杉群系：分布于上海市奉贤区河流近岸区域。单优种群落。

### 2.2.2　阔叶林湿地植被型组

**Ⅰ. 落叶阔叶林湿地植被型**

(1)旱柳群系：分布于上海市崇明岛周缘湿地、崇明西沙湿地公园的沿海滩涂。常见伴生种有芦苇、池杉。

(2)枫杨群系：分布于上海市崇明岛周缘湿地的沿海滩涂。单优种群落。

(3)重阳木群系：分布于上海市崇明岛周缘湿地。

### 2.2.3　灌丛湿地植被型组

**Ⅰ. 盐生灌丛湿地植被型**

(1)柽柳群系：分布于上海市崇明县横沙岛沼泽湿地。

(2)盐地碱蓬群系：分布于上海市崇明县沿海滩涂和草本沼泽。

### 2.2.4　草丛湿地植被型组

**Ⅰ. 莎草型湿地植被型**

(1)海三棱藨草群系：分布于上海市崇明东滩国际重要湿地，长江口中华鲟自然保护区，九段沙湿地国家级自然保护区，崇明东滩鸟类国家级自然保护区，长兴岛和横沙岛周缘湿地和奉贤区、浦东新区的沿海滩涂。单优种群落，也常与藨草、糙叶薹草混生，是滩涂上的先锋群落，耐盐、耐淹。

(2)水葱群系：分布于上海市闵行区河流、库塘浅水区域，水葱植株高 1.3 ~ 2 米，盖度 70% ~90%。既有自然生长的也有人工栽培的。

(3)藨草群系：广泛分布于上海市崇明东滩国际重要湿地，崇明东滩鸟类国家级自然保护区，崇明岛周缘湿地，长江口中华鲟自然保护区，九段沙湿地国家级自然保护区，南汇东滩野生动物禁猎区，长兴岛和横沙岛周缘湿地，奉贤区、金山区、闵行区的沿海滩涂和沼泽湿地。单优种群落，也常与海三棱藨草、糙叶薹草混生。

(4)糙叶薹草群系：分布于上海市长江口中华鲟自然保护区、崇明东滩国际重要湿地、崇明东滩鸟类国家级自然保护区和崇明县的沿海滩涂。单优种群落，也常与海三棱藨草、藨草混生。

**Ⅱ. 禾草型湿地植被型**

(1)芦苇群系：广泛分布于上海市崇明东滩国际重要湿地，崇明岛周缘湿地，崇明东滩鸟类国家级自然保护区，崇明西沙湿地公园，长江口中华鲟自然保护区，九段沙湿地国家级自然保护区，长兴岛和横沙岛周缘湿地，南汇东滩野生动物禁猎区，淀山湖区，青草沙水库及各区县的沿海滩涂、沼泽湿地、湖泊、河流、库塘、池塘浅水和近岸区域。芦苇群系高1.5~4米，盖度50%以上。单优种群落，也常与菰、互花米草、藨草等伴生。

(2)互花米草群系：分布于上海市崇明东滩国际重要湿地，崇明东滩鸟类国家级自然保护区，九段沙湿地国家级自然保护区，长江口中华鲟自然保护区，崇明县、奉贤区、浦东新区、金山区的沿海滩涂。互花米草原产北美洲东海岸及墨西哥湾，引种后逸为野生。单优种群落，常见伴生种有芦苇、海三棱藨草等。

(3)菰群系：分布于上海市九段沙湿地国家级自然保护区，长兴岛和横沙岛周缘湿地，南汇东滩野生动物禁猎区，淀山湖区，青草沙水库，及全市各区的沼泽湿地、湖泊、河流、库塘、池塘浅水区域。适宜水深可达2米左右，越近浅水其盖度越大。

(4)芦竹群系：分布于上海市奉贤区、嘉定区、浦东新区的河流、库塘、池塘浅水和海岸带的近岸区域。

(5)假稻群系：分布于上海市崇明县、奉贤区的河流、库塘、池塘浅水和近岸区域。

**Ⅲ. 杂类草湿地植被型**

(1)水烛群系：分布于上海市崇明东滩国际重要湿地，崇明东滩鸟类国家级自然保护区，长江口中华鲟自然保护区，南汇东滩野生动物禁猎区，崇明县、奉贤区、嘉定区、闵行区、浦东新区、青浦区、金山区的沿海滩涂、沼泽湿地及湖泊、河流、库塘、池塘浅水区域。单优种群落，常见伴生种有芦苇。

(2)香蒲群系：分布于上海市崇明县、金山区、浦东新区、奉贤区的沼泽湿地及湖泊、河流、库塘、池塘浅水区域。

(3)黄菖蒲群系：分布于上海市闵行区的河流、库塘浅水和近岸区域。人工栽培，用于观赏和水生态修复。

(4)梭鱼草群系：分布于上海市奉贤区、闵行区的河流、库塘浅水和近岸区域。人工栽培，用于观赏和水生态修复。

(5)再力花群系：分布于上海市闵行区、松江区的河流、库塘浅水和近岸区域。人工栽培，用于观赏和水生态修复。

(6)慈姑群系：分布于上海市奉贤区、闵行区的河流、库塘浅水和近岸区域。既有野生也有人工栽培，用于观赏和水生态修复。

(7)水蓼群系：分布于上海市奉贤区的养殖塘浅水和近岸区域。

### 2.2.5 浅水植物湿地植被型组

**Ⅰ. 漂浮植物型**

(1)水鳖群系：分布于上海市淀山湖区、崇明县、青浦区、松江区的湖泊、河流、库塘水流平缓区域，盖度可达80%以上。常见伴生种有浮萍、紫萍。

(2)浮萍群系：分布于上海市崇明县、奉贤区、嘉定区、金山区、闵行区、浦东新区、青浦区、松江区、长宁区的湖泊、河流、库塘水流平缓区域。常见伴生种有紫萍、槐叶苹、满江红。

(3)紫萍群系：分布于上海市宝山区、崇明县、嘉定区、金山区、浦东新区、松江区、青浦区湖泊、河流、库塘的水流平缓区域。常见伴生种有浮萍、槐叶苹、满江红。

(4)凤眼蓝群系：分布于上海市青浦区的湖泊、河流、库塘，在浑浊、肥力高的水体中生长繁茂迅速。常见伴生种有水鳖、浮萍、紫萍。

**Ⅱ. 浮叶植物型**

(1)莲群系：分布于上海市崇明东滩国际重要湿地，长江口中华鲟自然保护区，以及崇明县、奉贤区、金山区、闵行区、浦东新区、青浦区、松江区的湖泊、河流、库塘、池塘。单优种群落，多系人工栽培。

(2)野菱群系：分布于上海市淀山湖区、崇明县、奉贤区、嘉定区、青浦区的湖泊、库塘、池塘。单优种群落，常见伴生种有菱。

(3)乌菱群系：分布于上海市崇明东滩国际重要湿地，长江口中华鲟自然保护区，以及崇明县、松江区的库塘、池塘。人工栽培，单优种群落，常见伴生种有野菱。

(4)喜旱莲子草群系：分布于上海市宝山区、崇明县、奉贤区、金山区、闵行区、浦东新区、青浦区、松江区的湖泊、河流、库塘、池塘浅水和近岸区域。原产巴西，引种后逸为野生，盖度可达70%以上。

(5)菱群系：分布于上海市浦东新区、青浦区的湖泊、库塘、池塘，以水深1米的地方为多见。单优种群落，常见伴生种有野菱。

(6)睡莲群系：分布于上海市闵行区、浦东新区河流、库塘的水流平缓区域。人工栽培，单优种群落。

**Ⅲ. 沉水植物型**

(1)穗状狐尾藻群系：分布于上海市南汇东滩野生动物禁猎区，以及崇明县、青浦区、嘉定区、松江区的湖泊、河流、库塘、池塘。适宜水深1.7～3米，盖度可达50%以上。常见伴生种有金鱼藻、竹节水松、菹草、竹叶眼子菜。

(2)竹叶眼子菜群系：分布于上海市淀山湖区、青浦区的湖泊、池塘、库塘。适宜水深不超过2.6米。单优种群落，常见伴生种有金鱼藻。

(3)竹节水松群系：分布于上海市奉贤区、嘉定区、金山区、闵行区、浦东新区、青浦区、松江区的湖泊、河流、库塘、池塘。原产南美洲，引种后逸为野生。单优种群落，常见伴生种有金鱼藻。

(4)菹草群系：分布于上海市金山区、浦东新区、青浦区的湖泊、河流、库塘、池塘。单优种群落，常见伴生种有金鱼藻、竹节水松、穗状狐尾藻、竹叶眼子菜等。

(5)金鱼藻群系：分布于上海市宝山区、崇明县、嘉定区、闵行区、浦东新区、青浦区、松江区的湖泊、河流、库塘、池塘、湖泊。对光要求较高，适宜水深0.5～3米。常见伴生种有菹草、穗状狐尾藻等。

(6)黑藻群系：分布于上海市青浦区、松江区的湖泊、河流、库塘、池塘。适宜水深0.5～3米。

(7)篦齿眼子菜群系：分布于上海市青浦区的河流、湖泊。

(8)伊乐藻群系：分布于上海市青浦区的库塘。人工栽培。

(9)苦草群系：分布于上海市青浦区、闵行区的湖泊和库塘。

(10)大茨藻群系：分布于上海市青浦区的湖泊。

# 3 湿地植被分布格局

## 3.1 近海与海岸湿地

长江口快速发育的淤泥质潮滩为盐沼植被的生长提供了生境，促进盐沼植被的扩散和定居（黄华梅，2007）。从本次调查结果来看，上海市近海与海岸湿地面积 386622.00 公顷，植被面积 13165.26 公顷，占近海与海岸湿地面积的 3.41%。这主要是因为在近海与海岸湿地中，植物分布区域主要集中在潮间带盐水沼泽（图 3-1），而河口水域、浅海水域、岩石性海岸等区域几乎无植物分布或零星植物分布但统计不到植被面积。上海市的 14 处重点调查湿地中，有 10 处都属于近海与海岸湿地类型，其中植被面积最大的湿地是九段沙湿地国家级自然保护区，植被面积为 12755.73 公顷。而植被覆盖率最大的湿地是崇明西沙湿地公园，植被覆盖率为 50.00%（表 3-8）。

图 **3-1** 近海海岸湿地——上海市横沙边滩盐沼湿地

**表 3-8 上海市近海与海岸湿地植被面积**（2011 年）

| 序 号 | 湿地名称 | 近海与海岸湿地面积（公顷） | 近海与海岸植被面积（公顷） | 植被覆盖率（%） |
|---|---|---|---|---|
| 1 | 崇明东滩国际重要湿地 | 24697.31 | 3480.72 | 14.09 |
| 2 | 长江口中华鲟国际重要湿地 | 3977.62 | 0 | 0 |
| 3 | 崇明岛周缘湿地 | 33250.86 | 3402.76 | 10.23 |
| 4 | 长兴岛和横沙岛周缘湿地 | 66941.33 | 558.97 | 0.84 |
| 5 | 金山三岛湿地 | 115.46 | 0 | 0 |
| 6 | 崇明东滩鸟类国家级自然保护区 | 24697.31 | 3480.72 | 14.09 |
| 7 | 九段沙湿地国家级自然保护区 | 41281.72 | 5240.79 | 12.70 |
| 8 | 长江口中华鲟自然保护区 | 70948.86 | 3480.72 | 4.91 |
| 9 | 金山三岛海洋生态自然保护区 | 115.46 | 0 | 0 |
| 10 | 崇明西沙湿地公园 | 144.97 | 72.49 | 50.00 |

## 3.2　河流湿地

上海市是一个河网密布、水系发达的城市。上海市的经济发展和历史文化传承都与河流湿地有着密切的联系。本次调查结果(2011 年)显示，上海市河流湿地面积 7241.46 公顷，约占上海市湿地面积 1.56%。其中河流湿地植被面积约 153.31 公顷，占河流湿地面积的 2.12%。上海市发达、密布的河网水系为湿地植物的生长提供了可能，但由于近年来河道两边硬质驳岸(混凝土驳岸或石驳岸)的修建，使植物的适宜生境丧失，导致河流湿地的植被覆盖度较低(图 3-2)。

图 **3-2**　河流湿地——上海市金山区新新河

## 3.3　湖泊湿地

本次湿地调查结果(2011 年)显示，上海市湖泊湿地面积为 5795.16 公顷，其中湖泊湿地植被面积为 132.63 公顷，占湖泊湿地面积的 2.29%。上海市湖泊湿地以位于上海市西北郊青浦区的淀山湖区为代表。它主要包括淀山湖、元荡、雪落漾、汪洋荡、大莲湖、大葑漾等几个淡水湖泊，湿地面积 5584.52 公顷，植被面积 132.63 公顷，植被覆盖率 2.38%。淀山湖区的湿地植被分布总体表现为南北差异明显。由于水深和养殖的关系，北面的淀山湖和元荡植被覆盖面积小，仅在近岸的浅水处有沉水植物和漂浮植物，南边的雪落漾、朱沼漾、大莲湖(图 3-3)、大葑漾等几个小型湖泊基本保持自然状态，湿地植物资源丰富，覆盖度高。

## 3.4　沼泽湿地

至 2011 年，上海市沼泽湿地面积为 9289.20 公顷，植被面积为 5420.13 公顷，占湿地面积的 58.35%。其中重点调查湿地中沼泽湿地面积为 3947.87 公顷，植被面积 2639.19 公顷，植被覆盖率为 66.85%。上海市沼泽湿地主要包括草本沼泽和森林沼泽两种类型(图 3-4、图 3-5)。其中草

图 **3-3** 湖泊湿地——上海市青浦区大莲湖

图 **3-4** 沼泽湿地——上海市南汇东滩野生动物禁猎区草本沼泽

本沼泽主要分布于崇明岛周缘湿地、淀山湖区、南汇东滩野生动物禁猎区和青草沙水库等几个地区，而森林沼泽则主要集中在崇明岛周缘湿地和崇明西沙湿地公园(表 3-9)。

图 3-5　沼泽湿地——上海市大莲湖池杉林

**表 3-9　上海市沼泽湿地植被面积**（2011 年）

| 序　号 | 湿地名称 | 沼泽湿地面积（公顷） | 沼泽湿地植被面积（公顷） | 植被覆盖率（%） |
|---|---|---|---|---|
| 1 | 崇明岛周缘湿地 | 115.95 | 64.18 | 55.35 |
| 2 | 崇明西沙湿地公园 | 160.84 | 102.95 | 64.01 |
| 3 | 淀山湖区 | 8.05 | 5.12 | 63.60 |
| 4 | 南汇东滩野生动物禁猎区 | 1250.16 | 584.99 | 46.79 |
| 5 | 青草沙水库 | 2440.05 | 1905.12 | 78.08 |
| 1 ~ 5 | 重点调查湿地小计 | 3975.05 | 2662.36 | 66.98 |
| 6 | 其他湿地区(一般调查) | 5314.15 | 2757.77 | 51.89 |

## 3.5　人工湿地

上海市人工湿地主要包括以水库和城市景观水面组成的库塘、运河/输水河、水产养殖场这 3 种类型。截至 2011 年，上海市人工湿地总面积为 55635.55 公顷，植被面积为 4012.13 公顷，植被覆盖率为 7.21%。运河/输水河湿地面积比重最大，为 28513.34 公顷，对应的植被面积为 1602.17 公顷，植被覆盖率为 5.62%；水产养殖场的湿地面积比重次之，为 19600.30 公顷，对应的植被面积为 2225.71 公顷，植被覆盖率为 11.36%；库塘的湿地面积较小，为 7521.91 公顷，对应的植被面积为 184.25 公顷，植被覆盖率为 2.45%。

上海市运河/输水河湿地植被分布格局与河流湿地类似，大多数河道两岸的硬质驳岸破坏了挺水植物的生长环境，只在近岸、浅水或堆石处有零星的挺水植物斑块，以芦苇、菰为主。以浮萍、紫萍为代表的漂浮植物在运河/输水河湿地中形成主导的植被群系。还有一些运河/输水河被改造成为景观河道，两岸人工营建了适于湿地植物生长的环境，人工种植具有观赏性或生态修复功能的植被。在郊区仍有一些运河/输水河保持着土质驳岸，植物分布面积较大，种类也较为丰富，有挺水植物、沉水植物共同存在。

上海市水产养殖场面积较大，主要是虾塘、鱼塘和蟹塘，其植被覆盖率较大，为 11.36%，但分布类型简单，主要是在养殖塘近岸区域生长的自然植被，以假稻、菰、喜旱莲子草为主，还有一些供养殖饵料用的人工植被，如伊乐藻等。

库塘是为蓄水、发电、农业灌溉、城市景观、农村生活为主要目的而建造的蓄水区，包括一些水库、人工湖泊(图 3-6)和景观水面。城市内的景观水面更多的是为人们提供一个直观的可体验的自然生境，其生物群落和无机环境完全为人工构建。以上海市城市景观水面为例，其湿地植被的类型、分布和演替规律具有其自身特点。在植物种类上多采用具有观赏性或水体治理的功能性植物，同时根据群落演替理论、生态设计、湿地恢复等湿地植物景观规划设计理论，使湿地植被具有相对完整的演替序列和较高的生物多样性。

图 **3-6** 人工湿地——上海市辰山植物园人工湖

# 第二节 湿地野生动物资源

## 1 湿地野生动物种类和特点

上海地处长江河口，三面临江滨海，滩涂资源丰富。黄浦江自西向东连接淀山湖和长江入海口，水系复杂，湿地类型众多。从内陆河湖的淡水，到河口区域咸淡水，至近海咸水区域，水体盐度跨度广，生态环境多样，是鱼类幼体重要的育肥场所和洄游种类的中转过道，鱼类种类多，资源丰富。本次重点湿地调查，共记录到鱼类 18 目 38 科 113 种，主要为鲤形目、鲈形目和鲶形目。自第一次湿地资源调查至今，新记录到大海鲢、鳞鳍叫姑鱼等 5 种鱼类。

本次重点湿地调查共记录到水鸟类 8 目 15 科 93 种，水鸟的区系结构真实地反映出上海所在东洋界北缘地区的动物地理特征。记录到国家Ⅰ级保护野生动物白头鹤、东方白鹳 2 种；国家Ⅱ级保护野生动物 10 种，分别是小天鹅、鸳鸯、灰鹤等；IUCN（2008）濒危(EN)物种 2 种，易危(VU)物种 4 种，近危(NT)物种 4 种。水鸟主要以迁徙鸻鹬类和越冬雁鸭类为主。两者的种类和数量变化决定了上海地区水鸟种类和数量的变化。鸻鹬类主要栖息于崇明东滩鸟类国家级自然保护区、长兴岛和横沙岛周缘湿地、南汇东滩野生动物禁猎区和九段沙湿地国家级自然保护区的滩涂区域；雁鸭类主要栖息于崇明东滩国际重要湿地、南汇东滩野生动物禁猎区和九段沙湿地国家级自然保护区的滩涂、围垦区和水域。与第一次湿地资源调查相比，湿地水鸟种类基本类似，有 81 种水鸟在两次调查中均被记录到。近年来的上海市同步水鸟调查显示：上海地区的白头鹤、黑脸琵鹭、小天鹅等重要物种栖息状况较为稳定，但自然湿地质量下降、全球气候异常以及整个迁徙路线水鸟数量下降，使得上海地区水鸟数量处于下降趋势。而随着崇明东滩鸟类国家级自然保护区、九段沙湿地国家级自然保护区和南汇东滩野生动物禁猎区日常管理工作的推进，加强鸟类监测和巡护工作、鸟类栖息地修复与重建、外来入侵物种控制治理、制止违法猎捕鸟类行为等保护措施的有效开展，为鸟类在上海地区的过境与栖息提供了保障。

本次重点调查湿地记录到的两栖爬行类和哺乳类动物种类和数量相对较少，两栖类 1 目 3 科 5 种，包括中华大蟾蜍、黑斑蛙、泽蛙和饰纹姬蛙；记录到爬行动物 3 目 4 科 4 种，包括多疣壁虎、蓝尾石龙子、赤链蛇和扬子鳄。两爬类主要分布在沿江、沿海，沿湖的自然湿地及附近的稻田、鱼塘等人工湿地区域，其中淡水湿地区域的两栖类数量较多。扬子鳄为国家Ⅰ级保护动物，其余均为上海市地区重点保护野生动物和国家保护的“三有”野生动物。记录到哺乳类 5 目 5 科 5 种，包括刺猬、华南兔、褐家鼠、黄鼬和獐，其中刺猬、华南兔和黄鼬为“三有”动物，獐为国家Ⅱ级保护动物。近年来，城市经济开发和土地利用对两栖爬行类和哺乳类动物的栖息地影响极大，隔断了种群间交流，造成其种类和数量大幅减少。

## 2 湿地鸟类

湿地鸟类，一般特指水岛，是依赖湿地环境栖息的鸟类，是涉禽和游禽的统称，全世界共包括 33 个科 878 种。根据文献所示，上海地区目前共记录到水鸟 9 目 23 科 165 种，本次重点湿地调查共记录到水鸟 8 目 15 科 93 种。

上海地处北亚热带南缘，属亚热带季风气候区，区域内除西部有少量丘陵外，均为冲积平原和河口沙洲。上海市在动物地理区划上临近古北界和东洋界的分界线，物种相互渗透，其动物多样性以鸟类为优势。上海市沿江沿海区域存有大量的自然滩涂湿地，每年在此记录的迁徙水鸟达百余种，数量数十万只。同时，上海又是东北亚鹤类迁徙路线、东亚雁鸭类迁徙路线、东亚—澳大利西亚鸻鹬类迁徙路线的重要中转站和越冬场所。

## 2.1 上海鸟类资源特征

### 2.1.1 上海鸟类资源状况

自20世纪初期始，国内外的学者便开始在上海及周边地区开展鸟类调查活动，并发表和出版了上海鸟类的相关论文和专著。20世纪50年代，李致勋等经过8年的野外调查，并参考上海鸟类研究的历史资料，整理发表了《上海鸟类调查报告》，记录了上海地区的鸟类280种(299种和亚种)，隶属20目52科。20世纪80年代，复旦大学、上海师范大学、华东师范大学、上海自然博物馆等对上海地区的鸟类种类、数量和分布进行了调查，结合历史资料的收集、整理，对历史记录中的存疑种类进行了仔细考证，纠正了历史记录中的一些错误后，黄正一等在1993年出版了《上海鸟类资源及其生境》一书，其中记录了上海的鸟类379种(424种和亚种)，隶属19目58科。

2011年，蔡音婷等根据2000年以来的鸟类野外观察数据，在对历史资料收集、整理和汇总的基础上，对上海的鸟类名录进行了重新整理，发表了《上海市鸟类记录及变化》一文，记录了上海鸟类438种，隶属20目70科。其中2000年后在上海野外记录到的鸟类共有373种，上海鸟类新记录有52种。该研究汇总的调查结果可以反映上海的鸟类种类现状。

2013年，薄顺奇等根据2010年10月至2012年8月间的野外观察结果，发表了《楔尾鹱等7种上海市鸟类新记录》一文，详细描述了近两年时间内在上海记录到的新记录物种状况。

综上而述，上海地区共记录到20目70科445种鸟类，接近全国鸟类种数(1426种)的30%。根据2000年至今的记录显示：文献中记载曾在上海记录到的57种鸟类没有再被发现，但却另有59种鸟类首次在上海发现，其中新发现的水鸟共有18种(表3-10)。

**表3-10 2000年以来上海水鸟新记录**

| 时 间 | 鸟 种 | | | | | | |
|---|---|---|---|---|---|---|---|
| | 潜鸟目 | 雁形目 | 鹤形目 | 鸻形目 | 鸥形目 | 鹈形目 | 鹱形目 |
| 2003年 | | | 花田鸡 | | | | |
| 2004年 | | | | 流苏鹬 | 渔鸥、黑嘴端凤头燕鸥 | | |
| 2005年 | 黑喉潜鸟 | | | 长嘴鹬 | 遗鸥 | | |
| 2006年 | | | 沙丘鹤、白鹤 | 剑鸻、小滨鹬 | | | |
| 2007年 | | | | | 黑枕燕鸥 | 白斑军舰鸟 | |
| 2008年 | | | 紫水鸡 | | | | |
| 2010年 | | | | 斑胸滨鹬 | | | |
| 2011年 | | 黑海番鸭 | | | 大凤头燕鸥、灰背鸥 | | |

上海的鸟类资源，水鸟是其中最为重要的组成部分。上海地区众多的湿地为水鸟提供了广阔的栖息地和丰富的食物来源。尤其是对南来北往长距离迁徙的水鸟而言，长江口的湿地是水鸟迁

徙途中一个重要的中转站和越冬地，有着不可替代的作用。

上海地处东亚—澳大利西亚候鸟迁徙通道中部，沿江沿海的自然滩涂、库塘湿地为鸟类提供了广阔的栖息场所和丰富的食物来源，每年春、秋季或冬季都有大量过境候鸟或越冬候鸟经此停歇补充能量或越冬，鸟类种类和数量众多。近年来的全市同步水鸟调查显示：上海地区的白头鹤、黑脸琵鹭、小天鹅等重要物种栖息状况较为稳定，但自然湿地质量下降、全球气候异常以及整个迁徙路线水鸟数量下降，使得上海地区的水鸟数量处于下降趋势(杜寅等，2009；蔡音亭，2011)。随着崇明东滩鸟类国家级自然保护区、九段沙湿地国家级自然保护区和南汇东滩野生动物禁猎区的建立，鸟类监测和巡护加强、鸟类栖息地修复重建、外来入侵物种控制和打击违法猎捕鸟类活动等保护管理措施的有效开展，为鸟类在上海地区栖息提供了保障。

### 2.1.2 湿地鸟类适宜生境类型

(1)沿海滩涂湿地：上海的自然滩涂主要位于长江河口，但由于潮汐水文条件的不同，各滩涂的生境差异明显。上海的滩涂湿地生境，如按照地理位置、潮汐水文条件、滩涂发育程度、植被分布差异和人为干扰等因子作为划分依据，可以分为崇明东滩生境区、九段沙生境区、横沙东滩生境区、长江南支南岸及杭州湾北岸滩涂生境区 4 个生境区。

崇明东滩生境区是上海东部滩涂发育最为开阔的区域，潮下带、潮间带、潮上带分带明显。植被带的演替规律在这里反映最充分，人为活动和干扰较少，基本没有人为污染，为湿地鸟类的觅食和活动提供了广阔的生存空间。

九段沙生境区属河口心滩型沙洲，是长江口新生的冲积型河口湿地。但 1997 年相关部门在实施九段沙生态工程后，中沙和下沙上高密度的互花米草已对滩涂的自然生态系统带来影响。

横沙东滩生境区由于长江口深水航道北导堤工程的开展，独特的水文条件使横沙东滩形成了自西向东的带状淤积体。正在实施的圈围促淤工程形成了大片临时浅滩，成为迁徙水鸟极佳的觅食地和停歇地。但随着围垦工程的进展深入，已围垦区陆化加速，水鸟栖息地也将逐步丧失。

长江南支南岸及杭州湾北岸滩涂生境区包括宝山、浦东、奉贤和金山 4 个区的沿江、沿海边滩，区域内的滩涂几乎没有潮上滩，加之人为活动影响较为严重，湿地鸟类较为匮乏。

(2)库塘湿地：上海沿江、沿海、沿湖地区多被利用于开挖鱼塘，主要养殖经济鱼类和虾蟹类。由滩涂圈围而形成的粗放式养殖鱼塘一般面积开阔、水生植物丰富，成为越冬雁鸭类、鸻鹬类和鹭鹳类的极佳停歇地。

上海市的生活及工业用水水源地也多取自长江和淀山湖支流，因此大小库塘湿地分布广、数量多，为水鸟栖息提供了很好的觅食地和停歇地。上海现有的大型水库包括陈行水库、宝钢水库和青草沙水库，以及正在建设中的东风西沙水库。这些水库均在沿江海地区依靠围垦滩涂而建，因而吸引了一定数量的雁鸭类、鸥类、鸊鷉、鸬鹚等游禽前来栖息。

(3)湖泊湿地：淀山湖群是上海唯一的自然湖泊群。近年来，受人为活动增加、人工硬质驳岸修葺等诸多因素影响，鸟类数量较少，仅冬季有少量鸥类和雁鸭类前来栖息，其活动范围仅限于人为干扰较少的湖区西部。

崇明北湖是崇明北沿滩涂经圈围形成的天然半咸水湖泊，每年来此越冬的雁鸭类有近万只，此外还有黑脸琵鹭等珍稀鸟类在此栖息，是迁徙过境水鸟和越冬雁鸭类的良好栖息地。

滴水湖是上海市最大的人工湖，是雁鸭类、鸊鷉类等游禽的良好越冬栖息地。

(4)围垦抛荒湿地：滩涂主要分布在南汇东滩野生动物禁猎区、奉贤边滩、横沙东滩和崇明北滩，通常在围垦完毕后会被抛荒，待到需要时再加以利用。在这些大面积开阔区域中，随着水域逐步缩小，土地开始陆化，各种水鸟陆续放弃在此栖息，密生的芦苇和杂草成为小型雀鸟的天堂。

(5)农田湿地：农田湿地主要分布于上海郊区县。春天的翻土、育秧，秋冬的播种、收获等特定的季节都会吸引一定水鸟前来捡拾各种农田小型动物和作物种子。

## 2.2 湿地水鸟资源现状

### 2.2.1 水鸟种类状况

上海市第二次湿地资源调查，通过对全市崇明东滩国际重要湿地、崇明岛周缘湿地、长兴岛和横沙岛周边湿地、九段沙湿地国家级自然保护区、南汇东滩野生动物禁猎区、杭州湾北岸(奉贤段)湿地、淀山湖区、宝钢水库、大金山岛等多个重要湿地区域的实地调查结果显示：共记录到水鸟8目15科93种。其中，记录到国家Ⅰ级保护野生动物2种，为白头鹤和东方白鹳；国家Ⅱ级保护野生动物10种，分别是小天鹅、鸳鸯、灰鹤等；IUCN(2008)濒危(EN)物种2种，易危(VU)物种4种。

由于第一次湿地资源调查仅对水鸟(涉禽和游禽)进行了调查，故仅记录到鸟类7目15科108种，分别为雁形目26种、鹤形目6种、鸻形目48种、鸥形目9种、鹈鹕目3种、鹈形目1种和鹳形目15种(谢一民等，2004)。本次调查，重要湿地区域中记录的鸟类种类与第一次湿地资源调查记录到的种类基本相似，有81种鸟类在两次调查时均被记录到，涵盖各类群水鸟的主要种类。但本次调查雁形目和鸻形目水鸟种类减少比较多，鸥形目水鸟种类略有增加(表3-11)。

**表3-11 上海市各目鸟类种类数比较(种)**

| 目 | 第一次湿地资源调查 | 第二次重点湿地区域调查 | 水鸟物种总量 |
|---|---|---|---|
| 雁形目 | 26 | 17 | 33 |
| 鹤形目 | 6 | 7 | 19 |
| 鸻形目 | 48 | 38 | 58 |
| 鸥形目 | 9 | 10 | 22 |
| 鹈鹕目 | 3 | 4 | 4 |
| 鹈形目 | 1 | 1 | 7 |
| 鹱形目 | | | 3 |
| 鹳形目 | 15 | 15 | 24 |
| 潜鸟目 | | 1 | 2 |
| 合　计 | 108 | 193 | 165 |

注：第一次湿地资源调查时仅对水鸟种类进行统计。

### 2.2.2 水鸟区系特征

水鸟区系方面，上海市第二次湿地资源调查中记录到古北界水鸟50种；东洋界水鸟11种；

广布种水鸟 31 种；新北界水鸟 1 种，即沙丘鹤，基本反映了上海地区水鸟区系特征(表 3-12)。水鸟群落中以古北界鸟类为主体。

**表 3-12　上海市湿地鸟类地理型情况(种)**

| 目＼地理型 | 古北种 | 东洋种 | 广布种 | 新北界 |
|---|---|---|---|---|
| 雁形目 | 17 | | | |
| 鹤形目 | 3 | 1 | 2 | 1 |
| 鸻形目 | 16 | 2 | 20 | |
| 鸥形目 | 7 | | 3 | |
| 鹈鹕目 | 3 | | 1 | |
| 鹈形目 | 1 | | | |
| 鹳形目 | 3 | 8 | 4 | |
| 潜鸟目 | | | 1 | |
| 合　计 | 50 | 11 | 31 | 1 |

居留类型方面，共记录到留鸟 6 种；夏候鸟 12 种；冬候鸟 36 种；旅鸟 38 种；迷鸟 1 种，这一结果基本反映了上海地区水鸟居留特征(表 3-13)，其中以雁形目为主的冬候鸟和以鸻形目为主的旅鸟是上海地区水鸟群落的主要组成部分。

**表 3-13　上海市各类群水鸟居留型情况(种)**

| 居留型 | 留　鸟 | 夏候鸟 | 冬候鸟 | 旅　鸟 | 迷　鸟 |
|---|---|---|---|---|---|
| 雁形目 | | | 16 | 1 | |
| 鹤形目 | 2 | | 3 | 1 | 1 |
| 鸻形目 | 1 | 1 | 5 | 31 | |
| 鸥形目 | | 2 | 5 | 3 | |
| 鹈鹕目 | 1 | | 3 | | |
| 鹈形目 | | | 1 | | |
| 鹳形目 | 2 | 9 | 2 | 2 | |
| 潜鸟目 | | | 1 | | |
| 合　计 | 6 | 12 | 36 | 38 | 1 |

### 2.2.3　水鸟的分布

从上海市第二次湿地资源调查中记录到的水鸟总体分布上看，记录种类数最多的重要湿地区域依次为长兴岛和横沙岛周缘湿地、南汇东滩野生动物禁猎区、崇明东滩国际重要湿地和崇明岛周缘湿地。

从水鸟分布上看，种类最多的重要湿地区域依次为南汇东滩野生动物禁猎区、长兴岛和横沙岛周缘湿地、崇明东滩国际重要湿地，种类数均超过上海市第二次湿地资源调查中水鸟种类记录总数(93 种)的 50%(表 3-14)。

**表 3-14 各重点调查湿地鸟类种类数量及其比例(种)**

| 湿地区代号<br>种 类 | a | b | c | d | e | f | g | h | i | j |
|---|---|---|---|---|---|---|---|---|---|---|
| 水鸟种类 | 46 | 14 | 20 | 67 | 4 | 20 | 62 | 47 | 8 | 60 |

注：a. 九段沙湿地国家级自然保护区；b. 陈行水库；c. 青草沙水库；d. 南汇东滩野生动物禁猎区；e. 金山三岛海洋生态自然保护区；f. 淀山湖区；g. 长兴岛和横沙岛周缘湿地；h. 崇明岛周缘湿地；i. 崇明西沙湿地公园；j. 崇明东滩国际重要湿地。

### 2. 2. 4 重要湿地区域水鸟数量及其分布

(1)水鸟数量概况：在第二次湿地调查中，通过对崇明东滩国际重要湿地、九段沙湿地国家级自然保护区、南汇东滩野生动物禁猎区、长兴岛和横沙岛周缘湿地、崇明岛周缘湿地、淀山湖区、崇明西沙湿地公园、陈行水库、青草沙水库、金山三岛海洋生态自然保护区等 10 个重要湿地区域的调查，共记录到水鸟 62908 只次。

各居留型鸟类中，冬候鸟数量最大，其主体为鸻形目和雁形目；旅鸟次之，主要为鸻形目；夏候鸟较少，主要为鹳形目；留鸟数量最少(表 3-15)。

**表 3-15 记录到的不同居留型鸟类类群的数量情况(只次)**

| 目 | 留 鸟 | 夏候鸟 | 冬候鸟 | 旅 鸟 | 合 计 |
|---|---|---|---|---|---|
| 雁形目 | | | 13894 | 14 | 13908 |
| 鹤形目 | 304 | | 1382 | 1 | 1688 |
| 鸻形目 | 90 | 1 | 19788 | 14343 | 34222 |
| 鸥形目 | | 219 | 923 | 176 | 1318 |
| 鹈鹕目 | 835 | | 272 | | 1107 |
| 䴙形目 | | | 531 | | 531 |
| 鹳形目 | 1510 | 8478 | 6 | 138 | 10132 |
| 潜鸟目 | | | 2 | | 2 |

(2)各重要湿地区域的鸟类数量状况：上海地区的湿地水鸟主要以冬候鸟和旅鸟为主，其中冬候鸟主要栖息于沿海湿地，旅鸟在过境期间也主要集中栖息于沿海地区。这是由于沿海沿江一带的崇明东滩国际重要湿地、九段沙湿地国家级自然保护区、南汇东滩野生动物禁猎区、长兴岛和横沙岛周缘湿地、崇明岛周缘以及青草沙水库等重要湿地区域生境多样，自然滩涂或水域面积广阔，鸟类食物来源丰富，因此鸟类数量众多；而淀山湖区、陈行水库、金山三岛和西沙湿地公园则由于人为干扰相对较大、生境单一等因素，使得鸟类的承载量较低(表 3-16)。

**表 3-16 各重点调查区域记录的鸟类数量情况(只次)**

| 湿地区代号<br>类 别 | a | b | c | d | e | f | g | h | i | j |
|---|---|---|---|---|---|---|---|---|---|---|
| 水鸟数量 | 9372 | 290 | 1366 | 7315 | 65 | 2664 | 10997 | 12982 | 30 | 17857 |

注：a. 九段沙湿地国家级自然保护区；b. 陈行水库；c. 青草沙水库；d. 南汇东滩野生动物禁猎区；e. 金山三岛海洋生态自然保护区；f. 淀山湖区；g. 长兴岛和横沙岛周缘湿地；h. 崇明岛周缘湿地；i. 崇明西沙湿地公园；j. 崇明东滩国际重要湿地。

(3)各居留类型水鸟的数量分布状况：居留型数量比例方面，大部分重点湿地调查区域的冬候鸟和旅鸟数量比例较大，其中崇明东滩鸟类国家级自然保护区、九段沙湿地国家级自然保护区的冬候鸟数量比例均超过70%，主要为雁鸭类、鸻鹬类、秧鸡类及大型鸥类。九段沙湿地国家级自然保护区、长兴岛和横沙岛周缘湿地及崇明岛周缘湿地等东部湿地区域的旅鸟相对集中，其中长兴岛和横沙岛周缘湿地的旅鸟数量比例最高，主要为鸻鹬类。陈行水库、金山三岛海洋生态自然保护区、崇明西沙湿地公园等地因生境单一、人为干扰大、鸟类有效栖息地面积较小，记录的鸟类数量不甚丰富，以留鸟为主体。其中崇明西沙湿地公园的留鸟数量比例达47.57%。淀山湖区域因人工林地面积众多，并且紧邻农田、池塘等各类湿地，吸引大量鹭鸟繁殖，因此夏候鸟数量比例最高，达55.62%(图3-7)。

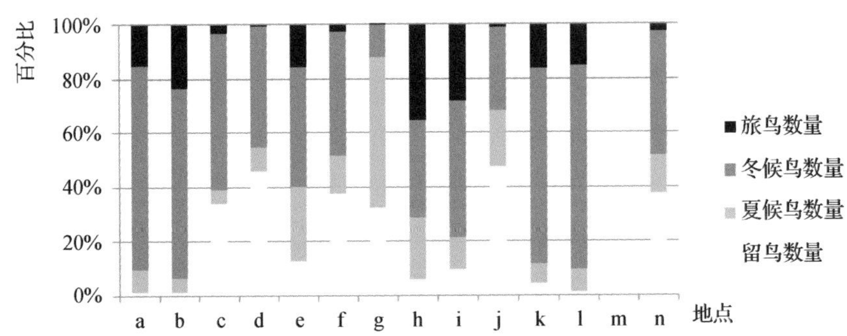


图3-7 各重点调查区域不同居留型鸟类的数量占比情况

a. 长江口中华鲟自然保护区；b. 九段沙湿地国家级自然保护区；c. 陈行水库；d. 青草沙水库；e. 南汇东滩野生动物禁猎区；f. 金山三岛海洋生态自然保护区；g. 淀山湖区；h. 长兴岛和横沙岛周缘湿地；i. 崇明岛周缘湿地；j. 崇明西沙湿地公园；k. 崇明东滩国际重要湿地；l. 崇明东滩鸟类国家级自然保护区；m. 长江口中华鲟国际重要湿地；n. 金山三岛湿地

(4)各类群水鸟的数量分布情况：水鸟是衡量湿地生态环境优劣的重要标志，但各个调查区域由于生境类型不同，所承载的水鸟类群及其数量也不尽相同(表3-17)，其记录的各类群水鸟数量多少可以反映出各个调查区域的生境特征。九段沙湿地国家级自然保护区的雁鸭类占绝对优势，鸻鹬类数量相对较少，其他水鸟所占比例低。长兴岛和横沙岛周缘湿地和崇明岛周缘湿地以鸻鹬类为主体，辅以相当数量的鹭类。崇明东滩国际重要湿地以鸻鹬类为主，雁鸭类为辅，其他水鸟较少。其他重点湿地各类群水鸟数量均较少。

表 3-17 各重点调查区域水鸟类群数量情况(只次)

| 湿地区代号<br>目 | a | b | c | d | e | f | g | h | i | j |
|---|---|---|---|---|---|---|---|---|---|---|
| 雁形目 | 5928 | 95 | 524 | 1706 | 60 | 134 | 493 | 14 | 0 | 4954 |
| 鹤形目 | 0 | 4 | 96 | 1081 | 0 | 118 | 206 | 33 | 0 | 150 |
| 鸻形目 | 2779 | 19 | 31 | 2232 | 2 | 7 | 7164 | 11248 | 11 | 10729 |
| 鸥形目 | 399 | 21 | 4 | 218 | 0 | 66 | 130 | 159 | 0 | 321 |
| 鹈鹕目 | 1 | 96 | 133 | 371 | 0 | 99 | 29 | 69 | 0 | 309 |
| 䴙形目 | 0 | 39 | 455 | 0 | 0 | 1 | 34 | 0 |  | 2 |
| 鹳形目 | 264 | 16 | 121 | 1699 | 3 | 2235 | 2924 | 1459 | 19 | 1392 |
| 潜鸟目 | 0 | 0 | 2 | 0 | 0 | 0 | 0 | 0 | 0 | 0 |

注：a. 九段沙湿地国家级自然保护区；b. 陈行水库；c. 青草沙水库；d. 南汇东滩野生动物禁猎区；e. 金山三岛海洋生态自然保护区；f. 淀山湖区；g. 长兴岛和横沙岛周缘湿地；h. 崇明岛周缘湿地；i. 崇明西沙湿地公园；j. 崇明东滩国际重要湿地。

## 2.3 上海地区水鸟数量的历史变化过程

### 2.3.1 总体概况

2006 年以来，上海市野生动植物保护管理站组织人员对崇明东滩鸟类国家级自然保护区、九段沙湿地国家级自然保护区、南汇东滩野生动物禁猎区、青草沙水库、横沙岛周缘湿地、崇明东滩国际湿地公园及周边鱼蟹塘、崇明北八滧滩涂、崇明北湖、陈行水库、淀山湖区、奉贤边滩、浦东三甲港、吴淞炮台湾湿地等 13 个湿地区域进行每年 16 次的水鸟同步调查，根据其结果显示：自 2006 年以来，共记录到各类水鸟 1179855 只次，记录的水鸟数量呈先抑后扬的趋势(图 3-8)，2009 年以前呈现出数量的持续下降，并在 2009 年达到最低，尤其雁形目和鸻形目鸟类数量的下

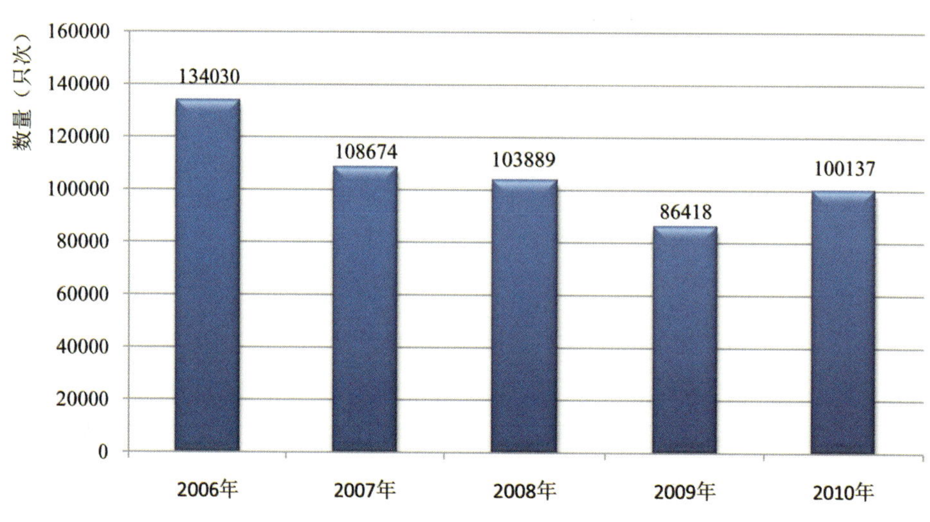


图 3-8 2006～2012 年水鸟总数量变化

降明显，直接导致了上海水鸟总体数量的下降；此后开始回升，其中由于2011～2012年间随着崇明北八滧和横沙东滩等地圈地围垦工程的进行，围垦过程中形成的大面积浅水沼泽为迁徙鸟类、特别是迁徙鸻鹬类提供了广阔的觅食场所，同时，随着崇明东滩鸟类国家级自然保护区互花米草综合治理工程的进展，使得越冬水鸟的栖息地有所扩大，从而使得记录的水鸟数量有了明显的临时性增长。

上海水鸟群落以冬候鸟和旅鸟为主，各居留型水鸟的种类变化幅度较小。数量变化方面各有不同，留鸟的变化较不明显，夏候鸟的数量略呈上升趋势，冬候鸟总体呈明显上升趋势，旅鸟在近3年明显波动(图3-9)。

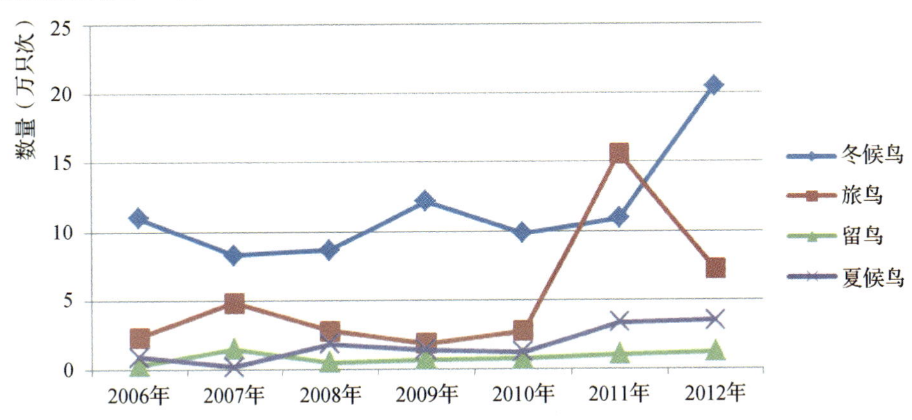


图3-9　2006～2012年各居留型水鸟的数量变化

## 2.3.2　各类群水鸟历年种群动态

上海水鸟同步调查始于2006年，至今已完成7个周期年，积累了大量的基础数据。通过分析，从中可初见上海水鸟群落栖息状态在沿海湿地地貌变化过程中的动态变化规律。

(1)鸻鹬类：鸻鹬类为上海水鸟群落的主要组成部分之一。从种类变化规律可知：鸻鹬类的物候期主要在春秋迁徙季节，秋季停留时间较春季长，每年记录到的水鸟种类数较为平稳。从数量变化统计可知，每年迁徙期及越冬期的水鸟种群数量起伏明显。自2007年秋季开始，上海鸻鹬类数量开始大幅下降；2011年春季开始数量重新上升(图3-10)。

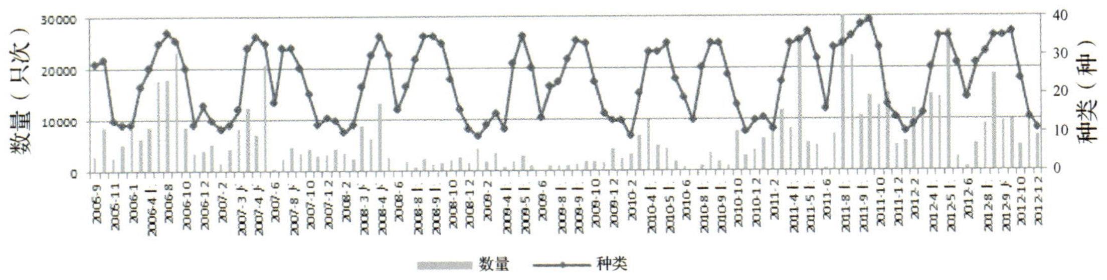


图3-10　2005～2012年鸻鹬类群落变化动态

在上海沿海的自然滩涂分布区中，东滩国际重要湿地和九段沙由于均为保护区而得以免遭围垦，鸻鹬类群落较为稳定。在2007年前，南汇东滩由于滩涂围垦形成的临时抛荒湿地吸引了大量鸻鹬类，是当时鸻鹬类的重要栖息地。但由于此后抛荒地的利用和干涸，导致鸻鹬类数量大幅度下降。从2010年起，北八滧、北堡和横沙的围垦工程逐步完工，形成了和先前南汇类似的抛荒湿地，因而吸引了众多鸻鹬类前来栖息，再次使得整体数量有所上升。

(2)雁鸭类：雁鸭类是上海水鸟群落的另一主要组成部分。从种类变化规律可知：雁鸭类物候期主要在冬季，通常在每年11月迁至，深冬达到数量顶峰，翌年3月迁离。从数量变化规律可知，雁鸭数量自2005～2006年越冬期后大幅度下降；近年有所回升，但尚未达到当时的50%（图3-11）。

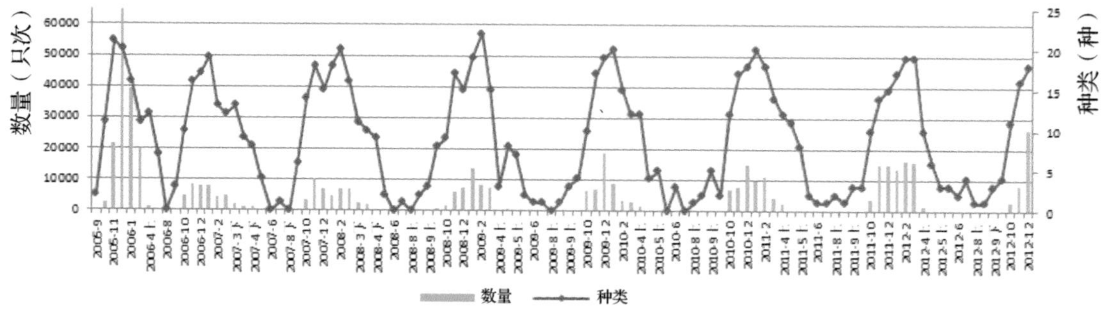


图3-11　2005～2012年雁鸭类群落变化动态

上海的沿海自然滩涂是雁鸭类主要的觅食地，而其周边的库塘湿地则是主要的休息地。2006年之前的崇明东滩具备上述两种生境，成为上海雁鸭类最主要的栖息地。自2006年年底以后，崇明东滩将大面积粗放式养殖鱼蟹塘改作农田，导致了雁鸭类数量的大幅下降。

(3)鹭鹳类：鹭鹳类在上海水鸟群落中所占比例明显较鸻鹬类和雁鸭类低。从种类变化规律可知：鹭鹳类物候期主要在夏季，通常在4月下旬迁至，10月迁离。从数量变化规律可知，在每年的夏末季节数量达到顶峰；冬末春初时冬候鸟种群迁离，夏候鸟种群未至，数量最低(图3-12)。

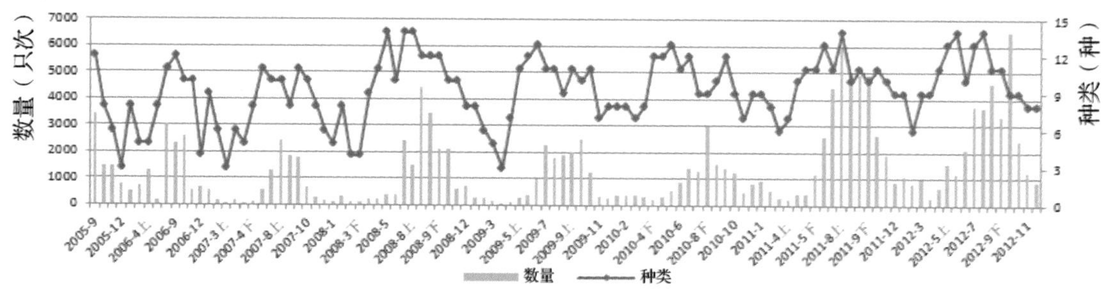


图3-12　2005～2012年鹭鹳类群落变化动态

(4)鸥类：鸥类在上海水鸟群落中所占比例较鹭鹳类更低。从种类变化规律可知：鸥类物候有明显季节之分，冬季主要为鸥科鸟类；夏季主要为燕鸥科鸟类；在迁徙过境期则两者兼有(图3-13)。上海的鸥类主要觅食于自然滩涂和库塘湿地，两种生境的质量好坏决定了其居留数量。

(5)秧鸡及鹤类：秧鸡及鹤类在上海水鸟群落中种类和数量所占比例均较低。从种类变化规律可知，越冬期种类稍多，鹤类仅在此越冬；其余时期以秧鸡类为主。从数量变化规律可知，以骨顶鸡为主要种群的越冬秧鸡类较多，其数量在近年随着库塘湿地面积的增加而有所上升(图3-14)。2009年冬季，2万余只骨顶鸡齐聚横沙岛促淤区。当时，刚围垦完毕的区域为大面积水域，

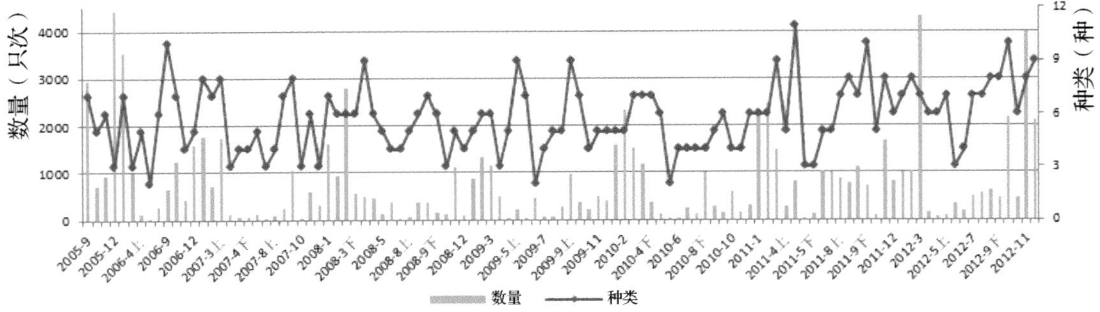


图 3-13 2005～2012 年鸥类群落变化动态

为越冬骨顶鸡提供了良好的栖息环境。

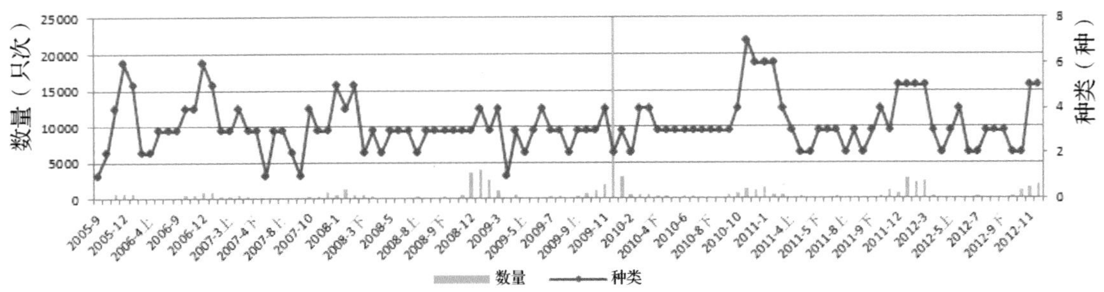


图 3-14 2005～2012 年秧鸡及鹤类群落变化动态

(6)其他水鸟：其他水鸟主要为鸊鷉、潜鸟及鸬鹚等潜水鸟类，在上海水鸟群落中所占比例很低。从种类变化规律可知，主要为冬候鸟，通常在 11 月陆续迁至，翌年 3 月迁离。从数量变化规律可知，这些潜水鸟类的种群数量在每年深冬达到高峰，这也和库塘湿地等栖息地状况有关（图 3-15）。

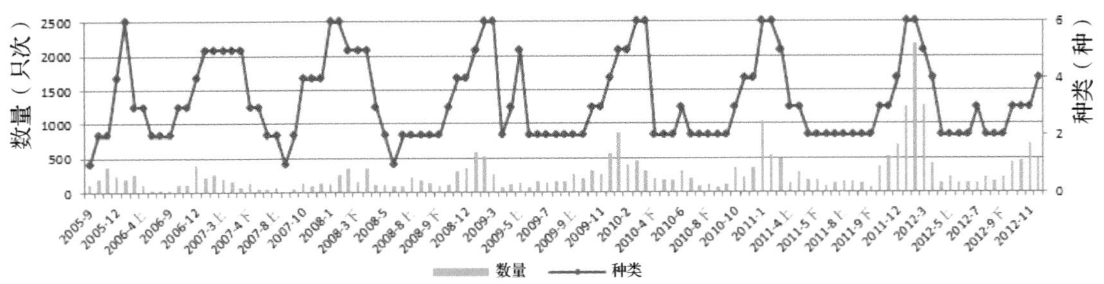


图 3-15 2005～2012 年其他水鸟群落变化动态

### 2.3.3 历年越冬稳定期(1 月)水鸟种群动态

1 月，上海水鸟群落进入越冬中期，种群数量较为稳定，此时水鸟的种群和数量监测结果能够较为真实地反映其栖息生境的状态。通过分析 1990 年以来历年越冬稳定期水鸟种群动态变化可以从另一个侧面来反映上海地区水鸟栖息地的质量变化过程。

供分析的历史数据来自于 1990 年、1991 年开展的隆冬水鸟调查，2004 年、2005 年开展的长江中下游水鸟同步调查，以及 2006 年至今开展的上海市水鸟同步调查。

(1)鸻形目：上海地区越冬的鸻形目种类较少，近年来记录的种类数量在9～14种之间。记录的种群数量波动幅度较大，总体呈下降趋势(图3-16、图3-17)，主要有黑腹滨鹬、白腰杓鹬、环颈鸻等。而崇明东滩鸟类国家级自然保护区、横沙东滩、南汇东滩野生动物禁猎区等沿海滩涂地区是越冬鸻形目水鸟的主要集中栖息地。根据上海市第二次湿地资源结果所示，2012年上海近海与海岸湿地面积为250902公顷，较2000年的293321公顷下降了42419公顷，下降的主要原因是沿海的围垦造地。围垦过程中，鸻形目水鸟觅食所需的潮间带面积萎缩，栖息所需的高潮滩区域逐步消失；围垦完成后，形成的沼泽湿地由于没有水体交流，沼泽逐步干涸，其湿地生境的功能最终将退化殆尽。这些是导致鸻形目栖息地质量变差、数量下降的主要原因。

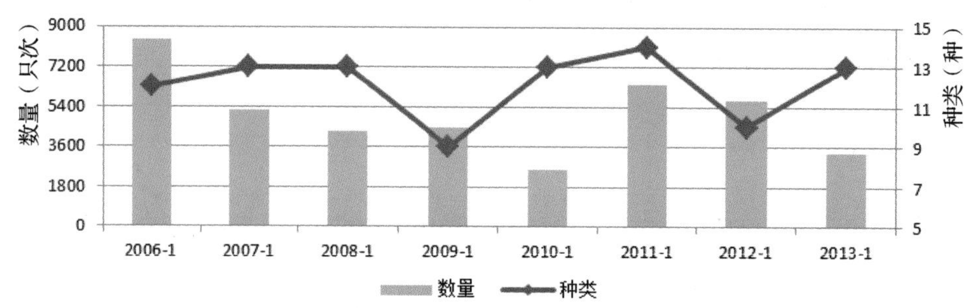


图**3-16** **2006～2013**年**1**月鸻形目种群动态

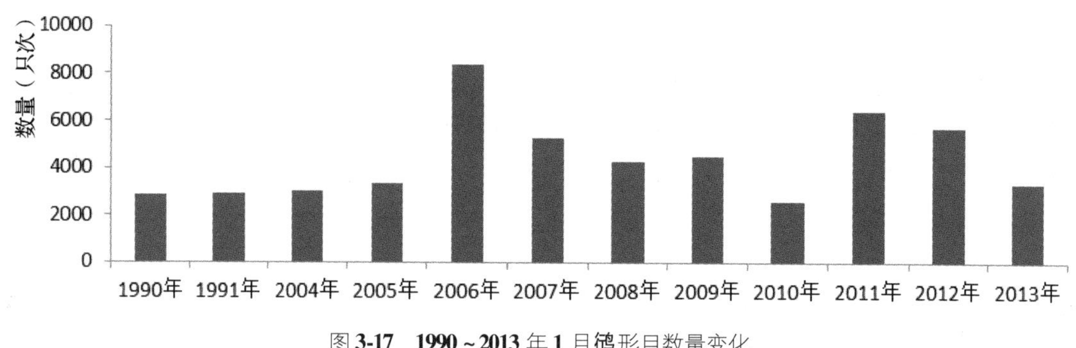


图**3-17** **1990～2013**年**1**月鸻形目数量变化

(2)雁形目：上海地区的雁形目越冬种类较多，但种群数量波动幅度较大(图3-18、图3-19)。上海地区越冬雁形目的主要栖息地为围垦形成的、湿地植被丰富的、视野较开阔的库塘湿地。2006年前，类似的生境主要分布于崇明东滩98大堤内的粗放式养殖鱼蟹塘，当时在上海越冬的雁形目水鸟种群中有一半以上均栖息于此。此后由于鱼蟹塘的整体复耕，雁形目数量急剧下降。虽然在2000～2012年间，上海的库塘湿地面积增加了57191公顷，但大部分为深水蓄水库和小型鱼塘，此类生境对越冬雁形目水鸟的吸引力远不如海岸带的粗放式养殖鱼蟹塘。

近年，在上海地区越冬的雁形目主要分布于崇明东滩鸟类国家级自然保护区、南汇东滩野生动物禁猎区、崇明北湖、青草沙水库和九段沙湿地国家级自然保护区。其中，在崇明东滩鸟类国家级自然保护区和九段沙湿地国家级自然保护区的大量雁鸭类依靠其自然滩涂和其间的潮沟生境越冬；南汇东滩野生动物禁猎区、崇明北湖和青草沙水库的雁鸭类则依靠其库塘生境越冬，数量相对较少。

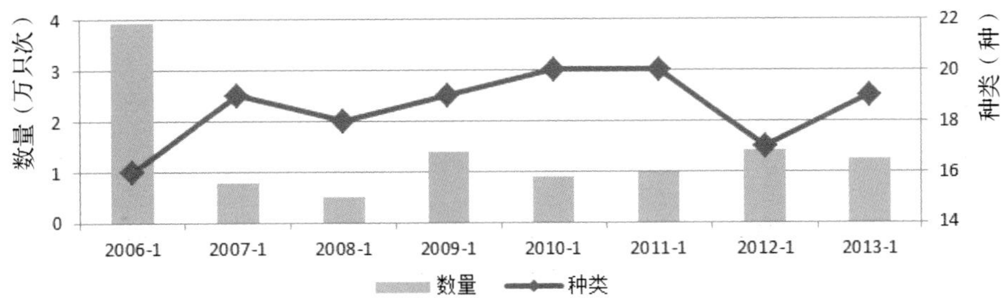


图 **3-18　2006～2013** 年 **1** 月雁形目种群动态

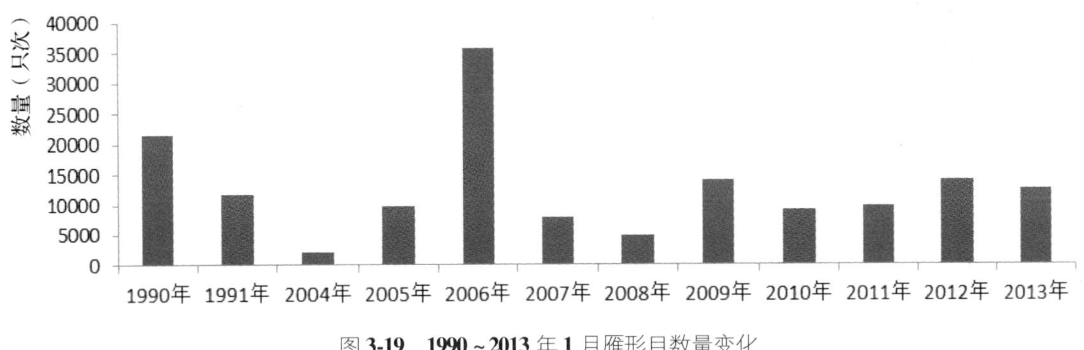


图 **3-19　1990～2013** 年 **1** 月雁形目数量变化

(3)鹳形目：上海地区的鹳形目越冬种类和数量均较少，种群数量波动相对较大(图3-20)。与鸻形目和雁形目相比，鹳形目相对数量较少，并且其对生境的要求较前两者低，越冬种群分散栖息于各类型滩涂和库塘湿地，其种群动态较难准确地说明相关栖息地质量变化过程。

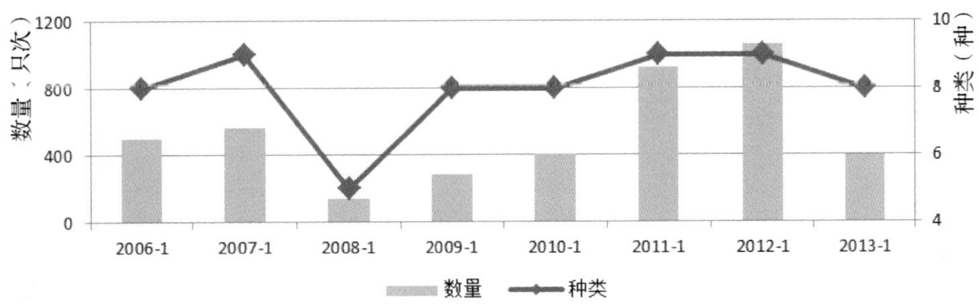


图 **3-20　2006～2013** 年 **1** 月鹳形目种群动态

(4)鸥形目：上海地区越冬的鸥形目种类和数量相对较少，种群数量波动相对较大(图3-21)。鸥形目越冬栖息地主要集中在沿海滩涂湿地和内陆湖泊湿地，前者主要种群为大型银鸥类，后者主要为红嘴鸥。鸥类在各类型栖息地中的分布主要与其食物的丰富程度有关，其觅食策略属于机会主义，遇到排水的鱼塘和进港的渔船都会蜂拥而至，可能因为调查区域范围的限制而无法尽数观测到。因此，其观测数量的多少并不能完全代表即时鸥类的种群状态，较难以此说明其相关生境的变化过程。

(5)鹤形目：上海地区越冬的鹤形目种类较少，记录数量的波动与调查时间内天气不佳无法记录有一定的关系。每年的越冬鹤类数量基本保持在百只左右；自2009年起越冬骨顶鸡记录数量

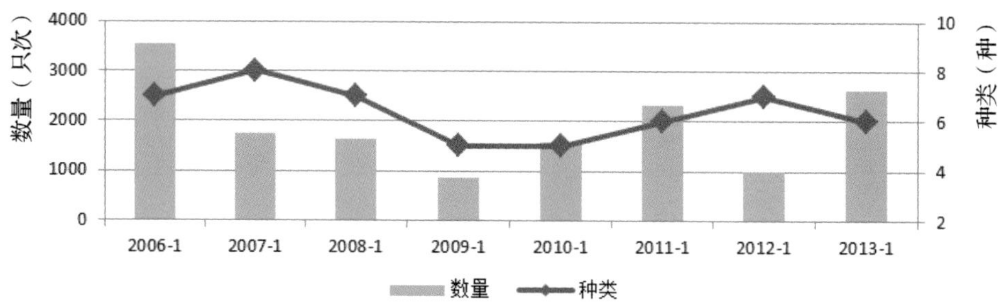


图 **3-21** **2006～2013** 年 **1** 月鸥形目种群动态

上升，主要缘于横沙东滩、崇明北湖和南汇东滩野生动物禁猎区等水生植物丰富的库塘湿地内越冬骨顶鸡数量剧增(图 3-22)。由于降水等因素，由滩涂围垦形成的池塘内水体盐度逐步下降，慢慢演替成淡水水塘，从而使淡水水生植物得以生存，吸引了以此为食的骨顶鸡。因此骨顶鸡的记录数量多少可以反映该栖息地的生境演替状况。

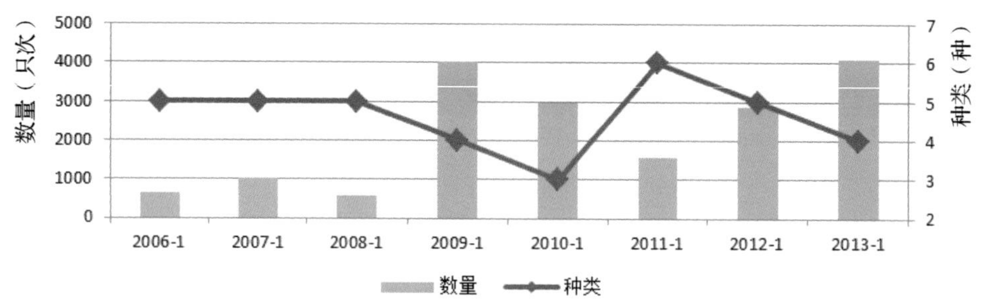


图 **3-22** **2006～2013** 年 **1** 月鹤形目种群动态

(6)其他水鸟：上海地区越冬的其他水鸟主要包括鸊鷉、鸬鹚和潜鸟等潜水水鸟。它们种类较少，数量自 2009 年开始有所上升，并呈递增趋势(图 3-23)。在这些潜水鸟类中，记录数量最多的是小鸊鷉，其主要分布于有一定水深的各类淡水库塘湿地中，其数量的上升证明类似生境正在扩大。

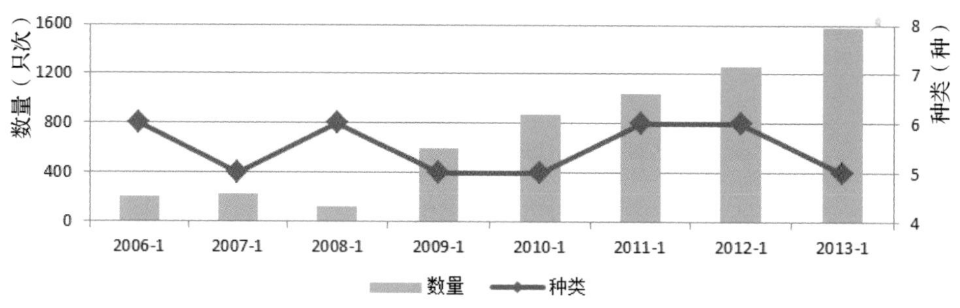


图 **3-23** **2006～2013** 年 **1** 月其他水鸟种群动态

## 2.4 重要物种状况

### 2.4.1 白头鹤

白头鹤是国家 I 级保护野生动物。崇明东滩国际重要湿地历来是白头鹤在长江中下游地区非常重要的越冬地之一，也是唯一受河口潮汐影响的越冬地(敬凯等，2002)。崇明县于 2011 年被中国野生动物保护协会命名为“中国白头鹤之乡”。近年来，随着外来物种互花米草的入侵和快速扩散，崇明东滩的环境及生态系统已发生了显著的变化，而这些改变可能会对白头鹤的越冬生态环境产生深远影响。

(1)2011～2012 年冬季调查结果：2011 年 10 月 28 日首次在崇明东滩滩涂上记录到白头鹤越冬个体，2012 年 3 月 22 日最后一次观察到白头鹤越冬群。因此 2011～2012 年白头鹤在崇明东滩的越冬期为 2011 年 10 月 28 日至 2012 年 3 月 22 日，共计 147 天。

比较历年的越冬白头鹤种群记录(表 3-18)，发现 2011 年白头鹤到达崇明东滩越冬的时间与历年基本一致，2011 年首批鹤到达的时间是 10 月 28 日，往年也是在 10 月下旬左右到达。2007～2008 年度冬季白头鹤到达的时间相对较早，引起这一现象的原因可能是当年冬季较低的气温。

越冬鹤群离开的时间也是相对比较稳定的，基本都在 3 月末，2012 年鹤群最后被观测到的时间是 3 月 22 日，比历年稍早，这可能是由于 2012 年鹤群在迁离前集中活动于保护区核心区小北港以北滩涂，且当时天气条件多为雨雾天气，鹤群较难被观察到所致。

**表 3-18　崇明东滩历年越冬鹤群到达和迁离日期**

| 年　度 | 到达日期 | 离开日期 | 越冬天数(天) |
|---|---|---|---|
| 2007～2008 | 2007.10.17 | 2008.03.28 | 164 |
| 2008～2009 | 2008.10.26 | 2009.03.29 | 154 |
| 2009～2010 | 2009.10.28 | 2010.03.28 | 152 |
| 2010～2011 | 2010.10.24 | 2011.03.30 | 158 |
| 2011～2012 | 2011.10.28 | 2012.03.22 | 147 |

(2)2011～2012 年冬季鹤群组成状况：2011～2012 年冬季记录到的越冬鹤群最高数量为 113 只，包括 90 只白头鹤、22 只灰鹤和 1 只沙丘鹤，鹤群的具体组成见表 3-19。

**表 3-19　崇明东滩 2011～2012 冬季鹤群组成(只)**

| 种类<br>龄期 | 鹤群组成 | | |
|---|---|---|---|
| | 白头鹤 | 灰鹤 | 沙丘鹤 |
| 成年个体 | 74 | 16 | 1 |
| 幼年个体 | 16 | 6 | |
| 分种总计 | 90 | 22 | 1 |

(3)2011～2012 年冬季鹤群活动区域：2011～2012 年冬季越冬鹤群在崇明东滩的活动区域主要在保护区内东南部的自然滩涂和该区域西侧的农田。

2011～2012 年冬季，根据鹤群活动的不同区域可将鹤群的越冬期分为 3 个阶段：第一阶段为 2011 年 10 月 28 日至 12 月 21 日，此阶段鹤群主要在滩涂区域活动，且基本不会进入农田，仅在该阶段末期随着稻田收割的开始，鹤群偶尔在农田中被目击到；第二阶段为 2011 年 12 月 22 日至 2012 年 3 月 4 日，该阶段鹤群相对有规律地分别利用农田和滩涂这两种不同类型的栖息地，且在两种不同栖息地中的主要行为有较为明显的区别，在农田中主要为集中的觅食行为，而在滩涂上则其他行为类型较多；第三阶段为 3 月 5 日 ~22 日，此阶段鹤群仅在滩涂区域活动，未再进入农田区域。

### 2.4.2 黑脸琵鹭

黑脸琵鹭是国家Ⅱ级保护野生动物，被 IUCN(2008)列为全球濒危物种，全球种群数量远远低于国家Ⅰ级保护野生动物白头鹤。

黑脸琵鹭主要繁殖于我国辽宁省以及朝鲜半岛沿海地区的岛屿；越冬于华东、华南、台湾以及东南亚的沿海地区。在上海地区属于旅鸟，大部分个体在春秋迁徙期过境上海。由于黑脸琵鹭的亚成体鸟需要数年时间才能性成熟并参加繁殖，成年前它们在夏季不会迁往繁殖地参加繁殖，而是停留于迁徙路线途中或是直接停留于越冬地，其中有相当一部分个体在华东沿海地区度夏。因此，调查中可以发现上海地区几乎全年皆可观测到黑脸琵鹭。

(1)种群动态：2011 年 8 月至 2012 年 7 月，上海市野生动植物保护管理站组织人员在沿海地区对黑脸琵鹭进行了 24 次专项调查，共记录到黑脸琵鹭 275 只次，主要分布于崇明东滩鸟类国家级自然保护区、崇明岛周缘湿地的东北区域(主要为北堡边滩和北八滧边滩)、长兴岛和横沙岛周缘湿地(主要为横沙东滩)、南汇东滩野生动物禁猎区以及奉贤边滩(图 3-24，表 3-20)。

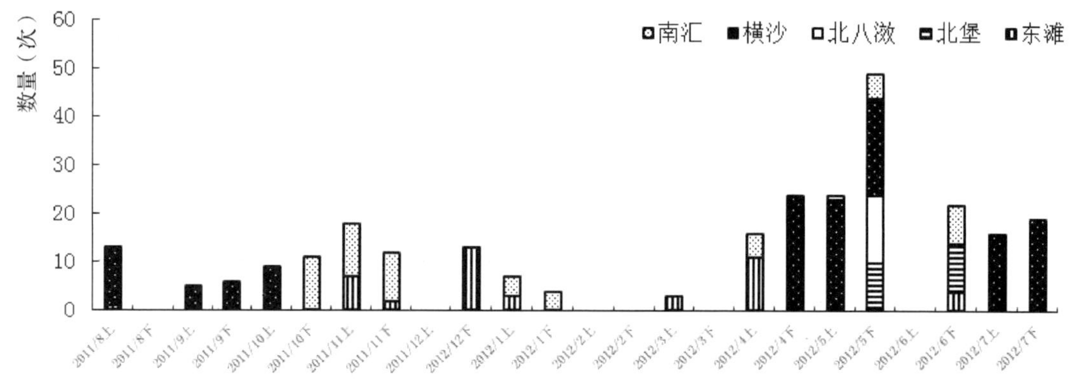


图 3-24 黑脸琵鹭全年种群动态

**表 3-20 黑脸琵鹭全年种群动态记录 4**

| 地点<br>日期 | 南汇 | 横沙 | 北八滧 | 北堡 | 东滩 |
|---|---|---|---|---|---|
| 2011 年 8 月上旬 | | 12 | | | 1 |
| 2011 年 8 月下旬 | | | | | |
| 2011 年 9 月上旬 | | 5 | | | |
| 2011 年 9 月下旬 | | 6 | | | |
| 2011 年 10 月上旬 | | 9 | | | |
| 2011 年 10 月下旬 | 11 | | | | |
| 2011 年 11 月上旬 | 11 | | | | 7 |
| 2011 年 11 月下旬 | 10 | | | | 2 |

（续）

| 日期＼地点 | 南　汇 | 横　沙 | 北八滧 | 北　堡 | 东　滩 |
|---|---|---|---|---|---|
| 2011 年 12 月上旬 | | | | | |
| 2011 年 12 月下旬 | | | | | 13 |
| 2012 年 1 月上旬 | 4 | | | | 3 |
| 2012 年 1 月下旬 | 4 | | | | |
| 2012 年 2 月上旬 | | | | | |
| 2012 年 2 月下旬 | | | | | |
| 2012 年 3 月上旬 | | | | | 3 |
| 2012 年 3 月下旬 | | | | | |
| 2012 年 4 月上旬 | 5 | | | | 11 |
| 2012 年 4 月下旬 | | 24 | | | |
| 2012 年 5 月上旬 | 1 | 23 | | | |
| 2012 年 5 月下旬 | 5 | 20 | 14 | 10 | |
| 2012 年 6 月上旬 | | | | | |
| 2012 年 6 月下旬 | 8 | | | 10 | 4 |
| 2012 年 7 月上旬 | | 15 | | 1 | |
| 2012 年 7 月下旬 | | 19 | | | |

由图 3-22 可知，秋季南迁种群和越冬种群数量较少，越冬种群 11 月初到达上海，并在越冬后期逐步分散；春季北迁种群记录数量最多，并在 5 月下旬达到顶峰，其中有近一半个体是已经更换为繁殖羽的成鸟，还有一部分是在上海沿海地区度夏的未成年种群。

（2）种群分布：黑脸琵鹭在上海地区主要分布于沿海的滩涂以及较大面积的沼泽湿地。其中，横沙东滩记录到的数量最多，达到 133 只次，其次是南汇东滩野生动物禁猎区，有 59 只次，崇明北八滧观测数量最少，仅 14 只次（图 3-25）。

黑脸琵鹭的数量分布主要与其适合栖息的生境面积有关。滩涂区域是主要觅食地，它们通常在涨落潮时水线附近觅食鱼虾。高潮位期间，回到少有人为干扰的沼泽区域停歇。期间也会找到合适的鱼塘生境觅食，偶尔也会发现仍旧停歇于未被潮水淹没的滩涂地带。通常，黑脸琵鹭会花更多的时间停歇。在所有观测到的记录中，有 24 次在沼泽湿地中被发现，约占 65%；有 13 次发现于滩涂，占 35%（图 3-26）。

在所观测到黑脸琵鹭的调查区域中，滩涂面积较为广阔、沼泽湿地较为开阔且少有人干扰的横沙东滩记录到的数量最高，其余生境则由于觅食和停歇条件欠佳而记录到的琵鹭数量较少。

（3）环志个体记录：在调查期间，共记录到 E22、E04、E37、E39、T46 和 E56 等 6 个环志个体（表 3-21）。除 T46 环志于台湾外，其余均为韩国环志，其中 E04 为成体，其他均为幼体。E22 分别在 1 月、4 月和 5 月均有观测到，是目前已知在上海逗留时间最长的个体。E37 为卫星跟踪

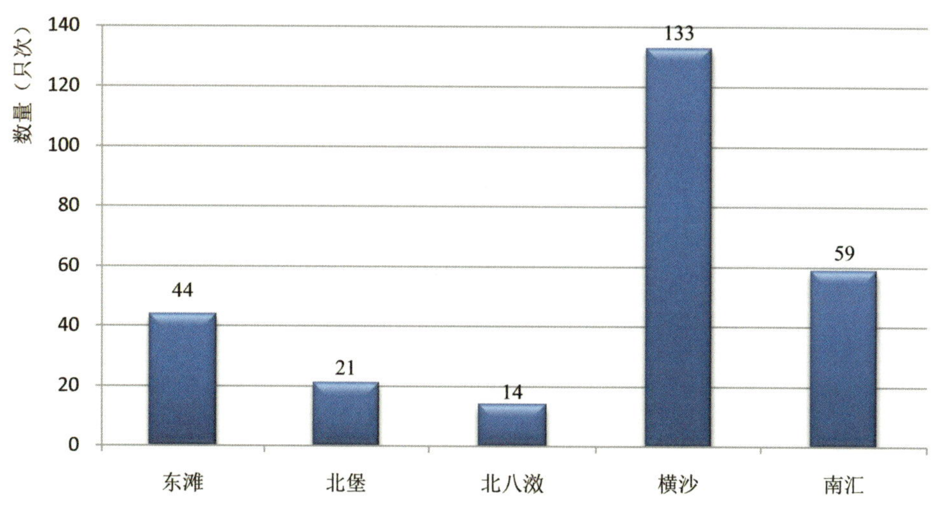


图 **3-25** 黑脸琵鹭的栖息地分布

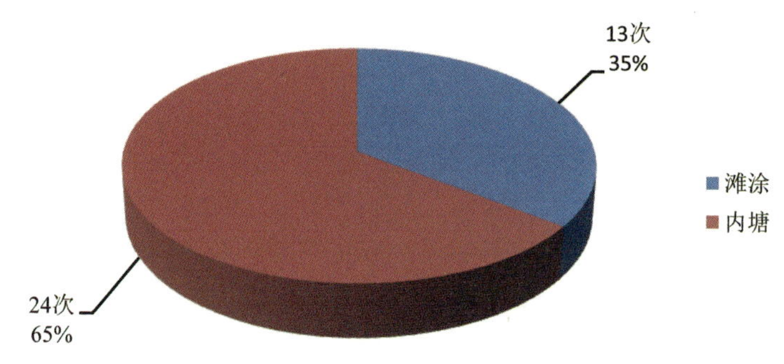


图 **3-26** 黑脸琵鹭的生境利用

个体的位点回报，未曾实地观测到。T46 在台湾被环志的同时还安装了 PTT 卫星信号发射器。E56 在非调查日被多次记录到。

### 2.4.3 小天鹅

小天鹅在全世界有 3 个亚种，越冬于我国长江中下游地区的为乌苏里亚种，为国家Ⅱ级保护野生动物。根据文献记载，长江河口湿地向来是小天鹅的越冬分布区，但直到 20 世纪 80 年代，研究人员才在上海发现了小天鹅的确切越冬地点，记录了其各种越冬行为。

(1)历史分布及数量：历史文献资料显示，20 世纪 50 年代小天鹅在崇明岛的越冬区域很大，包括崇明岛西北部、北部和东部的滩涂。但从 20 世纪 50 年代末期至 1984 年，由于前两处的滩涂先后被围垦(面积达 408.4 平方公里，占全岛面积的 38.4%)，致使岛西北部和北部沿江滩涂大为缩小，作为小天鹅食物的海三棱藨草带遭到破坏，迫使小天鹅向东滩转移，从而形成当时国内最大的沿海地区小天鹅越冬种群。

20 世纪 80 年代在崇明东部越冬的小天鹅数量曾高达 3 千余只，分成 3 个越冬群分别栖息于东旺沙的东北沿、东南沿和团结沙的东北沿，各种群之间彼此独立。小天鹅在崇明东滩的生态位较为单一而狭窄，仅分布在海三棱藨草的外带部位。但由于此区域滩涂在当时人为干扰较少，保持着原始本底状态，生境优越，从而成为小天鹅较为稳定的越冬地。

**表 3-21　环志黑脸琵鹭信息**

| 个体标号 | E22 | E04 | E37 | E39 | T46 | E56 |
|---|---|---|---|---|---|---|
| 时　间 | 2012 年 1 月上旬、2012 年 4 月下旬、2012 年 5 月下旬 | 2012 年 4 月下旬 | 2012 年 6 月下旬 | 2012 年 6 月下旬 | 2012 年 5 月下旬 | 2012 年 7 月下旬 |
| 地　点 | 南汇东滩野生动物禁猎区、横沙东滩 | 横沙东滩 | — | 南汇东滩野生动物禁猎区 | 南汇东滩野生动物禁猎区 | 横沙东滩 |
| 左　胫 | 红黄蓝 | 红白 | 黄红黄 | 黄红绿 | 绿黄蓝 | 红编码 |
| 右　胫 | 红编码 | 红编码 | 红编码 | 红编码 | 蓝编码 | 蓝红白 |
| 环志时间 | 2011 年 6 月 5 日 | 2010 年 6 月 30 日 | 2011 年 7 月 1 日 | 2011 年 7 月 2 日 | 2012 年 4 月 13 日 | 2011 年 7 月 8 日 |
| 环志地 | 韩国 Suhaam | 韩国 Guzi-do | 韩国 Gaksiam | 韩国 Chilsando | 台湾 台江 | 韩国 Namdongji |
| 备　注 | | | PTT | | PTT | |

(2)现今分布及数量：上海沿海地区经过近 20 年的大范围快速围垦，自然滩涂的面积大幅度下降，海三棱藨草生境支离破碎，直接影响到小天鹅的越冬分布和数量。自 2006 年起开展上海市水鸟同步调查以来，在九段沙湿地国家级自然保护区、崇明东滩鸟类国家级自然保护区、南汇东滩野生动物禁猎区、奉贤边滩、横沙东滩、青草沙水库、陈行水库等调查区域都记录过小天鹅，其中九段沙湿地国家级自然保护区、南汇东滩野生动物禁猎区和崇明东滩鸟类国家级自然保护区是目前小天鹅最为集中的越冬栖息地。通过近年调查数据的分析，上海地区越冬小天鹅数量正处于缓慢上升之中，并在 2012 年冬季达到了近 10 年的数量最高峰(图 3-27)。近 10 年来，虽然小天

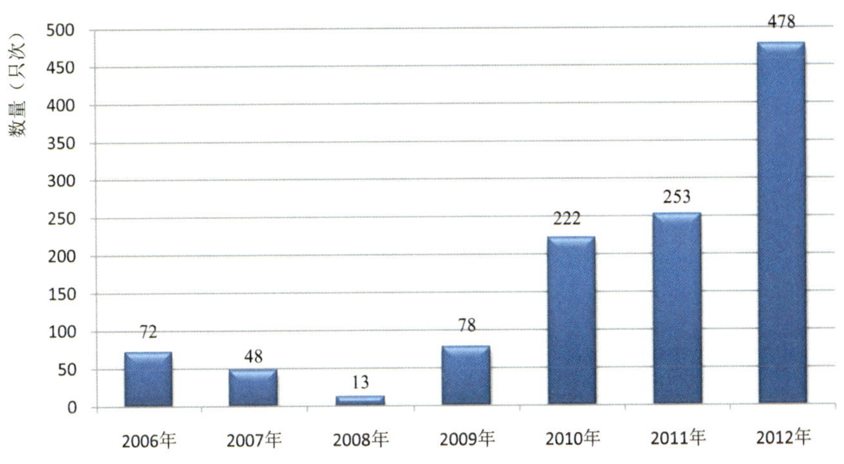


图 3-27　2006～2012 年上海小天鹅越冬数量变化

鹅越冬种群数量远不及20世纪80年代，但自从崇明东滩鸟类国家级自然保护区和九段沙湿地国家级自然保护区建立后，区域内禁止人为活动、滩涂围垦得到控制，自然滩涂栖息地得到保障，并逐渐恢复，为小天鹅提供了足够的越冬栖息地。

# 3 鱼 类

## 3.1 种类和主要分布

### 3.1.1 鱼类区系组成

上海市湿地调查共鉴定到鱼类113种，隶属18目38科。其中，鲤形目40种，占鱼类总数的35.4%；其次为鲈形目34种，占总数的30.1%；鲇形目6种，占总数的5.3%；鳗鲡目、鲱形目、鲀形目、鲽形目和鲻形目均为4种，占总数的3.5%；鲑形目为3种，占总数的2.7%；鲼目2种，占总数的1.8%；鲟形目、海鲢目、灯笼鱼目、鳉形目、银汉鱼目、颌针鱼目、刺鱼目、鲉形目均为1种，占总数的0.9%。

14个重点调查湿地中，陈行水库因已禁止渔业活动，无法收集近3年的历史数据，故采用了邻近的宝钢水库数据作为参考，共有鱼类3种；金山三岛海洋生态自然保护区采用金山三岛湿地鱼类数据均为20种；南汇东滩野生动物禁猎区为27种；崇明西沙湿地公园为28种；长江口中华鲟自然保护区、长江口中华鲟国际重要湿地29种；除此之外的8块湿地均有30种以上，以淀山湖的物种多样性最高，为45种。

### 3.1.2 鱼类生态类型

洄游性鱼类6种，包括溯河洄游和降海洄游性种类。前者主要有中华鲟、刀鲚、凤鲚、有明银鱼和暗纹东方鲀等，后者如日本鳗鲡。除陈行水库外均有分布。

河口性鱼类25种，包括陈氏新银鱼、大银鱼、鲻、鲮、棱鲮、中国花鲈、鰕虎鱼类、窄体舌鳎、双斑东方鲀等。其中有些种类可进入纯淡水区。主要出现在崇明东滩国际重要湿地、长江口中华鲟国际重要湿地、崇明东滩鸟类国家级自然保护区、长江口中华鲟自然保护区和九段沙湿地国家级自然保护区。

淡水性鱼类50种，鲢、长蛇鮈等鲤形目鱼类和长吻鮠等鲶形目鱼类等均属此类。主要出现在崇明岛周缘湿地、长兴岛和横沙岛周缘湿地、崇明西沙湿地公园、青草沙水库和淀山湖区。

近海及海洋性鱼类32种，如中国魟、孔鳐、海鳗、尖海龙、棘头梅童鱼、黄姑鱼、镰鲳等。主要出现在金山三岛湿地、金山三岛海洋生态自然保护区。

### 3.1.3 鱼类群落结构

对所收集数据及补充数据按湿地各种鱼类数量级划分，崇明东滩国际重要湿地、长江口中华鲟国际重要湿地、崇明东滩鸟类国家级自然保护区和长江口中华鲟自然保护区均以鲈形目种类居多，中国花鲈为这4块湿地的共同优势种；南汇东滩野生动物禁猎区优势种为棘头梅童鱼；崇明岛周缘湿地、长兴岛和横沙岛周缘湿地、青草沙水库和淀山湖以鲤形目种类居多，数量以鲱形目占优势，刀鲚为这3块湿地的共同优势种。

### 3.1.4 上海近6年来新记录的鱼类种类

从2006年至今，历史资料共记录到上海市鱼类新记录5种，也是上海市湿地鱼类新记录。

2006年10月23、24日，时值大潮汛，在长江口崇明东滩东旺沙中北部(E121°58′46″，N31°31′03″，水温21.4℃，盐度20.6‰)用自制地龙网捕获大海鲢(图3-28)。

图 **3-28** 上海市鱼类新记录——大海鲢 *Megalops cyprinoides*

2007年8月14日至9月2日，在长江口南港北槽长江口深水航道南、北导堤附近水域，用自制地龙网捕获鳞鳍叫姑鱼、美肩鳃鳚、竿鰕虎鱼、短棘缟鰕虎鱼(图3-29)。

鳞鳍叫姑鱼 *Johnius distinctus*

美肩鳃鳚 *Omobranchuselegans*

竿鰕虎鱼 *Luciogobiusguttatus*

短棘缟鰕虎鱼 *Tridentiger brevispinis*

图 **3-29** **4**种上海鱼类新记录

## 3.2 经济鱼类的利用情况

### 3.2.1 主要渔汛

历史上长江口一年中主要有刀鲚、凤鲚、前颌间银鱼(面丈鱼)渔汛。3~4月为刀鲚汛和前颌间银鱼渔汛。5~7月为凤鲚汛。20世纪80年代以来，1~4月有鳗苗汛，而前颌间银鱼汛随污水排放和过度捕捞而消失。

### 3.2.2 鱼类资源的保护和合理开发

与2003年出版的《上海湿地》(谢一民，2003)数据相比，湿地鱼类的物种多样性总体来说变化不大，由2003年的114种减少至现在的113种，其中减少的重点种类有白鲟、松江鲈鱼、鲥鱼、大黄鱼和小黄鱼，这些物种的濒临灭绝与湿地水域环境的恶化及人为因素有重要关系。具体主要体现在以下几个方面：捕捞过度造成鱼类资源衰退；水环境污染严重；原始生境改变。

相关部门需要及时采取诸如保护生态环境、保护鱼类的栖息地、加强对渔业环境的监测和保护、减少污染量的排放、加强渔政管理、对捕捞工具进行限制等措施，从而有效改变现状。

### 3.2.3 珍稀鱼类和主要经济鱼类

(1)中华鲟：中华鲟是一种大型洄游性鱼类，是国家Ⅰ级保护物种。每年5~6月，性成熟个体由海入江，经南支深槽溯江而上，10～11 月到达长江上游产卵。当年孵出的幼鲟，于翌年5～6月经南支南北港江段到达长江口。此时幼鲟全长 14～20 厘米，体重 20～40 克。其中有些个体经南支北港(即崇明南沿江段)到达崇明东滩(如 2003 年崇明东滩二顶插网监测船就捕获 875 尾幼鲟)；有些个体经南支南港(即宝山水道和长江南沿水道)及南槽和北槽到达九段沙浅滩和铜沙浅滩(如每年 5～6 月凤鲚汛期中在这一江段作业的凤鲚船常可捕到 20～30 尾幼鲟)。这些幼鲟在河口区经 3 个月左右的适应性生活后，于 9 月后陆续入海。10 年后，性成熟个体入江产卵。从 1998 年起，国家规定全长江禁捕中华鲟的成鱼和幼鱼。据 2007 年于长江口中华鲟自然保护区邻近水域调查资料，仅监测到 2 尾；2012 年 5 月长江口区调查采集到 5 尾。

(2)凤鲚：凤鲚为河口洄游性鱼类，是长江口区主要经济鱼类之一。平时生活于近海，春夏季至河口区产卵。渔汛期为 4～7 月。渔场主要在南港和北港。上海、江苏两地 1968～1989 年期间长江口的凤鲚年均产量为 2455.9 吨；1996～1998 年 3 年年均产量为 2500 吨，在南港江段的产量约占总产量的 40%～50%，即 250～1000 吨；2003～2007 年之间产量逐年剧减；2008～2010 年凤鲚总产量均仅为 50 吨；2012 年降至 30 吨，为近 10 多年来之最低；个体小型化比例加大，出现资源衰退迹象。

(3)刀鲚：刀鲚是一种长距离洄游性鱼类，产卵场远至江西赣江中游，是长江口区和长江中下游重要的经济鱼类。每年 2 月中旬至 3 月初，亲鱼由海入江，3～4 月为渔汛期。长江口区主要渔场在北港、南港、北槽(长兴、横沙南缘)、南槽(九段沙)以及长江口水域。1972～1987 年的平均产量为 189.2 吨(以 1973 年 390 吨为最高)；1988～1995 年的平均产量为 65 吨；1996～2002 年的平均产量为 178.9 吨(其中 2001 年为 300 吨)；2003～2009 年产量急剧下降，年产仅 20～55 吨，其中 2009 年刀鲚总产量是 1998 年以来最低，仅为 20 吨；2010 年刀鲚产量有明显增加，为 72.5 吨；2011 年刀鲚产量急剧下降，仅为 25 吨。

(4)日本鳗鲡：为降河性鱼类，平时生活在淡水，秋季成熟亲鱼经河口区降至深海产卵繁殖。秋季后在南、北港沿岸有一定产量。每年 1～5 月，鳗苗成群由海经河口进入江河湖泊。在整个长江口区均可捕获鳗苗。上海市鳗苗产量不稳定，1995 年为 5.4 吨；1998 年不足 1 吨；2003 年高达 8 吨；2007 年仅为 1.1 吨；2008 年 2.3 吨；2009 年高达 7.5 吨；2010 年 3.1 吨左右；2011 年降至 2.8 吨。江口区捕捞鳗苗正成为上海市及江苏、浙江、福建一带渔民每年重要的经济来源之一。

## 4 其他脊椎动物

上海人口密度过高、土地大量开发、工业发展过快等因素都导致了自然生态环境受到不同程度的破坏，严重影响了适应能力相对较差的两栖、爬行动物，甚至哺乳动物的栖息和繁衍。

### 4.1 两栖类及爬行类

根据文献记载所示，上海地区历史上曾发现两栖类动物 14 种，爬行类动物 36 种。1991～1993 年间，上海自然博物馆对上海地区进行的两栖、爬行类调查结果中，结合上海地区两栖、爬行类动物的生境特点和环境现况，分析了部分争议物种的来源，确定了可能分布于上海地区的两栖动物为 8 种，爬行动物为 24 种。据 1997～2000 年上海市陆生野生动物资源调查结果所示，上海当时分布的有两栖动物共 7 种，爬行动物 14 种。在 2001～2010 年的区县野生动物调查中，也记录到两栖动物有7种，爬行动物14种。而在上海市第二次湿地资源调查中，仅记录到两栖动物5种，爬行动物4种。与以往历次调查结果比较，本次调查记录的两栖动物种类数下降超过30%，记录的爬行动物种类数下降超过70%（表3-22）。

**表3-22 两栖类、爬行类物种记录历史**

| 种 名 | 拉丁名 | 保护级别 | 物种记录历史 | | | | |
|---|---|---|---|---|---|---|---|
| | | | 文献记载 | 1991～1993年调查 | 1997～2000年调查 | 近10年调查 | 湿地第二次调查 |
| **两栖纲** | | | | | | | |
| **有尾目** | | | | | | | |
| **隐鳃鲵科** | | | | | | | |
| 大鲵 | *Andrias davidianus* | 国家Ⅱ级 | + | | | | |
| **无尾目** | | | | | | | |
| **蟾蜍科** | | | | | | | |
| 中华蟾蜍 | *Bufo gargarizans* | 市重点 | + | + | + | + | + |
| 花背蟾蜍 | *Bufo raddei* | 市重点 | + | | | | |
| **树蟾科** | | | | | | | |
| 无斑雨蛙 | *Hyla immaculata* | 市重点 | + | + | + | + | |
| 中国树蟾 | *Hyla chinensis* | 市重点 | + | | | | |
| **蛙科** | | | | | | | |
| 沼蛙 | *Rana guentheri* | 市重点 | + | | | | |
| 泽蛙 | *Rana limnocharis* | 市重点 | + | + | + | + | + |
| 黑斑蛙 | *Rana nigromaculata* | 市重点 | + | + | + | + | + |
| 金线蛙 | *Rana plancyi* | 市重点 | + | + | + | + | + |
| 虎纹蛙 | *Rana tigrina* | 国家Ⅱ级 | + | + | + | + | |
| 日本林蛙 | *Rana japonica* | 市重点 | + | + | | | |
| **树蛙科** | | | | | | | |
| 斑腿泛树蛙 | *Polypedates megacephalus* | 市重点 | + | | | | |
| 大泛树蛙 | *Polypedates dennysi* | 市重点 | + | | | | |
| **姬蛙科** | | | | | | | |
| 饰纹姬蛙 | *Microhyla ornata* | 市重点 | + | + | + | + | + |
| 总 计 | 目 | | 2 | 1 | 1 | 1 | 1 |
| | 科 | | 5 | 4 | 4 | 4 | 3 |
| | 种 | | 14 | 8 | 7 | 7 | 5 |
| **爬行纲** | | | | | | | |
| **龟鳖目** | | | | | | | |
| **平胸龟科** | | | | | | | |
| 平胸龟 | *Platysternon megacephalum* | | + | | | | |

（续）

| 种　名 | 拉丁名 | 保护级别 | 物种记录历史 | | | | |
|---|---|---|---|---|---|---|---|
| | | | 文献记载 | 1991～1993 年调查 | 1997～2000 年调查 | 近 10 年调查 | 湿地第二次调查 |
| **龟科** | | | | | | | |
| 大头乌龟 | *Chinemys megalocephala* | | + | | | | |
| 乌龟 | *Chinemys reevesii* | | + | + | | | |
| 黄缘盒龟 | *Cistoclemmys flavomarginata* | | + | + | | | |
| 中华花龟 | *Ocadia sinensis* | | + | | | | |
| **陆龟科** | | | | | | | |
| 缅甸陆龟 | *Geochlone elongata* | | + | | | | |
| **海龟科** | | | | | | | |
| 蠵龟 | *Testudo caretta* | 国家Ⅱ级 | + | | | | |
| 玳瑁 | *Eretmochelys imbricata* | 国家Ⅱ级 | + | | | | |
| 太平洋丽龟 | *Lepidochelys olivacea* | 国家Ⅱ级 | + | | | | |
| **棱皮龟科** | | | | | | | |
| 棱皮龟 | *Dermochelys coriacea* | 国家Ⅱ级 | + | | | | |
| **鳖科** | | | | | | | |
| 斑鼋 | *Pelochelys maculatus* | | + | | | | |
| 中华鳖 | *Pelodiscus sinensis* | | + | + | | + | |
| 斑鳖 | *Rafetus swinhoei* | | + | | | | |
| **有鳞目** | | | | | | | |
| **壁虎科** | | | | | | | |
| 多疣壁虎 | *Gekko japonicus* | 市重点 | + | + | + | + | + |
| 铅山壁虎 | *Gekko hokouensis* | | + | | + | | |
| **石龙子科** | | | | | | | |
| 中国石龙子 | *Eumeces chinensis* | | + | + | + | + | |
| 蓝尾石龙子 | *Eumeces elegans* | 市重点 | + | + | + | + | + |
| 宁波滑蜥 | *Scincella modesta* | | + | + | + | + | |
| 铜蜓蜥 | *Sphenomorphus indicus* | | + | + | | + | |
| **蜥蜴科** | | | | | | | |
| 北草蜥 | *Takydromus septentrionalis* | | + | + | + | | |
| **蛇　目** | | | | | | | |
| **游蛇科** | | | | | | | |
| 黑脊蛇 | *Achalinus spinalis* | 市重点 | + | + | | | |
| 赤链蛇 | *Dinodon rufozonatum* | 市重点 | + | + | + | + | + |
| 双斑锦蛇 | *Elaphe bimaculata* | 市重点 | + | + | | | |
| 王锦蛇 | *Elaphe carinata* | 市重点 | + | + | + | | |

（续）

| 物种名 | 拉丁名 | 保护级别 | 物种历史 | | | | |
|---|---|---|---|---|---|---|---|
| | | | 文献记载 | 1991～1993 年调查 | 1997～2000 年调查 | 近 10 年调查 | 湿地第二次调查 |
| 白条锦蛇 | *Elaphe dione* | 市重点 | + | + | + | + | |
| 红点锦蛇 | *Elaphe rufodorsata* | 市重点 | + | + | + | + | |
| 华游蛇 | *Sinonatrix aequifasciata* | 市重点 | + | | | | |
| 黑眉锦蛇 | *Elaphe taeniura* | 市重点 | + | + | + | + | |
| 黑头剑蛇 | *Sibynophis chinensis* | 市重点 | + | + | | | |
| 赤链华游蛇 | *Sinonatrix annularis* | 市重点 | + | + | + | + | |
| 虎斑颈槽蛇 | *Rhabdophis tigrinus* | 市重点 | + | + | | | |
| 翠青蛇 | *Cyclophiops major* | 市重点 | + | + | | + | |
| 灰鼠蛇 | *Ptyas korros* | | | + | | | |
| 乌梢蛇 | *Zaocys dhumnades* | 市重点 | + | + | + | + | |
| **海蛇科** | | | | | | | |
| 青环海蛇 | *Hydrophis cyanocinctus* | 市重点 | + | + | | | |
| **蝰科** | | | | | | | |
| 短尾蝮 | *Gloydius brevicaudus* | 市重点 | + | + | + | + | |
| **鳄　目** | | | | | | | |
| **鼍科** | | | | | | | |
| 扬子鳄 | *Alligator sinensis* | 国家 I 级 | + | | | | + |
| 总　计 | 目 | | 4 | 3 | 2 | 3 | 3 |
| | 科 | | 13 | 8 | 5 | 5 | 4 |
| | 种 | | 36 | 24 | 14 | 14 | 4 |

上海地区分布在湿地环境中的两栖爬行动物主要为蛙类和部分水栖性蛇类、龟鳖类。由于上海地处长江入海口，受到明显的潮汐影响，沿海湿地区域主要为咸淡水交界区域，部分区域的盐度达到8%以上，对两栖、爬行类的生存起到了一定的抑制作用。因此，在上海的沿海湿地区域内，两栖爬行类的种类和数量相对较少。其中湿地公园和围垦后未利用区域中记录到一定数量的两栖动物；处于内陆的淀山湖区域主要为鱼塘、农田以及人工湿地生境，沟渠、河道较密，小型池塘较多，适合两栖类的栖息，故此区域内记录到的数量和种类最多(表3-23)。

在近 10 年内，上海市对两栖爬行动物未进行过全市范围的系统、全面的调查，仅嘉定、浦东、松江、奉贤和金山等区开展过区域性两栖爬行动物调查。在这些区域性调查所记录到的两栖动物中，中华蟾蜍、黑斑蛙、金线蛙和泽蛙分布最广，在大部分调查点中都可以发现它们的踪迹。但中华蟾蜍等由于人为过度捕捉而导致数量分布不均匀，部分区域的年龄结构参差不齐、个体差异较大，结构很不合理。虎纹蛙、无斑雨蛙的实体发现数量极低，其中原先分布较广、数量较多的无斑雨蛙呈现出极度生境破碎状态，有在上海地区绝迹的可能性。黑斑蛙作为上海市的两栖类广布种之一，近年来由于水稻等水生农作物种植面积的日益减少，加上大量的人为捕捉，其数量已急剧下降，仅在少数区域内发现。

**表 3-23　各重点调查湿地区域两栖爬行动物种类分布**

| 种　类 | a | b | c | d | e | f | g | h | i | j |
|---|---|---|---|---|---|---|---|---|---|---|
| 中华蟾蜍 | | + | | + | | + | | + | + | + |
| 黑斑蛙 | | | | + | | + | + | + | + | + |
| 泽蛙 | | + | + | + | | + | + | + | + | + |
| 金线蛙 | | | | + | | + | | + | | + |
| 饰纹姬蛙 | | | | | | + | | | | |
| 蓝尾石龙子 | | | | | + | | | | | |
| 多疣壁虎 | | | | | | | | | | + |
| 赤链蛇 | | | | | | + | | | | |
| 扬子鳄 | | | | | | | | | | + |

注：a. 九段沙湿地国家级自然保护区；b. 陈行水库；c. 青草沙水库；d. 南汇东滩野生动物禁猎区；e. 金山三岛海洋生态自然保护区；f. 淀山湖区；g. 长兴岛和横沙岛周缘湿地；h. 崇明岛周缘湿地；i. 崇明西沙湿地公园；j. 崇明东滩国际重要湿地。

爬行类动物在上海的内陆地区资源较为丰富，在沿海地区则相对较少。在近 10 年间所记录到的爬行动物中，多疣壁虎、赤链蛇、黑眉锦蛇、乌梢蛇等分布相对较广。其中多疣壁虎、赤链蛇因少有人为捕捉，仍存有一定的数量；而黑眉锦蛇、乌梢蛇等因人为捕捉而数量大为减少。多疣壁虎等爬行类的数量分布差异甚大，某些地区数量极大；有些地方则少有观测到。

近年来，上海经济开发速度较快，原有的大片农田、纵横的河沟、池塘已不复存在，快速地被“水泥森林”、纵横交错的道路所替代。沿海的海塘、海堤本是两栖、爬行动物，尤其是蜥蜴、蛇类等爬行动物良好的栖息地，近年来，由于上海地区大部分沿海的海塘和海堤被开发、平复，其栖息地也不复存在，因此在这些地方的两栖、爬行类动物的数量已极度稀少，仅数量不多的蜥蜴和蛇类零星地分布于果园、林地及农田。此外，工厂三废排放，农田、林地、果园的化肥、农药使用，不同程度地污染着环境，水环境的污染使蛙类的蝌蚪丧失发育场所，是造成蛙类数量锐减的原因之一。民众对蛙、蛇的捕捉，以及鹭类对蛙、蛇的大量捕食，也对其数量造成较为严重的影响。

从宏观角度审视，受内、外环境诸因素的影响，现阶段所记录到的上海地区两栖爬行类动物的数量正在全面下降，如乌龟等个别种类已基本消失。黑斑蛙、赤链华游蛇等多种动物躯体变小等状况说明：上海的两栖、爬行类动物种群内部的平衡格局已被打破，动物多样性动态变化呈非良性状态，正朝着威胁动物生存的方向发展。随着上海市的进一步开发，如不采取有效的保护措施，有些种类将在此地区销声匿迹。

## 4.2　哺乳类

上海地区的哺乳类动物按照栖息生境分可以分为水栖种类、半水栖种类、田野栖息种类和城市栖息种类。水栖种类主要为鲸豚类，信息来源主要为各时期收集到的搁浅记录。半水栖种类主要是水獭，仅为零星分布；田野栖息的种类较多，主要为食肉类和啮齿类。其中大部分食肉目动物在城市化过程中随着适宜栖息地的萎缩而残存于局部区域。城市栖息的主要为啮齿目和翼手目，其中由于翼手目(蝙蝠)动物的观察和鉴别较为困难，因此在调查中通常不做为重点。历史上上海地区有记录的哺乳动物有9目16科50种；其中，近年调查中仍能见到的种类不足50%(表3-24)。

兽类大部分在夜间活动，其野外调查难度比较大，尤其是针对那些数量比较稀少的野生兽类，调查难度更大。因此兽类调查主要采取走访、座谈和野外实地调查相结合的方式进行。在近10年间，所记录到的哺乳动物中：刺猬、华南兔、黄鼬以及啮齿目和翼手目兽类在上海的分布较为广泛，且数量众多。但是随着相关生境的逐步丧失，刺猬、华南兔等兽类的分布也有向合适生境聚集的趋势；而适应能力较强的黄鼬仍然保持着较为广泛的分布和较大的数量。貉、狗獾、豹猫等食肉目中型兽类由于城市建设的加速，城区面积迅猛扩大，远郊乡镇建设占用大量农田等因素，生境破碎化严重。獾、貉躲藏所需的隐蔽土丘、坟堆、废弃屋、灌丛、荒坡、弃耕地的大量消失，使它们失去了生存的栖息地，数量骤减，分布区分散。小灵猫和水獭更是只有零星发现。

九段沙湿地国家级自然保护区是上海地区唯一一个新发现有哺乳动物分布的湿地区域，其生境还维持在比较原始的风貌，但由于人类活动的影响，已经在岛上发现有啮齿类动物的足迹。通过对九段沙上沙、中沙、下沙等不同沙洲的可登陆区域进行的实地调查，确定了岛上的啮齿类动物是褐家鼠。可能是由于褐家鼠在此的天敌较少，且岛上为其提供了较好的生存环境。调查期间捕获到的褐家鼠个体体型、体重都相对偏大。

**表3-24　哺乳类物种记录历史**

| 种　名 | 拉丁名 | 保护级别 | 物种历史 | | | | |
|---|---|---|---|---|---|---|---|
| | | | 文献记载 | 1991～1993年调查 | 1997～2000年调查 | 近10年调查 | 湿地第二次调查 |
| **食虫目** | | | | | | | |
| **鼩鼱科** | | | | | | | |
| 大麝鼩 | *Crocidura lasiura* | | + | + | | + | |
| 小麝鼩 | *Crocidura suaveolens* | | + | + | | | |
| 灰麝鼩 | *Crocidura attenuata* | | + | + | | + | |
| 臭鼩 | *Suncus murinus* | | + | | | + | |
| **猬科** | | | | | | | |
| 刺猬 | *Erinaceuseuropeus* | 市重点 | + | + | + | + | + |
| **翼手目** | | | | | | | |
| **菊头蝠科** | | | + | | | | |
| 角菊头蝠 | *Rhinolophus cornutus* | | + | | | | |
| 马铁菊头蝠 | *Rhinolophus ferrumequinum* | | + | | | | |
| 大蹄蝠 | *Hipposideros armiger* | | + | | | | |
| 普氏蹄蝠 | *Hipposideros pratti* | | + | | | | |
| **蝙蝠科** | | | | | | | |
| 普通伏翼 | *Pipistrellus abramus* | | + | + | | + | |

（续）

| 种　名 | 拉丁名 | 保护级别 | 物种历史 | | | | |
|---|---|---|---|---|---|---|---|
| | | | 文献记载 | 1991～1993 年调查 | 1997～2000 年调查 | 近 10 年调查 | 湿地第二次调查 |
| 灰伏翼 | *Pipistrellus pulveratus* | | + | | | | |
| 山蝠 | *Nyctalus lasiopterus* | | + | + | | | |
| 棕蝠 | *Eptesicus seronitus* | | + | | | | |
| 长翼蝠 | *Miniopterus schreibersi* | | + | + | | | |
| 绯鼠耳蝠 | *Myotis formosus* | | + | | | | |
| 须鼠耳蝠 | *Myotis mystacinus* | | + | | | | |
| 大鼠耳蝠 | *Myotis myotis* | | + | | | | |
| 小黄蝠 | *Scotophilus temmincki* | | + | + | | | |
| **鳞甲目** | | | | | | | |
| **鲮鲤科** | | | | | | | |
| 穿山甲 | *Manis pentadactyla* | 国家Ⅱ级 | + | | | | |
| **兔形目** | | | | | | | |
| **兔科** | | | | | | | |
| 华南兔 | *Lepus sinensis* | | + | + | + | + | + |
| **啮齿目** | | | | | | | |
| **松鼠科** | | | | | | | |
| 赤腹松鼠 | *Callosciurus erythraeus* | | + | | | + | |
| **仓鼠科** | | | | | | | |
| 花背仓鼠 | *Cricetulus barabensis* | | + | + | | | |
| **鼠科** | | | | | | | |
| 黑线姬鼠 | *Apodemus agrarius* | | + | | | + | |
| 黑家鼠 | *Rattus rattus* | | + | + | | | |
| 黄胸鼠 | *Rattus flavipectus* | | + | + | | + | |
| 大足鼠 | *Rattus nitidus* | | + | + | | | |
| 褐家鼠 | *Rattus norvegicus* | | + | + | | + | + |
| 社鼠 | *Rattus niviventer* | 三有 | + | + | | | |
| 小家鼠 | *Mus musculus* | | + | + | | + | |
| 巢鼠 | *Micromys minutus* | | + | | | | |
| **鲸　目** | | | | | | | |
| **海豚科** | | | | | | | |
| 宽吻海豚 | *Tursiops truncatus* | 国家Ⅱ级 | + | + | | | |
| 糙齿海豚 | *Steno breaanensis* | 国家Ⅱ级 | + | + | | | |
| **鼠海豚科** | | | | | | | |
| 江豚 | *Neophocaena phocaenoides* | 国家Ⅱ级 | + | + | | | |

（续）

| 种　名 | 拉丁名 | 保护级别 | 物种历史 | | | | |
|---|---|---|---|---|---|---|---|
| | | | 文献记载 | 1991～1993 年调查 | 1997～2000 年调查 | 近 10 年调查 | 湿地第二次调查 |
| **领航鲸科** | | | | | | | |
| 领航鲸 | *Globicephala macrorhynchus* | 国家Ⅱ级 | + | + | | | |
| **须鲸科** | | | | | | | |
| 长须鲸 | *Balaenoptera physalus* | | + | | | | |
| 小鰛鲸 | *Balaenoptera acutorostrata* | | + | | | | |
| **河豚科** | | | | | | | |
| 白鳍豚 | *Lipotes vexillifer* | 国家Ⅰ级 | + | + | | | |
| **鳍脚目** | | | | | | | |
| **海豹科** | | | | | | | |
| 斑海豹 | *Phoca largha* | 国家Ⅱ级 | + | + | | | |
| **食肉目** | | | | | | | |
| **鼬科** | | | | | | | |
| 黄鼬 | *Mustela sibirica* | | + | + | + | + | + |
| 鼬獾 | *Melogale moschata* | | + | | | + | |
| 狗獾 | *Meles meles* | | + | + | + | + | |
| 猪獾 | *Arctonyx collaris* | 市重点 | + | + | + | + | |
| 水獭 | *Lutra lutra* | 国家Ⅱ级 | + | + | | + | |
| **灵猫科** | | | | | | | |
| 果子狸 | *Paguma larvata* | | + | | | | |
| 小灵猫 | *Viverricula indica* | 国家Ⅱ级 | + | + | + | + | |
| 大灵猫 | *Viverra zibetha* | 国家Ⅱ级 | + | | | | |
| **猫科** | | | | | | | |
| 豹猫 | *Prionailurus bengalensis* | 市重点 | + | + | + | + | |
| **犬科** | | | | | | | |
| 赤狐 | *Vupes vupes* | | | + | | | |
| 貉 | *Nyctereutes procyonoides* | | + | + | + | | |
| **偶蹄目** | | | | | | | |
| **鹿科** | | | | | | | |
| 獐 | *Hydropotes inermis* | 国家Ⅱ级 | + | | | | + |
| 总　计 | 目 | | 9 | 5 | 3 | 5 | 5 |
| | 科 | | 20 | 9 | 6 | 10 | 5 |
| | 种 | | 50 | 23 | 8 | 19 | 5 |

# 第四章 湿地资源利用

## 第一节 湿地资源利用方式及其利用现状

### 1 湿地资源利用方式

#### 1.1 国土资源

上海市湿地资源是上海市城市社会经济可持续发展的基础和重要保障，特别是近海与海岸带湿地中的潮间盐水沼泽湿地、淤泥质海滩、沙洲沙岛以及 -2 米以上的河口水域和近海水域湿地，为上海市特别是改革开放以来城市建设发展提供了宝贵的后备土地资源。

上海市地处长江河口，在上游来水来沙和东海潮流交互作用下，近海与海岸带湿地不断淤涨，同时不断被围垦和利用，湿地资源发生变化。本次湿地资源调查结果显示，至 2011 年，近海与海岸湿地 386622.00 公顷。其中水深 0 米以上湿地 74932.68 公顷，占近海与海岸湿地资源总量的 25.30%，占全市湿地资源总量的 20.03%；潮间盐水沼泽 17794.53 公顷；淤泥质海滩 43610.99 公顷。

近年来，上海市对长江口近海与海岸带湿地资源(低潮时水深 5 米以内的海域及其沿岸海水浸湿地带)进行了持续不断的监测。华东师范大学河口海岸学国家重点实验室根据多年度 TM 遥感影像、国家海洋局和海军司令部测绘的海图、上海市航道局、海事局测图数据以及实际观测数据研究表明，长江口在 1990 年、1997 年、2000 年、2005 年和 2010 年水深 5 米以上近海与海岸湿地分别为 2938.65 平方公里、2831.81 平方公里、2795.82 平方公里、2620.44 平方公里和 2564.64 平方公里，总体上呈减少的趋势，尤其是进入 21 世纪以来，近海与海岸湿地面积减少趋势加大。

#### 1.2 水资源

河流湿地(黄浦江、苏州河等)、湖泊湿地(淀山湖)和人工湿地中的库塘湿地(青草沙水库、陈行水库等)以及河口水域在输水、储水和供水方面发挥着巨大的资源库作用。2010 年，在长江口江心沙洲建成的青草沙水库，日均可供水 719 万立方米，相对 2008 年上海市用水总量为 119.77

亿立方米来看，青草沙水库承担了上海市超过50%的原水供水量，可满足1000多万人口的原水供应。因此，上海市湿地水资源总量和湿地水环境变化，关系到中国特大型城市上海市的未来和稳定发展。

上海市湿地水资源中，99%以上为地表水，地下水不足1%。地表水中该地区降水形成的水量仅占3.10%，上游太湖来水量占16.90%，80%的地表水资源是靠涨潮时从吴淞口带进来的长江口江水。这其中，占总量97%的潮水和太湖来水都仅能作为过境水，人均本地径流占有量仅为145立方米。虽然上海市湿地水资源总量较大，但利用率不高，由于水质型缺水等问题，上海市被列为全国36个水质型缺水城市之一，更是联合国预测21世纪饮用水缺乏的世界六大城市之一。由此可见，上海市湿地水资源对外依赖性较大，长江流域及太湖流域的流量一旦发生较大变化或水质出现严重问题，将对上海市水资源的供应造成巨大的影响。

## 1.3　生物资源

湿地是具有丰富的生物多样性和较高净初级生产力的生态系统，在全球碳循环中占有重要地位(宗玮，2011)。上海市湿地生物资源比较丰富，特别是近海与海岸湿地。上海长江口湿地的植物资源主要是芦苇、海三棱藨草和藨草等；栖息在长江河口湿地的动物资源主要有底栖生物、鱼类和鸟类等。

长江河口潮间带的底栖动植物种类多、资源量丰富。据资料统计，有浮游植物138属402种；浮游动物19个类群480种；甲壳类57种；软体动物27种；多毛类18种；寡毛类3种等，绝大多数均属于广盐广温河口性动植物。

长江河口及杭州湾北岸既是咸淡水鱼类的栖息处，又是洄游性鱼类产卵和索饵的场所或是过境的通道，同时也是海洋鱼类在生殖洄游或索饵洄游至近海时入内的场所(上海市林业局，2008)。因此，上海市辖区的鱼类种类多，资源量丰富。据调查，目前鱼类总数为113种，隶属18目38科，经济鱼类几乎占总数的一半，年鱼产量接近万吨。另外，上海市的湿地分布有国家级重点保护鱼类5种，分别是中华鲟、白鲟、花鳗、松江鲈鱼和胭脂鱼。该区域对于珍稀鱼类的保护具有重要意义。

本次调查涵盖了上海市的主要湿地类型以及水鸟分布的主要区域，记录到水鸟共计93种，分别隶属8目15科，近6万只，其中绝大多数是候鸟，如鹤类、雁鸭类等，估计每年在长江河口地区过境中转或来越冬的候鸟有上百万只。

湿地生物资源丰富，许多动植物是发展轻工业的重要原材料，如芦苇是重要的造纸原料，很多湿地植被兼有药用、工业用等多种用途。

## 1.4　自然景观和人文景观资源

湿地因其优美的自然风光和深厚的文化底蕴，是自然景观和人文景观的重要载体。上海市湿地类型丰富多样、分布广泛，湿地景观资源丰富。上海市内陆区域中自然河流湿地与人工运河、人工景观湖等，构成了“一纵、一横、四环、五廊、六湖”湿地景观水系框架，体现出江南水乡独有的韵味。沿江沿海区域，依生态功能良好的近海与海岸湿地，构建了滨江、滨海湿地公园和城市沙滩等，滨海景观与人工景观联动，其景观价值显著。

在上海市湿地景观资源中，有的以湿地自然风光为主，如近海与海岸湿地中崇明东滩湿地公园、崇明西沙湿地公园、浦东滨江、滨海湿地公园等；有的侧重人文景观，如具有深厚文化底蕴的苏州河和外滩景区；有的以天然湿地为主，如淀山湖风景区；有的则是以人工湿地为主，如在浦东南汇临港新城填海造陆开挖的人工湖——滴水湖；有的则是对近海与海岸边滩湿地进行人工改造后形成的滨海湿地人文景观，如金山城市沙滩与奉贤碧海金沙景区。上海市种类多样的湿地资源造就了景观类型多样的湿地景观。

#### 1.4.1 黄浦江湿地景观

黄浦江为上海市的母亲河，代表着上海市的象征和缩影。从其源头淀山湖，到吴淞口注入长江，中间经过外滩，两岸荟萃了上海市自然城市景观的精华和人文景观的精髓。

#### 1.4.2 西沙湿地景区

西沙湿地位于崇明岛西南端，总面积约 300 公顷，是崇明岛国家地质公园的核心组成部分，是上海市目前唯一具有自然潮汐现象和成片森林沼泽的自然湿地，以河口潮滩地貌地质遗迹、湿地地貌地质遗迹为主要景观，向游人展示着世界第一大河口冲击岛沧海桑田的地质景观。

#### 1.4.3 淀山湖旅游风景区

淀山湖位于青浦区西部，是上海市最大的淡水湖，面积 62 平方公里，是黄浦江的源头，有“风吹芦苇倒，湖上渔舟飘，池塘荷花笑”的怡人景象。沿岸烟树迷茫，富有江南水乡风光。环湖散落着享誉盛名的朱家角古镇、上海市大观园、东方绿洲、上海市太阳岛、陈云纪念馆等 5 个 4A 级景区(朱亚夫，2011)。

据 2012 年《上海市统计年鉴》，截至 2011 年 12 月，上海市共拥有国家 A 级旅游景区 74 个，其中 5A 级旅游景区 3 个，4A 级旅游景区 35 个，3A 级旅游景区 36 个。旅游业所带来的经济效益显著，2011 年国内来沪旅游人数达 23079 万人次，国际旅游入境人数达 817.57 万人次，国内旅游人均消费支出 1207 元，总消费额为 2785.63 亿元，国际旅游外汇收入 58.35 亿美元。其中，近四分之三的上海市 A 级景点都与湿地资源相关。湿地资源以“水”“绿”或“文”等形式入景，使景区增添了灵性，也促进了上海市成为我国与世界联系的重要节点和国内外旅游重要目的地。

### 1.5 航运资源

上海市位于我国大陆海岸线中部，长江入海口和东海交汇处，三面沿江沿海，是我国海岸线与长江“黄金水道”的交汇点。由于毗邻全球东西向国际航道主线，以广袤富饶的长江三角洲和长江流域为主要经济腹地，地理位置得天独厚，有利于发展江海国际国内航运(胡毅，2012)。内陆区域则河网密布，人工运河与自然河流交错连接，形成发达的内河航运网。湿地资源，特别是近海与海岸湿地、河流湿地及人工湿地中的运河/输水河，为上海市航运业的发展做出了重要贡献，创造了巨大的经济效益。

上海市岸线总长约 518 公里(不含无居民岛)，其中大陆岸线总长 211 公里。共有崇明岛、长兴岛、横沙岛 3 个有居民岛屿，大金山岛、佘山岛、九段沙等 23 个无居民岛屿(沙洲)。沿岸可开发利用的陆域面积较广，人工运河和自然河流湿地资源丰富，集疏运条件好，这都为上海市进一步发展江海运输船业创造了有利条件。

长江口的主航道、分流航道和支线航道分别为：南港北槽主航道长 166 公里，北港分流航道共长146公里，南槽分流航道共长163公里，新桥水道支线航道共长23公里，长兴水道支线航道共长17公里，使上海市有交通外海之便。沿海码头长度119.7公里，沿海泊位1226个，其中万吨级泊位160个，集装箱泊位43个。

2011年，上海市港口货物吞吐量为72758万吨，占全国的11.8%，国际集装箱吞吐量为31220万吨，吞吐量3173.9万标准箱，位居世界第一，成为世界第一大集装箱港区，已形成东北亚航运中心。内河航运航道里程2037公里，水运货物运输量为49389万吨，周转量为20005亿吨/公里，2011年旅客水运周转量为1.02亿人/公里。

如何综合利用上海市长江河口航运资源和河口海岸带岸线资源，特别是依托长江口深水航道，人工促淤构建岛链形成长江口亚三角洲以及深度利用横沙东滩和横沙浅滩湿地构建上海市新港区的战略规划与实施，是形成以上海市为中心，以江浙为两翼，以长江流域为腹地，与国内其他港口合理分工、紧密协作的国际航运枢纽港的关键，也是上海市落实国家战略，实现国际航运中心的关键(中华人民共和国国务院，2009)。

# 2　湿地资源利用现状

## 2.1　生态效益

湿地表现为一种多功能共存的生态体系，在蓄水、调节径流、均化洪水、净化与过滤、保护海岸线、调节气候、提供动植物栖息地以及维持区域生态平衡等方面发挥着不可替代的作用。湿地的生态功能主要体现在为维持生物多样性、为生物提供栖息地，调节河川径流和气候、污染物净化等方面(张华鹏，2005)。

### 2.1.1　生态系统、生物多样性维护以及生物栖息地保护

上海市湿地特别是河口海岸滩涂湿地蕴藏着丰富的动、植物资源，是湿地鸟类与水生生物生活的重要场所。其中，滩涂湿地含有大量未被分解的有机物质，是陆地上碳素累积最快的自然生态系统，是许多重要的水产动物的育肥地。

上海市滩涂湿地是中澳、中日候鸟迁徙路线上的重要中转站，也是长江流域与东海重要濒危与经济鱼类生活中不可或缺的生境之一。特别是崇明东滩国际重要湿地、九段沙湿地自然保护区和浦东南汇边滩湿地都是鸟类迁徙和越冬的重要区域(葛振鸣，2007)。

(1)鱼类洄游通道：长江径流携带的丰富的营养物质在河口区域沉积，为浮游生物和滩涂植物提供了良好的生长条件，也为鱼类提供了丰盛的饵料。特别是近海及河口水域湿地，为鱼类提供了重要的觅食、产卵、育幼、肥育场所以及洄游通道(庄平，2012)。

上海市的鱼类可分为咸淡水鱼类、淡水鱼类、洄游鱼类、海水鱼类以及沿岸浅海定居性鱼类5种类型。其中洄游性鱼类是上海市鱼类的重要组成部分，它可分为溯河洄游鱼类和降海洄游鱼类。溯河洄游鱼类平时生活在浅海或近海，每年繁殖季节由海入长江河口或上游产卵，产卵后亲鱼死亡或与仔鱼返回近海或浅海育肥生长，如中华鲟、银鱼、鲥鱼、刀鲚等。降海洄游鱼类平时生活在江河、湖泊或溪流中，繁殖季节洄游到浅海或深海产卵，亲鱼产卵后死亡，如松江鲈鱼、鳗鲡等。每年鱼类洄游季节，大量的鱼类从河口区域上溯到江河或内陆湖泊，或从江河湖泊下溯到河口和海洋。上海市的湿地作为连接淡水和咸水水域的过渡区域，对于洄游性鱼类完成其完整

的生活史过程具有重要意义。

近年来，由于上海市近海及海岸湿地的减少和过度捕捞，已经造成上海市的鱼类资源急剧减少。经济鱼类已经不能形成渔汛；鳗苗、中华绒螯蟹苗也是逐年减少；对濒危鱼类更是造成生存威胁。虽然目前我们还没有足够的研究数据建立长江河口鱼类和水生生物资源种群数量与近海及海岸湿地状态的关系模型，然而，提高可保护(控制)的近海及海岸湿地的范围(尤其是对潮间带和潮下带湿地的控制保护)，也就是提高自然湿地保有率，对于保护鱼类和其他水生生物的觅食、产卵、育幼、肥育场所以及洄游通道有极重要意义。

(2)鸟类迁徙栖息地：上海市位于东亚—澳大利西亚候鸟迁徙路线的中间，广袤的滩涂湿地为迁徙鸟类提供了良好的栖息地。该区域为鸟类迁徙途中的重要停歇地(孙永涛、张金池，2010)，也是迁徙鸟类在不适合飞行和受天气影响情况下的紧急驿站。每年春季和秋季的迁徙时期，有大量候鸟在此路过或停歇。其中3月中旬至5月上旬以及8月下旬至10月上旬，是鸟类迁徙的高峰期。根据多年研究，东北亚鹤类迁徙路线、东亚雁鸭类迁徙路线、东亚—澳大利西亚鸻鹬类迁徙路线都经过上海市，估计每年在长江河口地区过境中转或来越冬的候鸟有上百万只。包括罗纹鸭、白头鹤、黑尾塍鹬、白腰杓鹬、中杓鹬、鹤鹬、环颈鸻、蒙古沙鸻、金眶鸻等十余种水鸟的数量超过迁徙路线上其种群总数量的1%，达到了国际重要意义的标准。这也表明了上海市的湿地在水鸟保护上具有重要的国际作用，是鸟类迁徙重要的栖息地。

### 2.1.2 大气与水文调节

植被覆盖率较高的湿地对大气调节具有重要意义。表现在植被对区域内气候的调节，如大气组分调节、$CO_2$的固定等。湿地的水分蒸发和植被叶面的水分蒸腾，使得湿地和大气之间不断地进行能量和物质交换，对周边地区的气候调节具有明显的作用。植被可以吸收$CO_2$、释放$O_2$，这对于抑止$CO_2$含量上升和全球变暖都具有重大意义。研究显示，上海市湿地的气候调节功能潜力很大，在城市及其周边地区的湿地有显著缓解城市热岛效应的功能(应祖凌，2005)。

湿地的水文调节功能主要表现在调蓄洪水、补充地下水、涵养水源、抵御风暴潮等方面，是其他生态系统所不能替代的。河口海岸带湿地特别是滩涂湿地可以为地下蓄水层补充水源。宽阔的滩面在削减洪水波能方面非常有效，一定程度上可以蓄积洪水、减缓流速、削减洪峰、延长水流时间。滩涂面积越大，减缓水流速度与削减洪水波能的能力就越强。滩涂湿地植被通过固结底质、消耗波能，从而缓解侵蚀。上海市河口海岸滩涂湿地由于独特的地理位置，其蓄水、涵养水源、阻滞海水入侵和维持淡水水质等功能尤为突出(应祖凌，2005)。

### 2.1.3 污水净化和重金属污染防治

湿地特别是草本潮间盐水沼泽以及淤泥质滩涂的细颗粒泥沙吸附大量重金属和有机污染物，可对水质净化起到很大作用，是净化污水、削减陆源污染物入海通量的一道天然屏障。

近海与海岸湿地对污水具有较强的净化作用，是湿地中潮滩沉积物、生物以及潮汐等共同作用的结果。其中包括污水中可沉降物质的沉淀作用，潮滩沉积物、植物等对物质的吸附作用，滩涂植物对营养物质的吸收同化作用，潮滩沉积物中微生物的分解作用和吸收作用，潮汐对污水进行的稀释和运输作用。另外湿地中动物的活动也将影响湿地的净化功能(丁峰元等，2005)。

当径流携带过量的化肥、农药、重金属和其他污染物流经人工或自然湿地时，湿地植被和底泥可以减缓水流速度，有利于附着毒物和营养物的悬浮颗粒物的沉降和排除。营养物和有毒物沉降以后，通过植物的吸收，经化学和生物化学过程而存贮、固定和转化，阻止了污染物质的输移和扩散，减少了下游地表水和地下水的污染。

目前，氮、磷营养盐过剩是长江口水体最突出的问题之一，水污染也是赤潮发生的重要原因。最新研究表明，上海市河流污水含氮量为28.60克/立方米，含磷量为2.40克/立方米。由于潮间盐水沼泽具有较高的生产力，在物质生产的同时，盐沼通常吸收一定的氮、磷，在植物体中具有一定氮、磷含量。生活在河口海岸带湿地的底栖动物因种类而异，含氮量在0.94%～11.40%，含磷量为0.07%～0.98%。通过潮滩植物地上收获和底栖动物的生长和收获，可以起到相应的去除营养盐的作用，潮间盐水沼泽湿地的减少必然大幅度降低上海市湿地的总体污水净化功能（刘敏等，2003）。

## 2.2　经济社会效益

### 2.2.1　提供丰富的动植物产品

上海市长江河口海岸滩涂湿地丰富的浮游生物、底栖生物和水产资源，使这里成为富饶的渔场。长江口水域是东海北部近海重要的拖网生产区域，该水域有舟山、长江口以及吕四等著名渔场，在东海渔业历史上有着重要的地位。该水域水质肥沃、饵料生物丰富，既是许多经济鱼、虾、蟹类产卵、索饵场所，也是多种经济鱼、虾、蟹的入海或溯河洄游的通道。还有许多可作养殖的苗种资源，是东海的良好渔场和主要捕捞作业水域。经济价值较高的有鲥鱼、刀鱼、鲈鱼、中华绒螯蟹等。鱼类和虾蟹类的资源量指数值都是在9月份达到最高，6月份为最低。冬春和春夏之交，为鳗苗、蟹苗汛期，有大量的捕捞鳗苗、蟹苗船只（李建生、程家骅，2005）。

本次调查表明，上海市人工养殖种植塘湿地面积较大，达到19600.30公顷，占全市湿地总量的4.22%。内陆人工养殖种植塘提供了大量丰富的水产品和经济产品。以青浦区为例，2010年养殖总面积达3675公顷，渔业总产量达25024吨，渔业总产值达4.47亿元，占整个上海市渔业总产值的8.50%。青浦区内练塘镇享有“华东茭白第一镇”之称，年生产茭白8万吨。产品销往整个华东市场，并正向东北等地延伸。至2007年，全镇共有17500亩茭白生产地纳入国家级茭白标准化生产示范区。目前，茭白产业已成为练塘镇农业生产的主导产业，种植茭白成为当地农民的主要经济来源之一。

### 2.2.2　提供淡水资源，保障上海市城市水安全

湿地是工、农业生产用水和城市生活用水的主要来源。上海市众多的沼泽、库塘、河流、运河/输水河以及湖泊在输水、储水和供水方面发挥着巨大效益。依托黄浦江河流湿地构建的黄浦江水源地，以及依托长江河口建设的陈行宝钢水库、青草沙水库，为全市提供了最大供水量——1045万立方米/日，供水水质稳中有升。由于有湿地地表水资源的有力保障，地下水年开采量从7451万立方米大幅压缩至1971万立方米，为有效地保护地下水资源和控制地面沉降作出了贡献（上海市人民政府，2012）。

黄浦江河流湿地是上海市重要的水源地，上海市将闵行西界至淀峰45公里的黄浦江及泖河—拦路港源流水域、淀山湖与元荡的湖体、沿江湖两岸纵深5公里陆域以及大泖港、园泄泾、太浦河上溯10公里水域，划为水源保护区。随着上海市的发展，黄浦江的供水能力已经无法满足城市供水的需要。2010年初步建成的中央沙青草沙水库湿地环境良好，受盐水影响小，水质优

良，目前承担了上海市内接近50%人口的自来水水源地，改变了上海市水源地长期主要依赖黄浦江和内河的状况。加上当前正在进行的崇明东风西沙水库建设，将基本实现和完善"两江并举、多源互补"的目标和水源地格局，长江水源供应比例达到70%，城市供水安全保障度明显提高。

### 2.2.3 提供科研、教育、文化、休闲娱乐功能

湿地具有自然观光、旅游、娱乐、美学等方面的功能和巨大的景观价值。上海市许多重要的旅游景区都分布在湿地地区，壮观秀丽的自然景色使其成为生态旅游和疗养的胜地。城市中的水体在美化环境、为居民提供休憩空间方面有着重要的社会效益。有些湿地还保留了具有宝贵历史价值的文化遗址，是历史文化研究的重要场所。湿地丰富的野生动植物实体和遗传基因等为教育和科学研究提供对象和实验基地。湿地保留的生物、地质等方面演化进程的信息，具有十分重要和独特的价值。

上海市的湿地以滩涂湿地为主。上海市滩涂地势平坦、气候温和、雨量充沛、日照充足，在崇明东滩和九段沙分别成立了鸟类和湿地自然保护区，旅游资源潜力很大。同时可以为生态学、地理学、环境科学等提供科研场所，也是进行生态环境教育的科学实践基地，还是游人休闲的理想场所。

### 2.2.4 固堤消浪、保滩护岸、防灾减灾

上海市是一个沿江沿海城市。湿地，特别是近海与海岸滩涂湿地在抵御海浪、台风和风暴冲击，防止对海岸带侵蚀，保护沿海工农业生产中发挥了重要作用。

上海市沿海灾害性天气频繁，热带气旋平均每年有3~4次，常引起风暴潮，对海岸构成直接的威胁。随着全球气候的变化，引起的风暴潮、海平面上升、厄尔尼诺现象等都对上海市的防灾减灾提出了新的要求。通过海塘建设提高防洪御潮能力的同时，也不能忽略潮间盐水沼泽湿地在河口减灾中的作用。

上海市河口海岸湿地滩涂比较平缓，滩坡一般为1/2000~1/1000，潮滩上一般都长有植被，滩面摩擦阻力较大，可以减缓波浪向岸的速度，从而消减了波浪的能量，防止和减轻了海浪对海堤的冲击，起到保护海堤的作用。波浪进入有植被生长的沼泽后50米左右，会完全消失，流过海三棱藨草带的近底流速能减弱16%~71%。此外，植被能增加地表的粗糙度，风是波浪的能量来源，当光滩上的风速超过10米/秒时，海三棱藨草群落的底部风速接近于0。根据上海市多次热带气旋灾后调查结果来看，海堤外的植被覆盖面积越小，海塘的受损频率和受损程度就越高。国外的研究发现，80米宽的盐沼外加3米高的海堤，其防海浪冲击能力相当于12米高的海堤(刘红，2008)。

### 2.2.5 提供后备土地资源

上海市集临江、濒海之利，地处宽阔的长江河口三角洲地区，咸淡水交汇，沙洲发育，深槽、浅滩相间，在潮流和径流的共同作用下，平均每年携带3.90亿吨的输沙量进入长江口，其中一半在长江口和杭州湾北岸沉积，使具有岛屿边滩、陆岸边滩以及沙洲为主的自然湿地特征的近海及海岸湿地不断地向江、海域扩张延伸，形成独特的滩涂资源，是上海市后备土地的唯一来源。

上海市的发展史是一部湿地不断围垦的历史，现有土地的62%是由2000多年来近海与海岸滩涂湿地圈围而成(马涛等，2006)。新中国建立后(1949~2010年)上海市共圈围造地1040.90平

方公里，使上海市的土地面积扩大了15%。圈围的滩涂主要用于交通枢纽(洋山港、浦东国际机场等)、现代农业(国有农场、军垦农场、崇明国家级绿色食品园区等)、新城镇建设(南汇临港新城等)、工业基地(上海市石化股份有限公司等)、水源地建设(青草沙水库、东风西沙水库等)、城市市政基础设施建设、国防建设及旅游(东平国家森林公园、崇明东滩鸟类国家级自然保护区等)等方面。

在近半个世纪圈围造地的过程中，上海市积累了丰富的圈围高潮滩的经验，也掌握了一套在中低潮滩利用生物促淤和筑堤促淤技术，使湿地圈围不仅在潮间盐水沼泽和光滩区域，也将涉及水深2米以下的河口水域湿地区域。随着上海市经济社会的快速发展，未来上海市对土地资源的需求将不断增加，为了完成“占补平衡”的土地指标政策，“十二五”期间将圈围60万亩滩涂湿地资源。长江口近海与海岸滩涂湿地作为上海市最重要的后备土地资源，在上海市经济社会发展中具有不可替代的作用和地位(陈基炜等，2005)。

# 3 小 结

## 3.1 湿地为上海市国民经济与社会发展做出了重大贡献

新中国建立以来，湿地共为上海市提供土地1040.90平方公里，使上海市的土地面积扩大了15%；依托长江与黄浦江湿地的四大水源地建设提供了2000多万人口的特大城市的生产生活用水；广泛分布的近海与海岸湿地为上海市提供了生态安全防护屏障；此外湿地也为上海市提供了丰富的湿地产品以及航运、排水、污水净化以及景观、休闲等诸多功能和效益。总的来看，湿地在缓解上海市土地紧缺矛盾、保证农业生产持续稳定发展、繁荣上海市场、配合产业结构调整、促进工业产值增长、稳定长江口河势、改善长江口航行条件、优化生态环境等方面都起到了极其重要的作用，为上海市“四个中心”建设和经济社会可持续健康发展做出了巨大贡献。

## 3.2 湿地和绿地、林地组成的生态系统是市民生态宜居、未来美好家园生活的基础保障

湿地与绿地、耕地、林地有机融合和连接构成的多尺度、功能复合的城乡一体化绿色生态网络体系，将满足多种社会、文化和经济功能和需求，能够修复生态空间，确保城市生态安全，恢复生物多样性；能够提升宜居环境，维持平衡碳氧，降低城市热岛效应；能够推进城乡统筹，满足功能需求，提高群众收入。

## 3.3 上海市湿地承载着国际义务和国家要求，是上海市生态文明建设基石

中国是《湿地公约》缔约国，在湿地保护方面承担着履行《湿地公约》《生物多样性公约》等国际公约和双边协定的义务。上海市近海及海岸湿地的保护，特别是现有崇明东滩国际重要湿地、中华鲟国际重要湿地以及崇明东滩、川沙南汇边滩和九段沙等鸟类栖息地保护，不仅在长江口占有重要地位，也涉及国家和上海市在国际上的形象。在中国湿地保护行动计划中，上海市有崇明周缘湿地、金山三岛湿地，长兴岛和横沙岛周缘湿地均列入国家重要湿地，崇明东滩候鸟及湿地生态系统保护也列入行动计划优先项目。作为长江口湿地和都市型湿地，上海市的湿地保护和管

理在全国有重要和典型示范意义。上海市目前已面临资源约束趋紧、环境污染严重、生态系统退化严峻形势，如何树立尊重自然、顺应自然、保护自然的生态文明理念，把生态文明建设放在突出地位，融入经济建设、政治建设、文化建设、社会建设各方面和全过程，这些都需要把湿地、林地、绿地等自然生态承载体作为主战场。

## 第二节 湿地资源可持续利用前景分析

湿地资源可持续利用主要基于经济效益、生态效益和社会效益三个角度。在对湿地效益的认识和利用过程中，往往只看到湿地的直接经济效益，例如从湿地内捕鱼、割芦苇、向湿地索取土地等，往往忽略了湿地的生态效益和社会效益，对其进行的科学系统的评价和研究也较少。实际上湿地作为人类最重要的环境资本之一，也是自然界富有生物多样性和较高生产力的生态系统，不仅具有很大的经济效益，同时具有极其重要的生态效益和社会效益。对湿地经济、生态和社会三大效益进行综合的评估，才能反映湿地的真正效益，适应湿地的可持续发展(Aber J S，2012)。湿地的环境功能和社会经济价值并未得到社会公众、政府和湿地开发管理部门的足够重视。科学、全面地评价各类湿地所具有的功能和效益，有利于提高湿地研究与保护利用水平，为湿地管理提供科学依据，确保湿地及其资源的持续利用。鉴于湿地生态服务功能的复杂性、综合性和多样性，其生态服务功能的价值计算和衡量标准是一个长期的重要研究课题。

参考 Costanza 等(1997)对湿地生态系统服务功能的研究，上海市湿地生态系统所提供的生态系统服务功能主要有 3 种。①资源功能：成陆造地、物质生产(包括水产和原材料生产)等；②环境功能：大气调节、蓄水、净化水体、提供栖息地等；③人文功能：教学、科研和旅游等。湿地生态服务功能价值估算有不同的估算方法，主要计算方法有：市场价值法、旅行费用法、替代费用法、固定参数法等。本次调查综合采用上述方法估算出上海市湿地生态服务功能 2011 年已达 448.30 亿元/年(不含圈围土地价值)。其中，近海与海岸湿地 99.60 亿元/年、河流湿地 2.90 亿元/年、湖泊湿地 3.30 亿元/年、沼泽湿地 4.60 亿元/年、人工湿地 337.90 亿元/年。因此，上海湿地资源利用前景广阔。

### 1 科学规划湿地保护、利用与发展，推进上海市湿地空间网络体系建设和城市基本生态网络建设

结合上海市基本生态网络建设，以本次湿地资源调查数据为依据，根据不同湿地类型、分布、功能特点以及利用现状、受威胁情况，结合上海市城市发展的阶段需求和未来发展趋势，以上海市未来社会经济可持续发展和生态文明建设为导向，结合各个区域发展和各行业专题规划，以国际视野高起点科学规划湿地未来中长期保护、利用和发展规划。在此基础上，拓展湿地生态空间，构建完善良好的湿地空间网络体系，促进市域湿地与绿地、耕地、林园地有机融合和连接，形成以湿地自然保护为主要目标，高效优质利用湿地和满足多种社会、文化和经济功能，构建多尺度、功能复合的城乡一体化绿色生态网络体系，提升城市环境品质，提高居民生活环境质

量，增强城市国际竞争力。

上海市湿地网络体系建设包括湿地的生态保护、生态修复恢复和生态重建。要推进国家重要湿地确认和保护，形成国际、国家、市级三级完整的重要湿地保护体系；要加快建设一批湿地公园、森林公园；要促进国际国家市级重要湿地、自然保护区、保护小区、湿地公园、森林公园、水源保护区、湿地风景名胜区成体系建设，实现点线面相结合的成网络成体系的湿地分布架构。在湿地网络基础上，依据不同湿地特点，分层次进行湿地功能和需求规划。对于重点调查湿地，在加强保护的基础上提高保护效率；河流湿地、运河/输水河则需发挥排水、生态、航运和景观等综合功能，加快区域骨干河道和区界河道整治；要推进水源保护区、崇明生态岛、环淀山湖等重点区域湿地修复、湿地水生生境保护和湿地生态治理，营造城乡宜居湿地水环境。

鉴于上海市人多地少，城市化建设加快和气候变化后环境极其脆弱，湿地受威胁程度高的现实，上海市湿地生态空间必须要追求整个湿地生态系统效益的多样和高效，使湿地生态用地效益最大化，来满足生态、生产和生活对湿地要求。在实施过程中，需要多部门多层次的紧密配合，机制上也需要有所突破和创新，在保护管理上，需要由粗而细逐层确定和落实。

## 2 加强促淤、科学合理圈围，保持河口海岸湿地资源动态平衡，保障城市未来发展需要

由于城市建设用地供需矛盾日益突出，开发利用滩涂湿地资源已成为上海市实现耕地占补平衡的主要途径。根据《上海市土地利用总体规划(2006～2020年)》，到2020年，除土地复垦及已圈围成的陆土地整理外，城市发展需要新增滩涂圈围成陆农用地22万亩。如何顺应长江口综合整治和深水航道建设的国家战略，遵循长江口、杭州湾河势演变自然规律，在保持滩涂湿地动态平衡的同时，为控制河势、稳定航道创造条件，为实现耕地占补平衡提供支撑，关键在于要树立湿地保护优先、科学开发的原则，同时工程上加强湿地促淤，科学合理圈套。

50年来，上海市不仅积累了丰富的圈围高潮滩的经验，并且已经掌握了一套在中低潮滩利用生物促淤和筑堤促淤技术，采用“促而慢围、围而慢垦、先促淤慢围垦”的方法，有计划地圈围土地，同时形成大片的湿地生态区的方法，有利于改善沿江、临海的生态环境。此外，还将有计划地充分利用长江口北槽深水航道整治中源源不断的疏浚泥土资源来充填江心沙洲，加速江心沙洲发育，满足上海市城市发展所需的土地资源。科学圈围可将对滩涂湿地生物多样性与生态功能的影响程度降到最低，实现经济发展和生态保护双赢的效益(李道季，2009)。

动态保护和综合利用开发滩涂湿地资源是一项系统工程，涉及上海市的总体规划、长江口综合治理规划，约束条件多，涉及面广。无论是低滩促淤、中滩圈围，还是湿地资源生态环境保护都需要遵循科学合理围垦的原则，把围垦工程带来的负面作用缩小到最低限度。同时，要在围垦的过程中，贯彻“在动态保护中进行合理开发，在开发中进行动态保护”的理念，掌握新形势下长江口滩涂土地资源的现状和演变趋势，协调滩涂资源的索取和湿地保护之间的矛盾，实现河口海岸湿地资源的动态平衡，提升湿地生态服务功能。

## 3 生态措施与工程措施结合控制外来物种入侵

外来物种侵入滩涂湿地和内陆湿地，其影响将是深远的。入侵物种可以阻止本土物种的自然

更新，从而使生态系统结构和功能发生长期无法恢复的变化；还会加速局部性的物种灭绝，给生物物种多样性带来严重威胁。外来物种还能够改变原有生态系统的生物链，占据本土物种的生态位，排挤本地种，导致生态系统内生物物种减少，破坏生态环境，成为上海市湿地生物多样性的巨大威胁。如水生植物凤眼莲、滩涂草本植物互花米草等，已经对湿地的生物多样性和生态功能产生了重大影响，上海市滩涂湿地上互花米草面积已占滩涂总面积的20%左右。互花米草的入侵，在局部地区形成了大片单一群落，严重排挤了本土植物的生长，并显著降低鸟类、昆虫、底栖生物的种类和数量，从而影响滩涂湿地正常生态功能的发挥(Xu 等，2006)。

总体来说上海市的外来入侵物种和我国其他地方的入侵种类似，对湿地及湿地生态系统有以下危害：①直接减少当地物种数量；②间接减少依赖于当地物种生存的物种数量；③改变当地生态系统和景观；④降低当地生态系统对火灾和虫害的控制和抵抗能力；⑤降低土壤保持和营养改善能力；⑥降低水分保持和水质提高能力；⑦使生物多样性丧失。因此必须严格限制外来种的入侵，对现有互花米草等入侵物种蔓延区域采取隔离圈围等措施，以减缓由于互花米草蔓延导致的滩涂湿地生物多样性与生态功能的退化。可以预见，随着限制和隔离互花米草等措施的实施，并对隔离的互花米草覆盖区进行生态重建(如构建人工淡水湿地等)，滩涂湿地的生物多样性和生态功能将得到保持和恢复。

## 4 注重湿地水环境改善，加强水源地保护

上海市是水质型缺水城市，湿地是重要的淡水资源载体，承担着中国最大城市的用水安全职责。上海市有四大水源地。其中黄浦江水源地受太湖流域来水影响；其他三大水源地如青草沙水库、宝钢水库、陈行水库以及正在建设的东风西沙水库皆受到长江流域来水影响。为保障上海市水安全，在改善市内内陆湿地水环境同时，特别需要强化河口海岸湿地水环境的保护和改善。此外，更需要在长江和太湖流域综合规划治理下考虑上海市湿地水环境的改善问题。

对河流湿地以及人工湿地水环境改善要以截污纳管和污泥处理处置为重点，实现城乡河道水质稳中有升，同时以骨干河道整治和河道生态治理为重点，持续改善河道水环境。通过优化系统、强化管理、点面结合、泥水同步等综合措施，有效控制湿地水体中的化学需氧量，氨氮、总磷等污染物排放总量。实施截污纳管攻坚战，积极推进雨污混接改造和初期雨水污染治理，大力推进污水污泥处理处置，基本实现湿地底泥的有效处理和安全处置。结合上海市基本生态网络建设，发挥河道的排水、生态、航运和景观等综合功能，加快区域骨干河道和区界河道整治，推进水源保护区、崇明生态岛、环淀山湖等重点区域水生态保护和河道生态治理，进一步营造城乡宜居水环境。

近海与海岸湿地水环境改善一方面需要从陆源入海污染、海上污染、港口污染进行控制，特别是要完善城市污水处理系统，加大对直排入海污染源、入海河流污染物和沿海垃圾的监管力度；严格执行海洋倾废许可制度，加强对渔业船舶的污染排放管理，控制海洋工程和海岸工程建设项目对海洋生态环境的影响，加强港口排污工程建设等方面着手。另一方面需要强化湿地特别是滩涂湿地生态系统功能，尽可能发挥湿地系统净化水环境的效益，实现上海市湿地系统和水功能安全的双赢。特别是要分利用湿地天然水体的自净化过程及湿地生态系统的动物、植物、微生物对污染物的分解、吸收作用，运用人工或天然湿地处理污水。

## 5　拓展湿地利用模式，提高综合效益，保障上海市社会经济可持续发展

要依据不同湿地类型的资源特征，充分利用湿地资源的各项功能，因地制宜地拓展湿地利用模式，将湿地资源的合理开发、利用与动态保护有机地结合起来，最大限度地提高湿地利用的综合效益。特别要借鉴已经打造的临港新城滴水湖景区、崇明西沙国家湿地公园、崇明东滩湿地公园等成功经验，因地制宜发展湿地产业，扩展湿地利用模式。

利用上海市丰富的湿地资源发展滨江沿海湿地旅游业，既能保护湿地环境，又能带动第三产业发展。围绕上海市打造世界著名旅游城市的发展要求，着力发展崇明三岛、浦东滨海湿地、奉贤和金山海湾湿地休闲旅游业，建成集生态观光、休闲度假、商务会展、户外运动等为一体的生态型旅游度假区。重点推进吴淞炮台湾湿地公园、崇西明珠湖湿地、崇东陈家镇地区、奉贤生态海岸等旅游区基础服务设施建设。

推进长江口湿地航运资源和利用开发力度，重点围绕上海市国际航运中心的发展目标，合理调整港口布局，科学促进河口海岸湿地淤涨，保障长江口深水航道畅通，建成以港口为枢纽，水陆畅通，设施完善，内外辐射的现代化航运集疏运体系，实现多种运输方式一体化发展，确立上海市港作为东北亚国际集装箱运输枢纽港的地位。

加快近海与海岸带湿地区域新能源开发，发挥海上风电建设率先示范优势，建设东海大桥海上风电二期、临港、奉贤近海海上风电及扩建等项目，初步形成东海大桥、临港和奉贤 3 个海上风电基地。同时加强对近海与海岸湿地潮汐能、波浪能等海洋新能源的研究和开发。

## 6　推进重点调查湿地修复恢复和城市湿地自然水系建设，提升湿地生态功能和人文经济社会效益

针对上海市快速城市化造成的人工湿地比重加大的现实，在城市河流水系及人工库塘等湿地景观建设改造中应全面考虑湿地自然水体生态系统的功能和作用的重要性，坚持城市湿地自然水系建设导向。在建设或改造湿地时，以生态系统理论为基础，以接近自然、模拟自然为建设手段，充分考虑湿地动植物的生存环境，寻求人与自然共生理念和手法。特别对市域内广泛分布的河流、运河/输水河湿地，需应用近自然护岸以及水体绿化、生态修复等美学和生态理念，尽量减少“裁弯取直”“混凝土驳岸”等元素的工程手法。对水体岸坡进行植物种植，减少随地表径流流入水体的污染物，起到护坡的作用(Kawaguchi 等，2006)；在岸边消落区实施近自然固岸法，减缓对河岸的侵蚀。利用水生植物净化水体能力的功能，向水体中导入水生植物，防止水底的沉积物再悬浮，利用藻类的竞争者大型沉水植物抑制藻类大量生长，起到污染防治、改善和保护水质的作用。同时向水系中导入滤食性鱼类和底栖生物，连接食物链网的各个环节，完善生态系统结构，使湿地形成一个自我维持、良性循环、具有生命力的生态系统，实现湿地景观价值与生态效益协同发展。

对于近海与海岸带湿地，重在加强海岸湿地生态修复。在崇明、浦东、金山、奉贤海岸带侵蚀岸段，实施保滩护岸工程。在崇明、金山、奉贤海岸选择示范岸段实施海岸湿地生态修复工程。在浦东新区海岸建设生态安全防护林带，保护及恢复海岸湿地生态系统，改善海洋生态环境，打造生态宜居岸线。为维护湿地水生生物多样性，开展具有重要经济价值的湿地水生物种的人工培育，实施水生生物增殖放流，并向近海、外海水域延伸。

# 第五章 湿地资源评价

## 第一节 湿地生态状况

### 1 水环境状况

上海湿地过境水资源主要有太湖流域来水和长江干流来水。太湖流域来水量主要经黄浦江干流下泄排入长江口。2010 年通过黄浦江松浦大桥断面年平均净泄流量为 470 立方米/秒，长江徐六泾水文站年平均流量则为 33100 立方米/秒。上海市内主要河流水质污染以有机污染为主。根据上海市水文总站监测，水质的有机污染指标大部分在 Ⅱ 类至劣 Ⅴ 类之间。其中长江口、黄浦江上游及崇明岛水质较好，一般为 Ⅱ 类至 Ⅳ 类水；内河河网水质较差，一般为 Ⅳ 类至劣 Ⅴ 类水。

上海市 14 个重点调查湿地中，除青草沙水库和陈行水库为人工湿地外，其余 12 个湿地均为地表径流补给。14 个湿地水体都为永久性积水和永久性流出。

长江口区域湿地，其中崇明岛周缘湿地、崇明东滩国际重要湿地、崇明东滩鸟类国家级自然保护区、长江口中华鲟自然保护区、长江口中华鲟国际重要湿地、崇明西沙湿地公园、长兴岛和横沙岛周缘湿地、九段沙湿地国家级自然保护区、金山三岛湿地、金山三岛海洋生态自然保护区等 10 个湿地位于长江口水域。由于受到长江径流和海水相互作用影响，水质除个别点外都具有类似特征：COD 基本低于 20 毫克/升，TP 基本在 0.2 毫克/升以下，TN 维持在 2 毫克/升左右；水体泥沙含量高，水体透明度较低，一般低于 20 厘米；矿化度受盐水入侵影响，波动较大；水体总体呈现富营养化状态。从近 5 年的水质监测数据来看，长江口污染物浓度呈现增长趋势，主要污染因子为无机氮和活性磷酸盐。

南汇东滩禁猎区受到长江水盐水入侵作用和人类活动的影响。调查区域内水体矿化度偏高，平均含量在 900 毫克/升以上。营养盐浓度高，TP 在 0.2 毫克/升上下波动，TN 浓度普遍在 3 毫克/升以上，水体富营养化程度高。主要污染因子为无机氮。

陈行水库和青草沙水库取水来自于长江，水库水质较好，COD 含量低。主要营养盐指标(总氮除外)基本维持在 Ⅲ 类水水平。从近 5 年水质监测来看，陈行水库水质基本保持稳定(上海市环境保护局，2011)。青草沙水库 2011 年才开始运行，缺少常年的监测数据。

淀山湖区湿地水体水质主要受江苏省上游来水影响，水质处于富营养化状态，TN 和 TP 超标严重。主要污染因子为总氮、氨氮。近 5 年来由于太湖流域治理措施的逐步开展，上游水质有一定程度的改善，所以整个淀山湖水域水质呈现逐步好转的趋势。据上海市环境保护局监测，2011 年之前 5 年平均水平总氮量 2010 年比 2006 年下降了 16%，总磷量下降了 16.30%。

## 2　湿地生态保护管理状况

上海市 14 个重点调查湿地目前仍存在多头管理的状况。其中，崇明东滩国际重要湿地和长江口中华鲟国际重要湿地这两个国际重要湿地，管理权属于国家林业局湿地保护管理中心（中华人民共和国国际湿地公约履约办公室）目前委托所在自然保护区管理机构代管；崇明东滩鸟类国家级自然保护区和九段沙湿地国家级自然保护区这两个国家级自然保护区，主管部门分别为上海市林业局和上海市环保局；长江口中华鲟自然保护区和金山三岛海洋生态自然保护区这两个省级自然保护区，主管部门分别为上海市农业委员会和上海市水务局；其他 8 个重点调查湿地经营管理机构也有一定差异，但湿地主管部门基本为上海市林业局或及其下属的区县林业站。

14 个重点调查湿地的产品、服务与利用状况存在一定差异。其中，长江口中华鲟国际重要湿地、金山三岛海洋生态自然保护区仅具有生物栖息地功能，主要利用方式为相应生物类群及其栖息地的保护；其他 12 个湿地，除了生物栖息地功能外，主要利用方式为水资源取用、动植物产品收获以及旅游休闲等，部分湿地具有调蓄洪水及航运功能。

14 个重点调查湿地中，除了离岸受保护湿地，包括长江口中华鲟国际重要湿地、金山三岛海洋生态自然保护区和九段沙湿地国家级自然保护区，大部分湿地都与其所在区域的社会、经济发展有着密切联系，对区域以及周边乡镇的社会、经济发展具有重要的支撑作用。

## 3　湿地生态状况评价

### 3.1　湿地生态状况评价方法

湿地生态状况直接反映了湿地生态系统的健康水平，也是评价湿地生态功能是否正常发挥和满足人类需要的重要依据。可综合利用反映湿地生态状况的自然湿地面积、生物多样性、水环境、湿地利用及受威胁状况等方面的指标，构建湿地生态状况评价指标体系。该指标体系分 3 级，第一级包括自然指标和人为干扰指标；自然指标的二级指标包括景观指标、生物多样性指标和水环境指标，人为干扰指标的二级指标包括社会指标和威胁指标。三级指标包含 13 个直接用于上海市湿地生态状况评价的指标，所有指标值均来自本次调查数据或通过原始调查数据计算获得（表 5-1）。

为了保证指标权值的客观有效，采用层次分析方法（AHP）和德尔菲法，对选定的湿地评价指标进行分级和赋值，确定指标权重，之后对上海市 14 个重点调查湿地进行湿地生态状况综合评价。在指标赋值时，自然湿地率、湿地密度、湿地斑块密度、单位面积物种多度、植被覆盖度、人口密度 6 个指标根据大小分为 5 级，分别赋值 1、3、5、7、9。指标越高，反应的生态状况越好。外来物种入侵和污染物两个指标，分为两个等级，“有”赋值 2，“无”赋值 8。营养状况分为 3 级，贫营养赋值 8，中营养赋值 5，富营养赋值 2。水质级别分为 5 级，分别赋值 9、7、5、3、1。

**表 5-1 湿地生态状况评价指标体系及权重**

| 一 级 | 二 级 | 三 级 | 权 重 | 因 子 |
|---|---|---|---|---|
| 自然指标(0.6) | 景观指标(0.1) | 自然湿地率(%) | 0.030 | 自然湿地面积/湿地总面积 |
| | | 湿地密度 | 0.012 | 平均斑块面积/湿地总面积 |
| | | 湿地斑块密度(个/平方公里) | 0.018 | 湿地斑块数/湿地总面积 |
| | 生物多样性指标(0.45) | 单位面积物种多度(种/平方公里) | 0.108 | 物种数量/湿地面积 |
| | | 植物覆盖度(%) | 0.108 | 植被面积/湿地面积 |
| | | 外来物种入侵 | 0.054 | 有、无 |
| | 水环境指标(0.45) | 污染物 | 0.054 | 有、无 |
| | | 富营养 | 0.081 | 贫、中、富3级 |
| | | 水质级别 | 0.135 | Ⅰ、Ⅱ、Ⅲ、Ⅳ、Ⅴ5级 |
| 人为干扰指标(0.4) | 社会指标(0.4) | 人口密度(人/平方公里) | 0.064 | 人口数量/重点调查面积 |
| | | 利用情况 | 0.096 | 工(旅游)、农、水、未4级 |
| | 威胁指标(0.6) | 威胁因子数量 | 0.084 | 数量 |
| | | 威胁程度 | 0.156 | 安全、轻、重3级 |

注：指标体系和指标权重由国家林业局湿地保护管理中心统一提供。

利用情况分为4级，工业(旅游)赋值3，农业(种植、牧业、林业)赋值5，水源地赋值7，未利用赋值9。威胁因子数量，分为10级，采用“10－数量”来赋值。威胁程度分为3级，安全赋值8，轻度赋值5，重度赋值2。在此基础上，根据式(1)，计算每个重点湿地生态状况综合得分，并根据综合得分，对重点调查湿地的生态状况进行综合评定。最后，利用统计学的自然断点法，将重点调查湿地的生态状况综合得分划分为好、中、差3个等级。

$$综合得分 = \sum 指标值 \times 指标权重 \quad (1)$$

## 3.2 重点湿地生态状况评价结果

### 3.2.1 崇明东滩国际重要湿地

崇明东滩国际重要湿地湿地斑块共26块，湿地总面积25828.90公顷。本次调查共记录到湿地动物27目53科141种，高等植物42科84属106种，湿地植被面积3504.41公顷。主要受互花米草入侵威胁，互花米草侵占大量栖息地，入侵面积约1377.45公顷，占盐沼植被总面积的30.41%。崇明东滩国际重要湿地位于长江口，由于受到长江径流和海水相互作用影响，也面临长期的污染物排放以及农业面源污染，主要污染因子为无机氮和活性磷酸盐。根据本次调查结果、赋值标准、指标权重和综合得分计算方法，获得崇明东滩国际重要湿地生态状况评价结果为6.075。崇明东滩国际重要湿地生态状况计算见表5-2。

表 5-2　崇明东滩国际重要湿地生态状况计算

| 一　级 | 二　级 | 三　级 | 调查结果 | 指标赋值 | 指标得分 |
| --- | --- | --- | --- | --- | --- |
| 自然指标(0.6) | 景观指标(0.1) | 自然湿地率(0.03) | 95.62% | 9 | 0.270 |
| | | 湿地密度(0.012) | 0.038 | 7 | 0.084 |
| | | 湿地斑块密度(0.018) | 0.101 | 9 | 0.162 |
| | 生物多样性指标(0.45) | 单位面积物种多度(0.108) | 0.809 | 7 | 0.756 |
| | | 植物覆盖度(0.108) | 13.57% | 7 | 0.756 |
| | | 外来物种入侵(0.054) | 有 | 2 | 0.108 |
| | 水环境指标(0.45) | 污染物(0.054) | 有 | 2 | 0.108 |
| | | 富营养(0.081) | 贫 | 8 | 0.648 |
| | | 水质级别(0.135) | Ⅲ类 | 5 | 0.675 |
| 人为干扰指标(0.4) | 社会指标(0.4) | 人口密度(0.064) | 573 | 9 | 0.576 |
| | | 利用情况(0.096) | 农业 | 5 | 0.480 |
| | 威胁指标(0.6) | 威胁因子数量(0.084) | 2 | 8 | 0.672 |
| | | 威胁程度(0.156) | 轻 | 5 | 0.780 |

### 3.2.2　长江口中华鲟国际重要湿地

长江口中华鲟国际重要湿地湿地斑块共 2 块，湿地总面积 3760.60 公顷，主要记录鱼类 10 目 16 科 29 种。无高等植物。无外来物种入侵。没有受到直接威胁。根据本次调查结果、赋值标准、指标权重和综合得分计算方法，获得长江口中华鲟国际重要湿地生态状况得分为 7.119。长江口中华鲟国际重要湿地生态状况计算见表 5-3。

表 5-3　长江口中华鲟国际重要湿地生态状况计算

| 一　级 | 二　级 | 三　级 | 计算值 | 指标赋值 | 分　值 |
| --- | --- | --- | --- | --- | --- |
| 自然指标(0.6) | 景观指标(0.1) | 自然湿地率(0.03) | 100% | 9 | 0.270 |
| | | 湿地密度(0.012) | 0.5 | 9 | 0.108 |
| | | 湿地斑块密度(0.018) | 0.050 | 9 | 0.162 |
| | 生物多样性指标(0.45) | 单位面积物种多度(0.108) | 0.729 | 7 | 0.756 |
| | | 植物覆盖度(0.108) | 0 | 1 | 0.108 |
| | | 外来物种入侵(0.054) | 无 | 8 | 0.432 |
| | 水环境指标(0.45) | 污染物(0.054) | 无 | 8 | 0.432 |
| | | 富营养(0.081) | 贫 | 8 | 0.648 |
| | | 水质级别(0.135) | Ⅲ类 | 5 | 0.675 |

（续）

| 一级 | 二级 | 三级 | 计算值 | 指标赋值 | 分值 |
|---|---|---|---|---|---|
| 人为干扰指标(0.4) | 社会指标(0.4) | 人口密度(0.064) | 0 | 9 | 0.576 |
| | | 利用情况(0.096) | 未利用 | 9 | 0.864 |
| | 威胁指标(0.6) | 威胁因子数量(0.084) | 0 | 10 | 0.840 |
| | | 威胁程度(0.156) | 安全 | 8 | 1.248 |

### 3.2.3 崇明岛周缘湿地

崇明岛周缘湿地湿地斑块共46块，湿地总面积33366.81公顷。本次调查共记录到湿地动物21目47科131种，高等植物30科72属84种，湿地植被面积3466.94公顷。主要受互花米草入侵威胁。外来入侵物种为互花米草，互花米草入境面积2268.88公顷，占盐沼植被总面积的30.95%。崇明岛周缘湿地位于长江口，受到长江径流携带及东海沿岸部分城市的工农业生产所产生的入海陆源污染物影响。根据本次调查结果、赋值标准、指标权重和综合得分计算方法，崇明岛周缘湿地生态状况得分为5.073。崇明岛周缘始湿地生态状况计算见表5-4。

**表5-4 崇明岛周缘湿地生态状况计算**

| 一级 | 二级 | 三级 | 计算值 | 指标赋值 | 分值 |
|---|---|---|---|---|---|
| 自然指标(0.6) | 景观指标(0.1) | 自然湿地率(0.03) | 100% | 9 | 0.270 |
| | | 湿地密度(0.012) | 0.022 | 3 | 0.036 |
| | | 湿地斑块密度(0.018) | 0.138 | 9 | 0.162 |
| | 生物多样性指标(0.45) | 单位面积物种多度(0.108) | 0.515 | 7 | 0.756 |
| | | 植物覆盖度(0.108) | 10.39% | 7 | 0.756 |
| | | 外来物种入侵(0.054) | 有 | 2 | 0.108 |
| | 水环境指标(0.45) | 污染物(0.054) | 有 | 2 | 0.108 |
| | | 富营养(0.081) | 富 | 2 | 0.162 |
| | | 水质级别(0.135) | Ⅲ类 | 5 | 0.675 |
| 人为干扰指标(0.4) | 社会指标(0.4) | 人口密度(0.064) | 648 | 9 | 0.576 |
| | | 利用情况(0.096) | 农业 | 5 | 0.480 |
| | 威胁指标(0.6) | 威胁因子数量(0.084) | 2 | 8 | 0.672 |
| | | 威胁程度(0.156) | 重度 | 2 | 0.312 |

### 3.2.4 长兴岛和横沙岛周缘湿地

长兴岛和横沙岛周缘湿地湿地斑块共11块，湿地总面积66941.33公顷。本次调查共记录到湿地动物22目44科145种，高等植物22科47属53种，湿地植被面积558.97公顷。互花米草在长兴岛的扩散比较缓慢，现有面积40.01公顷，占盐沼植被总面积的1.78%。长兴岛和横沙岛周缘湿地位于长江口，也面临长期的污染物排放以及农业面源污染，对湿地生态环境有潜在威胁。根据本次调查结果、赋值标准、指标权重和综合得分计算方法，长兴岛和横沙岛周缘湿地生态状况得分为5.203。长兴岛和横沙岛周缘湿地生态状况计算见表5-5。

**表5-5 长兴岛和横沙岛周缘湿地生态状况计算**

| 一 级 | 二 级 | 三 级 | 计算值 | 指标赋值 | 分 值 |
|---|---|---|---|---|---|
| 自然指标(0.6) | 景观指标(0.1) | 自然湿地率(0.03) | 100% | 9 | 0.270 |
| | | 湿地密度(0.012) | 0.091 | 9 | 0.108 |
| | | 湿地斑块密度(0.018) | 0.016 | 9 | 0.162 |
| | 生物多样性指标(0.45) | 单位面积物种多度(0.108) | 0.224 | 7 | 0.756 |
| | | 植物覆盖度(0.108) | 0.84% | 5 | 0.540 |
| | | 外来物种入侵(0.054) | 有 | 2 | 0.108 |
| | 水环境指标(0.45) | 污染物(0.054) | 有 | 2 | 0.108 |
| | | 富营养(0.081) | 贫 | 8 | 0.648 |
| | | 水质级别(0.135) | Ⅲ类 | 5 | 0.675 |
| 人为干扰指标(0.4) | 社会指标(0.4) | 人口密度(0.064) | 1144 | 7 | 0.448 |
| | | 利用情况(0.096) | 农业 | 5 | 0.480 |
| | 威胁指标(0.6) | 威胁因子数量(0.084) | 3 | 7 | 0.588 |
| | | 威胁程度(0.156) | 重度 | 2 | 0.312 |

### 3.2.5 金山三岛湿地

金山三岛湿地湿地斑块共6块，湿地总面积115.46公顷。本次调查共记录到湿地动物15目32科48种，高等植物14科18属19种，无湿地植被。无外来物种入侵。金山三岛未受到威胁。根据本次调查结果、赋值标准、指标权重和综合得分计算方法，金山三岛湿地生态状况得分为6.265。金山三岛湿地生态状况计算见表5-6。

**表5-6 金山三岛湿地生态状况计算**

| 一 级 | 二 级 | 三 级 | 计算值 | 指标赋值 | 分 值 |
|---|---|---|---|---|---|
| 自然指标(0.6) | 景观指标(0.1) | 自然湿地率(0.03) | 100% | 9 | 0.270 |
| | | 湿地密度(0.012) | 0.17 | 9 | 0.108 |
| | | 湿地斑块密度(0.018) | 5.197 | 5 | 0.090 |
| | 生物多样性指标(0.45) | 单位面积物种多度(0.108) | 37.242 | 9 | 0.972 |
| | | 植物覆盖度(0.108) | 0 | 1 | 0.108 |
| | | 外来物种入侵(0.054) | 无 | 8 | 0.432 |
| | 水环境指标(0.45) | 污染物(0.054) | 无 | 8 | 0.432 |
| | | 富营养(0.081) | 富 | 2 | 0.162 |
| | | 水质级别(0.135) | Ⅲ类 | 5 | 0.675 |

（续）

| 一 级 | 二 级 | 三 级 | 计算值 | 指标赋值 | 分 值 |
|---|---|---|---|---|---|
| 人为干扰指标(0.4) | 社会指标(0.4) | 人口密度(0.064) | 1135 | 7 | 0.448 |
| | | 利用情况(0.096) | 农业 | 5 | 0.480 |
| | 威胁指标(0.6) | 威胁因子数量(0.084) | 0 | 10 | 0.840 |
| | | 威胁程度(0.156) | 安全 | 8 | 1.248 |

### 3.2.6 崇明东滩鸟类国家级自然保护区

崇明东滩鸟类国家级自然保护区湿地斑块共10块，湿地总面积24155公顷。本次调查共记录到湿地动物24目42科113种，高等植物18科45属53种，湿地植被面积3480.72公顷。自然保护区范围内入侵物种为互花米草。互花米草入境面积约1377.45公顷，占盐沼植被总面积的30.41%。崇明东滩鸟类国家级自然保护区位于长江口，长期受到长江径流携带及东海沿岸部分城市的工农业生产所产生的入海陆源污染物影响，以及停泊在两通港等潮沟中的捕捞船只带来的机油和生活垃圾污染，对湿地环境，特别是水质造成一定的影响。根据本次调查结果、赋值标准、指标权重和综合得分计算方法，崇明东滩鸟类国家级自然保护区生态状况得分为6.975。崇明东滩鸟类国家级自然保护区湿地生态状况计算见表5-7。

**表5-7 崇明东滩鸟类国家级自然保护区生态状况计算**

| 一 级 | 二 级 | 三 级 | 计算值 | 指标赋值 | 分 值 |
|---|---|---|---|---|---|
| 自然指标(0.6) | 景观指标(0.1) | 自然湿地率(0.03) | 100% | 9 | 0.270 |
| | | 湿地密度(0.012) | 0.10 | 9 | 0.108 |
| | | 湿地斑块密度(0.018) | 0.040 | 9 | 0.162 |
| | 生物多样性指标(0.45) | 单位面积物种多度(0.108) | 0.591 | 7 | 0.756 |
| | | 植物覆盖度(0.108) | 14.09% | 7 | 0.756 |
| | | 外来物种入侵(0.054) | 有 | 2 | 0.108 |
| | 水环境指标(0.45) | 污染物(0.054) | 无 | 8 | 0.432 |
| | | 富营养(0.081) | 贫 | 8 | 0.648 |
| | | 水质级别(0.135) | Ⅲ类 | 5 | 0.675 |
| 人为干扰指标(0.4) | 社会指标(0.4) | 人口密度(0.064) | 573 | 9 | 0.576 |
| | | 利用情况(0.096) | 农业 | 5 | 0.480 |
| | 威胁指标(0.6) | 威胁因子数量(0.084) | 1 | 9 | 0.756 |
| | | 威胁程度(0.156) | 安全 | 8 | 1.248 |

### 3.2.7 九段沙湿地国家级自然保护区

九段沙湿地国家级自然保护区湿地斑块共9块，湿地总面积41281.72公顷。本次调查共记录到湿地动物21目38科98种，高等植物16科45属49种，湿地植被面积5240.79公顷。自然保护区范围内入侵物种为互花米草，互花米草入境面积约1708.57公顷，占盐沼植被总面积的

47.45%。九段沙湿地国家级保护区内受到的其他人为干扰较少，也没有其他的威胁。根据本次调查结果、赋值标准、指标权重和综合得分计算方法，九段沙湿地国家级自然保护区生态状况得分为6.816。九段沙国家级自然保护区湿地生态状况计算见表5-8。

**表5-8 九段沙湿地国家级自然保护区生态状况计算**

| 一 级 | 二 级 | 三 级 | 计算值 | 指标赋值 | 分 值 |
|---|---|---|---|---|---|
| 自然指标(0.6) | 景观指标(0.1) | 自然湿地率(0.03) | 100% | 9 | 0.270 |
| | | 湿地密度(0.012) | 0.11 | 9 | 0.108 |
| | | 湿地斑块密度(0.018) | 0.022 | 9 | 0.162 |
| | 生物多样性指标(0.45) | 单位面积物种多度(0.108) | 0.325 | 7 | 0.756 |
| | | 植物覆盖度(0.108) | 12.70% | 7 | 0.756 |
| | | 外来物种入侵(0.054) | 有 | 2 | 0.108 |
| | 水环境指标(0.45) | 污染物(0.054) | 无 | 8 | 0.432 |
| | | 富营养(0.081) | 中 | 5 | 0.405 |
| | | 水质级别(0.135) | Ⅲ类 | 5 | 0.675 |
| 人为干扰指标(0.4) | 社会指标(0.4) | 人口密度(0.064) | 573 | 9 | 0.576 |
| | | 利用情况(0.096) | 农业 | 5 | 0.480 |
| | 威胁指标(0.6) | 威胁因子数量(0.084) | 1 | 9 | 0.756 |
| | | 威胁程度(0.156) | 安全 | 8 | 1.248 |

### 3.2.8 长江口中华鲟自然保护区

长江口中华鲟自然保护区湿地斑块共20块，湿地总面积69600公顷。本次调查共记录到湿地动物21目39科121种，高等植物41科83属103种，湿地植被面积3480.72公顷。长江口中华鲟自然保护区受到外来物种入侵的威胁。长江口中华鲟自然保护区内受到的其他人为干扰较少，也没有其他的威胁。根据本次调查结果、赋值标准、指标权重和综合得分计算方法，长江口中华鲟自然保护区生态状况得分为7.059。长江口中华鲟自然保护区湿地生态状况计算见表5-9。

**表5-9 长江口中华鲟自然保护区生态状况计算**

| 一 级 | 二 级 | 三 级 | 计算值 | 指标赋值 | 分 值 |
|---|---|---|---|---|---|
| 自然指标(0.6) | 景观指标(0.1) | 自然湿地率(0.03) | 100% | 9 | 0.270 |
| | | 湿地密度(0.012) | 0.05 | 9 | 0.108 |
| | | 湿地斑块密度(0.018) | 0.028 | 9 | 0.162 |
| | 生物多样性指标(0.45) | 单位面积物种多度(0.108) | 0.276 | 7 | 0.756 |
| | | 植物覆盖度(0.108) | 12.70% | 7 | 0.756 |
| | | 外来物种入侵(0.054) | 有 | 2 | 0.108 |

（续）

| 一 级 | 二 级 | 三 级 | 计算值 | 指标赋值 | 分 值 |
|---|---|---|---|---|---|
| 自然指标(0.6) | 水环境指标(0.45) | 污染物(0.054) | 无 | 8 | 0.432 |
| | | 富营养(0.081) | 贫 | 8 | 0.648 |
| | | 水质级别(0.135) | Ⅲ类 | 5 | 0.675 |
| 人为干扰指标(0.4) | 社会指标(0.4) | 人口密度(0.064) | 0 | 9 | 0.576 |
| | | 利用情况(0.096) | 农业 | 5 | 0.480 |
| | 威胁指标(0.6) | 威胁因子数量(0.084) | 0 | 10 | 0.840 |
| | | 威胁程度(0.156) | 安全 | 8 | 1.248 |

### 3.2.9 金山三岛海洋生态自然保护区

金山三岛海洋生态自然保护区湿地斑块共6块，湿地总面积115.46公顷。本次调查共记录到湿地动物15目32科48种，高等植物14科18属19种，无湿地植被。无外来物种入侵。金山三岛未受到威胁。根据本次调查结果、赋值标准、指标权重和综合得分计算方法，金山三岛海洋生态自然保护区生态状况得分为6.265。金山三岛海洋生态自然保护区生态状况计算见表5-10。

**表5-10 金山三岛海洋生态自然保护区生态状况计算**

| 一 级 | 二 级 | 三 级 | 计算值 | 指标赋值 | 分 值 |
|---|---|---|---|---|---|
| 自然指标(0.6) | 景观指标(0.1) | 自然湿地率(0.03) | 100% | 9 | 0.270 |
| | | 湿地密度(0.012) | 0.17 | 9 | 0.108 |
| | | 湿地斑块密度(0.018) | 5.197 | 5 | 0.090 |
| | 生物多样性指标(0.45) | 单位面积物种多度(0.108) | 37.242 | 9 | 0.972 |
| | | 植物覆盖度(0.108) | 0% | 1 | 0.108 |
| | | 外来物种入侵(0.054) | 无 | 8 | 0.432 |
| | 水环境指标(0.45) | 污染物(0.054) | 无 | 8 | 0.432 |
| | | 富营养(0.081) | 富 | 2 | 0.162 |
| | | 水质级别(0.135) | Ⅲ类 | 5 | 0.675 |
| 人为干扰指标(0.4) | 社会指标(0.4) | 人口密度(0.064) | 1135 | 7 | 0.448 |
| | | 利用情况(0.096) | 农业 | 5 | 0.480 |
| | 威胁指标(0.6) | 威胁因子数量(0.084) | 0 | 10 | 0.840 |
| | | 威胁程度(0.156) | 安全 | 8 | 1.248 |

### 3.2.10 南汇东滩野生动物禁猎区

南汇东滩野生动物禁猎区湿地斑块共17块，湿地总面积1781.27公顷。本次调查共记录到湿地动物28目50科137种，高等植物21科37属43种，湿地植被面积689.68公顷。南汇东滩野生动物禁猎区主要入侵物种为互花米草，互花米草入境面积2069.01公顷，占盐沼植被总面积的39.55%。南汇东滩禁猎区受到基建和城市化、围垦、外来物种入侵的威胁。根据本次调查结果、赋值标准、指标权重和综合得分计算方法，南汇东滩野生动物禁猎区湿地生态状况得分为6.775。南汇东滩野生动物禁猎区湿地生态状况计算见表5-11。

**表5-11　南汇东滩野生动物禁猎区生态状况计算**

| 一　级 | 二　级 | 三　级 | 计算值 | 指标赋值 | 分　值 |
|---|---|---|---|---|---|
| 自然指标(0.6) | 景观指标(0.1) | 自然湿地率(0.03) | 70.18% | 9 | 0.270 |
| | | 湿地密度(0.012) | 0.059 | 9 | 0.108 |
| | | 湿地斑块密度(0.018) | 0.954 | 7 | 0.126 |
| | 生物多样性指标(0.45) | 单位面积物种多度(0.108) | 8.030 | 9 | 0.972 |
| | | 植物覆盖度(0.108) | 38.72% | 9 | 0.972 |
| | | 外来物种入侵(0.054) | 有 | 2 | 0.108 |
| | 水环境指标(0.45) | 污染物(0.054) | 无 | 8 | 0.432 |
| | | 富营养(0.081) | 富 | 2 | 0.162 |
| | | 水质级别(0.135) | Ⅱ类 | 7 | 0.945 |
| 人为干扰指标(0.4) | 社会指标(0.4) | 人口密度(0.064) | 974 | 7 | 0.448 |
| | | 利用情况(0.096) | 农业 | 5 | 0.480 |
| | 威胁指标(0.6) | 威胁因子数量(0.084) | 4 | 6 | 0.504 |
| | | 威胁程度(0.156) | 安全 | 8 | 1.248 |

### 3.2.11　崇明西沙湿地公园

崇明西沙湿地公园湿地斑块共2块，湿地总面积305.81公顷。本次调查共记录到湿地动物13目31科61种，高等植物31科65属78种，湿地植被面积175.44公顷。崇明西沙湿地公园的盐沼植被主要是芦苇，外来物种有加拿大一枝黄花，但是并未形成大片群落对本地物种构成威胁。崇明西沙湿地公园没有受到威胁，仅受到污染的潜在威胁。根据本次调查结果、赋值标准、指标权重和综合得分计算方法崇明西沙湿地公园湿地生态状况得分为7.005。崇明西沙湿地公园湿地生态状况计算见表5-12。

**表5-12　崇明西沙湿地公园生态状况计算**

| 一　级 | 二　级 | 三　级 | 计算值 | 指标赋值 | 分　值 |
|---|---|---|---|---|---|
| 自然指标(0.6) | 景观指标(0.1) | 自然湿地率(0.03) | 100% | 9 | 0.270 |
| | | 湿地密度(0.012) | 0.5 | 9 | 0.108 |
| | | 湿地斑块密度(0.018) | 0.654 | 9 | 0.162 |
| | 生物多样性指标(0.45) | 单位面积物种多度(0.108) | 38.258 | 9 | 0.972 |
| | | 植物覆盖度(0.108) | 57.37% | 9 | 0.972 |
| | | 外来物种入侵(0.054) | 有 | 2 | 0.108 |

（续）

| 一 级 | 二 级 | 三 级 | 计算值 | 指标赋值 | 分 值 |
|---|---|---|---|---|---|
| 自然指标(0.6) | 水环境指标(0.45) | 污染物(0.054) | 无 | 8 | 0.432 |
| | | 富营养(0.081) | 富 | 2 | 0.162 |
| | | 水质级别(0.135) | Ⅲ类 | 5 | 0.675 |
| 人为干扰指标(0.4) | 社会指标(0.4) | 人口密度(0.064) | 262 | 9 | 0.576 |
| | | 利用情况(0.096) | 农业 | 5 | 0.480 |
| | 威胁指标(0.6) | 威胁因子数量(0.084) | 0 | 10 | 0.840 |
| | | 威胁程度(0.156) | 安全 | 8 | 1.248 |

### 3.2.12 淀山湖区

淀山湖区湿地斑块共14块，湿地总面积5584.51公顷。本次调查共记录到湿地动物25目52科106种，高等植物33科56属77种，湿地植被面积113.49公顷。淀山湖区无外来物种入侵。淀山湖受到基建和城市化、围垦、污染、水利工程和引排水的影响。根据本次调查结果、赋值标准、指标权重和综合得分计算方法，淀山湖区湿地生态状况得分为6.150。淀山湖区湿地生态状况计算见表5-13。

**表5-13 淀山湖区生态状况计算**

| 一 级 | 二 级 | 三 级 | 计算值 | 指标赋值 | 分 值 |
|---|---|---|---|---|---|
| 自然指标(0.6) | 景观指标(0.1) | 自然湿地率(0.03) | 100% | 9 | 0.270 |
| | | 湿地密度(0.012) | 0.05 | 9 | 0.108 |
| | | 湿地斑块密度(0.018) | 0.251 | 9 | 0.162 |
| | 生物多样性指标(0.45) | 单位面积物种多度(0.108) | 2.650 | 7 | 0.756 |
| | | 植物覆盖度(0.108) | 2.03% | 5 | 0.540 |
| | | 外来物种入侵(0.054) | 无 | 8 | 0.432 |
| | 水环境指标(0.45) | 污染物(0.054) | 有 | 2 | 0.108 |
| | | 富营养(0.081) | 中 | 5 | 0.405 |
| | | 水质级别(0.135) | Ⅱ类 | 7 | 0.945 |
| 人为干扰指标(0.4) | 社会指标(0.4) | 人口密度(0.064) | 498 | 9 | 0.576 |
| | | 利用情况(0.096) | 农业 | 5 | 0.480 |
| | 威胁指标(0.6) | 威胁因子数量(0.084) | 3 | 7 | 0.588 |
| | | 威胁程度(0.156) | 轻度 | 5 | 0.780 |

### 3.2.13 青草沙水库

青草沙水库湿地斑块共6块，湿地总面积6495.82公顷。本次调查共记录到湿地动物21目34科72种，高等植物19科36属40种，湿地植被面积1965.27公顷。青草沙水库中有外来物种加拿大一枝黄花，但并没有大面积的生长对本地物种造成威胁。青草沙水库内并未受到其他威胁因子的影响。根据本次调查结果、赋值标准、指标权重和综合得分计算方法，青草沙水库湿地生态状况得分为7.975。青草沙水库湿地生态状况计算见表5-14。

**表5-14 青草沙水库生态状况计算**

| 一 级 | 二 级 | 三 级 | 计算值 | 指标赋值 | 分 值 |
| --- | --- | --- | --- | --- | --- |
| 自然指标(0.6) | 景观指标(0.1) | 自然湿地率(0.03) | 37.56% | 5 | 0.150 |
| | | 湿地密度(0.012) | 0.17 | 9 | 0.108 |
| | | 湿地斑块密度(0.018) | 0.092 | 9 | 0.162 |
| | 生物多样性指标(0.45) | 单位面积物种多度(0.108) | 1.432 | 9 | 0.972 |
| | | 植物覆盖度(0.108) | 30.25% | 9 | 0.972 |
| | | 外来物种入侵(0.054) | 无 | 8 | 0.432 |
| | 水环境指标(0.45) | 污染物(0.054) | 有 | 2 | 0.108 |
| | | 富营养(0.081) | 贫 | 8 | 0.648 |
| | | 水质级别(0.135) | Ⅰ类 | 9 | 1.215 |
| 人为干扰指标(0.4) | 社会指标(0.4) | 人口密度(0.064) | 1434 | 7 | 0.448 |
| | | 利用情况(0.096) | 水源地 | 7 | 0.672 |
| | 威胁指标(0.6) | 威胁因子数量(0.084) | 0 | 10 | 0.840 |
| | | 威胁程度(0.156) | 安全 | 8 | 1.248 |

### 3.2.14 陈行水库

陈行水库湿地斑块共2块，湿地总面积343.78公顷。本次调查共记录到湿地动物12目26科33种，高等植物8科14属15种，湿地植被面积1.49公顷。陈行水库受到泥沙淤积和盐水入侵的潜在威胁。根据本次调查结果、赋值标准、指标权重和综合得分计算方法，陈行水库湿地生态状况得分为7.359。陈行水库湿地生态状况计算见表5-15。

**表5-15 陈行水库生态状况计算**

| 一 级 | 二 级 | 三 级 | 计算值 | 指标赋值 | 分 值 |
| --- | --- | --- | --- | --- | --- |
| 自然指标(0.6) | 景观指标(0.1) | 自然湿地率(0.03) | 0 | 3 | 0.090 |
| | | 湿地密度(0.012) | 0.5 | 9 | 0.108 |
| | | 湿地斑块密度(0.018) | 0.582 | 7 | 0.126 |
| | 生物多样性指标(0.45) | 单位面积物种多度(0.108) | 9.890 | 9 | 0.972 |
| | | 植物覆盖度(0.108) | 0.43% | 5 | 0.540 |
| | | 外来物种入侵(0.054) | 无 | 8 | 0.432 |
| | 水环境指标(0.45) | 污染物(0.054) | 无 | 8 | 0.432 |
| | | 富营养(0.081) | 贫 | 8 | 0.648 |
| | | 水质级别(0.135) | Ⅲ类 | 5 | 0.675 |

（续）

| 一 级 | 二 级 | 三 级 | 计算值 | 指标赋值 | 分 值 |
|---|---|---|---|---|---|
| 人为干扰指标(0.4) | 社会指标(0.4) | 人口密度(0.064) | 572 | 9 | 0.576 |
| | | 利用情况(0.096) | 水源地 | 7 | 0.672 |
| | 威胁指标(0.6) | 威胁因子数量(0.084) | 0 | 10 | 0.840 |
| | | 威胁程度(0.156) | 安全 | 8 | 1.248 |

根据计算所得出上海14个重点调查湿地生态状况综合得分见表5-16。由自然断点法(Nature breaks)，将自然湿地生态状况划分为3个等级，具体为：5.07～5.20评定为等级“差”；5.20～6.26评定为等级“中”；6.26～7.98评定为等级“好”。总体来看，国家湿地公园、国家级自然保护区、省级自然保护区、重要大型水库湿地生态状况相对良好。

**表5-16 重点调查湿地生态状况综合得分统计**

| 序 号 | 重点调查湿地名称 | 湿地面积（公顷） | 列入条件 | 行政区域 | 综合得分 | 等 级 |
|---|---|---|---|---|---|---|
| 1 | 崇明东滩国际重要湿地 | 25828.90 | 国际重要湿地 | 崇明县 | 6.075 | 中 |
| 2 | 长江口中华鲟国际重要湿地 | 3977.62 | 国际重要湿地 | 崇明县 | 7.119 | 好 |
| 3 | 崇明岛周缘湿地 | 33366.81 | 国家重要湿地 | 崇明县 | 5.073 | 差 |
| 4 | 长兴岛和横沙岛周缘湿地 | 66941.33 | 国家重要湿地 | 崇明县 | 5.203 | 差 |
| 5 | 金山三岛湿地 | 115.46 | 国家重要湿地 | 金山区 | 6.265 | 中 |
| 6 | 崇明东滩鸟类国家级自然保护区 | 24697.31 | 国家级自然保护区 | 崇明县 | 6.975 | 好 |
| 7 | 九段沙湿地国家级自然保护区 | 41281.72 | 国家级自然保护区 | 浦东新区 | 6.816 | 好 |
| 8 | 长江口中华鲟自然保护区 | 70948.86 | 省级自然保护区 | 崇明县 | 7.059 | 好 |
| 9 | 南汇东滩野生动物禁猎区 | 1781.27 | 自然保护小区 | 浦东新区 | 6.265 | 中 |
| 10 | 金山三岛海洋生态自然保护区 | 115.46 | 省级自然保护区 | 金山区 | 6.775 | 好 |
| 11 | 崇明西沙湿地公园 | 305.81 | 国家级湿地公园 | 崇明县 | 7.005 | 好 |
| 12 | 淀山湖区 | 5584.51 | 上海特殊意义 | 青浦区 | 6.150 | 中 |
| 13 | 青草沙水库 | 6495.82 | 上海特殊意义 | 崇明县 | 7.975 | 好 |
| 14 | 陈行水库 | 343.78 | 上海特殊意义 | 宝山区 | 7.359 | 好 |

# 第二节
# 湿地受威胁状况

## 1　受威胁状况

上海市 14 个重点调查湿地受到不同程度的威胁，人为活动对湿地生态系统影响和干扰较大。湿地主要威胁因子有：外来物种入侵、围垦、基建和城市化，少数重点调查湿地已受到环境污染威胁。

14 个重点调查湿地中 64. 3% 的湿地受威胁等级为安全，14. 3% 的湿地受轻度威胁，21. 4% 的湿地受重度威胁。受重度威胁的重点调查湿地为崇明岛周缘湿地、南汇东滩野生动物禁猎区、长兴岛和横沙岛周缘湿地；受轻度威胁湿地为崇明东滩国际重要湿地、淀山湖区。总的来看，国际重要湿地、国家重要湿地和自然保护区湿地受威胁较小。

14 个重点调查湿地中，外来物种互花米草对其中 6 个湿地，即崇明东滩国际重要湿地、崇明东滩鸟类国家级自然保护区、崇明岛周缘湿地、长江口中华鲟自然保护区、南汇东滩野生动物禁猎区、九段沙湿地国家级自然保护区影响严重。基建和城市化主要对崇明岛周缘湿地、南汇东滩野生动物禁猎区、长兴岛和横沙岛周缘湿地 3 个重点调查湿地影响严重。淀山湖区、长兴岛和横沙岛周缘湿地等 2 个重点调查湿地受到一定程度的污染威胁，但长江口污染情况不容忽视，其他湿地仍然面临较大的潜在污染威胁。

## 2　原因分析

### 2.1　快速城市化是影响湿地面积和分布的主要威胁

城市化是人类社会发展的必然趋势，也是一个国家走向现代化的必经阶段。在城市化高速发展的上海市，湿地资源正面临着巨大的潜在风险和威胁。城市化直接导致人口增加、建成区域不断扩张、耕地面积不断减少，对湿地的各项功能需求不断增加，给湿地与湿地生态系统造成重要影响。主要表现在：①城市化对建设用地需求直接导致土地利用性质发生变化，部分河流湿地、人工河流、沟渠、种植养殖塘湿地丧失；与此同时，为满足城市用地和耕地占补平衡，不断围垦近海与海岸湿地用于建设用地和农业用地。②高强度的城市化直接改变了地表径流条件，加上为加强运输、排污、除涝功能，对河流沟渠的驳岸硬质化、工农业及生活污染影响等要素，改变了河流湿地的水文动力、水循环条件和水质状况以及湿地动植物多样性。近海岸线工程建设和长江河口综合整治工程则改变了海岸带水文动力条件和地貌等，改变了水沙、营养物质和化学污染物质的迁移转化过程，对近海与海岸湿地及湿地生态系统的结构、功能和演变均造成了重要影响。③随着上海市城市发展水平不断提高，为满足人工景观、旅游休闲等需求，不断建造人工湿地或将自然湿地改造为人工湿地，自然湿地人工化趋势不断加强，改变了湿地类型、结构和功能。典型的如金山奉贤边滩近海与海岸湿地被改造为人造沙滩和人工库塘湿地，为提高居住区域总体景观品质而建设了一批人工景观库塘湿地，如浦东临港新城滴水湖库塘湿地。

上海市城市化建设主要表现在城市人口增加、城市空间建成区域不断扩张，耕地、湿地面积减少和功能退化等方面。

### 2.1.1 城市人口不断快速增长

公元751年(唐天宝十年)，上海市第一个政区——华亭县建置，人口不足9万；到300年后的北宋元丰年间(1078～1085年)人口不过21万；明洪武二十四年(1391年)达到163万；清初顺治二年(1645年)降至155万；百余年后到同治三年(1864年)，上海市人口已达到376万的规模。鸦片战争后，上海市在工业化进程中很快成为全国经济中心。1852～1949年由于经济因素引发人口机械增长，上海市区人口由54.40万增长到545.50万，近百年增长了9倍。这在世界各国大城市工业化早期都是罕见的(胡焕庸等，1987)。

1949年5月27日上海市解放。1949～1958年，上海市人口机械增长和自然增长都很快，到1958年，人口增长至1028.40万人，人数翻了一番。20世纪60年代以后，上海市人口进入了一个长期缓慢发展的阶段，城市化进入整整20年的倒退期，六七十年代的年均人口迁移增长率依次为-8.56%、-1.49%，城市化发展出现“逆城市化”现象。1978年改革开放以来，上海市城区快速拓展，据1979～2012年《上海市统计年鉴》，1979年上海市常住人口为1137.00万人，至2011年增至2347.46万人(上海市统计局，2012)。

采用非农业人口占总人口的比例来衡量城市化水平，根据《上海市统计年鉴》1949～2006年非农业人口和总人口的统计数据，并结合上海市城市化历史发展，1949～2006年上海市城市化发展主要可以分为以下3个阶段：①1959～1977年为逆城市化阶段，城市化水平呈降低趋势，从1959年的68%降至1977年的58%，平均每年降低0.56%；②1978～1993年为城市化加速发展阶段，城市化水平从降低趋势转入增长趋势，从1978年的58.75%增加到1993年的69%；③1994～2011年为城市化高速发展阶段，城市化水平超过70%，表明城市化发展进入后期阶段，至2011年城市化水平高达89.30%(上海市统计局，2001、2012)。

### 2.1.2 城市空间建成区不断扩张

自1978年改革开放后，上海市城市建设进入了一个快速发展时期，城市空间迅猛扩展，根据《中国统计年鉴》(国家统计局，2000～2012)和《新中国五十五年统计资料汇编》(国家统计局，2005)等相关数据，得出上海市1984～2010年的建成区面积，其中由于统计标准的原因，1984年上海市建成区面积为176平方公里，1998～2003年建成区面积统计数据均为550平方公里。到2011年已发展为998.75平方公里，31年内增加了5.67倍，平均每年增加26.54平方公里。其中1994～2011年上海市城市化高速发展期间建成区扩张速度(38.24平方公里/年)为1984～1993年处于城市化加速发展期间(13.78平方公里/年)的3倍。

上海市1987年建成区主要集中在黄浦江以西的中心城区，各时期建成区扩展大致围绕着1987年建成区的外围呈圈层状分布，两个时期城市建设用地的扩展表现出不同的空间扩展特征。1987～1997年内的城市建设用地扩展模式表现为以主城区“单核扩展”为主导，卫星城和郊区城镇的“多核扩展”为辅的空间扩展形式，城市建设用地扩展主要围绕中心市区进行，扩展区域较为集中；1997～2004年的城市建设用地扩展集中度较小，相对分布于外围圈层，且分布幅度也较广，主要表现为“圈层蔓延”和“轴线扩展”。

### 2.1.3 耕地面积不断减少

快速的城市化带来的城镇建设用地的扩张是上海市耕地面积减少的最重要的原因之一。为补偿耕地大面积减少，最直接的途径是对近海与海岸滩涂湿地进行促淤和围垦。根据《上海市统计年鉴》1978~2011年耕地面积数据，1978~2011年上海市耕地面积的总量持续减少，1978年耕地面积为3601.27平方公里，2011年降至1996平方公里，减少了44.58%，平均每年递减47.21平方公里（上海市统计局，2012）。

## 2.2 滩涂围垦导致近海与海岸湿地资源总量和比重不断降低

上海市滩涂围垦历史悠久，早在公元8世纪，就有古捍海塘，以后随着滩涂淤涨，先后修筑了钦公塘、彭公塘、李公塘等，岸线不断外移。新中国建立后为社会经济发展之需要，围垦了大片近海与海岸带滩涂湿地。可以说，近海滩涂湿地圈围的历史，就是上海市发展的历史。没有滩涂湿地，也就没有上海市的今天。

上海市自新中国建立后至2010年的60多年间，每次圈围滩涂湿地万亩以上共38次，沿江沿海圈围近海与海岸湿地共1040.90平方公里（156万亩），年平均圈围2.7万亩。其中，第九个五年计划期间，合计圈围123.09平方公里（18.50万亩），年均圈围约3.60万亩；“十五”期间圈围172.66平方公里（25.90万亩），年均圈围5.20万亩；“十一五”期间圈围53.30平方公里（8.00万亩），年均圈围1.60万亩。随着上海市经济的不断发展，对土地资源的需求量越来越大，围垦的力度也逐渐加大。

当前上海市正处于建设“四个中心”、实施“四个率先”的关键时期，新增土地资源相对短缺与城市化、工业化的强劲需求形成尖锐矛盾，促淤和圈围长江河口沿海滩涂湿地则成为上海市获取土地后备资源的唯一途径。可以预见，上海市滩涂湿地承受来自周边的压力越来越大。如何在保护湿地动态平衡的理念下，科学利用近海与海岸带滩涂湿地资源，为上海市的发展提供土地资源，已经成为目前亟待解决的关键问题。

## 2.3 人类活动和全球气候变化复合作用造成河口海岸湿地资源减少、生境栖息地丧失

长江河口水沙资源丰富，宏丰水量和巨量泥沙塑造了广袤的三角洲平原和宽阔的黄金水道。近年来，长江入海泥沙总量明显减少，主要由于20世纪80年代以来盛行的河道挖砂、90年代开始的流域水土流失治理以及水库修建。近50年，长江流域共修建水库约5万座（其中库容大于1亿立方米的大型水库143座），累积库容约2000亿立方米，相当于长江入海径流量的22%，高于世界平均水平。入海泥沙量急剧减少的一个直接响应，就是长江河口近海与海岸湿地淤涨发生变化，淤涨变缓，部分岸段湿地侵蚀冲刷丧失（张二凤，2004）。

根据安徽大通水文站（干流最下游的水文站，位于河口潮区界，离长江河口口门642公里）多年含沙量及输沙量观测资料，1949~1984年长江来沙量年均为4.86亿吨，1985~1999年年均3.35亿吨，年平均减少约1.51亿吨。特别是2003年三峡水库蓄水以来，大通站入海泥沙创历史最低纪录，2004年仅1.47亿吨，2006年则不足1亿吨。

今后20年内，长江上游还将修建相当于5个三峡工程的梯级电站，加之正在实施中的南水

北调跨流域大型调水工程和流域的生态环境保护，长江的年入海泥沙量可能将不足 2 亿吨。因此，未来长江口河口海岸滩涂湿地演变将会呈现淤涨减缓甚至冲刷的迹象(人工促淤岸段除外)，滩涂湿地的演变将进入一个转型时期。

海岸侵蚀作为一种自然灾害，主要表现在近海与海岸湿地岸线后退和滩涂湿地滩面的刷低。岸线的后退往往首先伴随着滩面的刷低。对于受海岸工程控制的海岸，由于岸线已不可能后退，造成潮间盐水沼泽滩涂湿地或淤泥质潮滩湿地刷低，侵蚀结果是滩面变窄、高程降低、坡度加大，湿地结构发生变化。

我国约有 70% 的沙质海岸和大部分的淤泥质海岸遭受侵蚀，侵蚀岸线长度占全国大陆岸线总长度的 1/3，以开敞淤泥质海岸和废河口三角洲最为严重。20 世纪 60 年代以来，由于长江流域大型水坝的修建，导致长江入海泥沙量持续减少，长江口水下三角洲前缘已开始由淤涨向侵蚀转化。总的来看，上海市海岸侵蚀形势已十分严峻(李行等，2010)。

根据华东师范大学河口海岸学国家重点实验研究表明，上海市宝山区岸段、浦东新区五号沟至三甲港岸段和金山区金山嘴以西岸段侵蚀风险水平最高；浦东新区的其余岸段、奉贤区至金山区金山嘴岸段、横沙通道沿岸、崇明岛西南角正对白茆沙的岸段以及江苏启东市连兴港以西正对顾园沙的岸段为高度侵蚀风险水平；启东港沿岸、崇明岛南岸、长兴岛大部分岸段和横沙岛北岸、太仓市沿岸以及南汇区大治河口以南岸段为中等风险水平岸段；崇明东滩、九段沙以及北支沿岸的部分岸段侵蚀风险水平最低；其余岸段的为低风险岸段(李行等，2010)。

上海市位于河海交汇区域，平均海拔仅为 4 米左右，地势低洼，易受海平面上升和风暴潮影响，对气候变化极其敏感。海平面的上升通过潮流、波浪和风暴潮作用增强，致使潮位升高，风暴潮致灾程度增强，海水入侵距离和面积加大，导致原有大面积河口滩涂湿地被淹没。由于海堤的阻挡，潮间带宽度变窄，坡度加大，引起海岸侵蚀加剧；随着海平面上升带来的水体温度、盐度的变化，将会导致盐沼植被演替过程的改变。因此，全球气候变暖，将导致河口海岸潮间带面积缩小，盐沼植被退化，原以河口海岸湿地为主要栖息地的生物生境萎缩或丧失。尤其是鱼类、底栖生物种群大小与结构发生很大改变，严重影响保护区鸟类栖息环境与食物来源，威胁河口湿地生物多样性保护和上海市城市生态安全(田波等，2010)。

上海市目前海岸线大多受海堤工程控制，已不可能后退，海平面上升导致的海岸侵蚀更多表现为潮滩高程不断降低。未来海平面的上升对侵蚀岸段南汇嘴—金汇港的影响最大，表现为侵蚀和淹没的双重作用。其中该区段的湿地在海平面上升不到 50 厘米时将全部损失。对崇明东滩保护区的研究表明，在海平面上升 10 厘米最小估计情景下，潮间盐水沼泽湿地约 5% 面积将被淹没；海平面上升 88 厘米最大估计情景下约有 2250 公顷，大概 39% 的面积被淹没。长江河口区域的崇明东滩和九段沙均为国家级湿地保护区，滩涂湿地的减少和结构的退化，将会改变鸟类的栖息生境，影响东亚—澳大利亚候鸟在亚洲的迁移(田波等，2011)。

台风和风暴潮灾害一直是影响长江口滩涂湿地安全的重要因素，它将对滩涂湿地造成如下影响：①风暴潮会引起滩涂湿地植被类型变化，湿地植被受损后在很长一段时间内都将无法恢复；②风暴潮会使滩涂湿地生物多样性降低；③风暴潮会使滩涂湿地土壤质量退化，海岸滩涂的破坏反过来又会降低沿海抵御风暴潮侵蚀的能力；④风暴潮会增加滩涂湿地海岸侵蚀。随着全球变暖，广阔的热带洋面上升，气压下降，预计台风将因而增多。据研究，预计到 21 世纪中期，由于气候变暖，北太平洋发生台风的频率将比现在增加2倍，而在中国台风登陆频率亦将增加1.76倍。届时，长江口地区的灾害天气将大大增加。这对于长江口滩涂湿地的生态环境，以及在其中生活的生物来说，将是毁灭性的打击。必须尽快研究对策，建立有效的预警预防体系，把风暴潮对滩涂湿地结构的影响降到最低。

## 2.4 水环境与重金属污染以及外来物种入侵造成湿地生态系统多样性降低、湿地生态功能退化

过去20年间，由于上海市城市工业化进程的快速发展，污染物排放量显著增加，导致长江口、杭州湾水质受到不同程度的污染，有机物、无机氮、活性磷、石油类等都已超过一类海水水质标准，有些水域已成为Ⅲ类或劣Ⅲ类。根据上海市水文总站监测，上海市地表水水质污染仍以有机污染为主。水质的有机污染指标大部分在Ⅱ类至劣Ⅴ类之间。其中长江口、黄浦江上游和崇明岛水质较好，一般为Ⅱ类至Ⅳ类水；内河河网水质较差，一般为Ⅳ类至劣Ⅴ类水。由于污染程度的增加，近年来我国近海赤潮的发生频率在持续增加，对渔业资源产生了严重的危害，长江口邻近海域水产也大量减产。如银鱼的产量在20世纪60年代为329吨/年，而至1989年几近绝种；凤鲚1980年为674吨/年，现已很少；鳗鱼和蟹苗已不成汛。除了渔业资源的衰减，水环境恶化的同时也导致其他生物的衰减，从而影响湿地生物多样性及其生态功能。有资料表明，1998年与1983年相比，浮游生物种类减少69%，底栖生物种类减少54%，底栖生物总量减少88.60%。国家重点保护的野生动物，如中华鲟、白鳍豚、松江鲈鱼、胭脂鱼、小天鹅等的数量也急剧减少；一些种类几乎绝迹。过境和越冬鸟类数量明显下降(陈吉余、陈沈良，2002)。

长江口湿地与我国其他河口如大辽河口、渤海西部潮滩等相比，重金属含量较高，这与长江沿岸城市的工业化程度息息相关。在全球河口湿地中，长江口湿地污染程度居中，相比荷兰等工业化程度很高的国家来说，污染较轻；但与加拿大的一些河口湿地相比，污染较为严重。长江口湿地铜和锌的含量有超标迹象；镉、钴等重金属含量较低。尽管长江河口湿地污染不是很严重，但污染速度较快，环境质量不容乐观。通过调查重金属(铁、锰、铜、锌、铬、铅、钴、镍)在上海市自然湿地的分布，长江口湿地污染程度顺序为：长江口南岸>崇明东滩>杭州湾北岸、九段中沙>奉新边滩。重金属污染最严重的是长江口南岸，相比上海市潮滩背景值而言，所评价的各种元素严重超标。污染较轻的是九段中沙与奉贤边滩，这些地区几乎没有大的工业污染源，污染主要来自于农业，长兴与横沙岛边滩地理位置类似于九段沙，是污染较轻的滩涂湿地。

上海市湿地除面临水质恶化、重金属污染加重等环境问题外，还面临着外来物种入侵的重大威胁。最为显著的就是近海与海岸湿地上的外来物种互花米草的蔓延问题。2003年，互花米草已被列为我国第一批16种外来入侵物种之一。互花米草挤占了湿地本土植被的生长空间，同时由于互花米草并不适宜鸟类栖息，互花米草的入侵对当地的鸟类群落带来不利的影响，导致鸟类的种类和数量的减少。互花米草在不少地方快速扩散，对当地湿地生态系统带来影响，同时也给滩涂养殖等带来直接经济损失。2003年，上海市滩涂湿地外来物种互花米草群落总面积为4553.37公顷，占滩涂植被总面积的21.40%。本次调查表明，互花米草群落现已广泛分布于长江河口近海与海岸带湿地地区，其中南汇边滩最多，为2069.01公顷，其次是崇明东滩和九段沙，分别为910.17公顷和769.05公顷。人工引种是互花米草种群在上海市滩涂成功扩散的重要原因。对外来

物种的控制和管理，不仅对长江口，对目前国际上大多数河口湿地而言，都是不容回避的科学问题。

### 2.5 湿地生物资源过度利用和破坏

上海市的湿地生物多样性呈不断下降趋势，部分源于湿地资源没有得到合理的保护利用。由于受到过度围垦、捕捞、偷猎鸟类以及外来物种入侵的影响，导致上海市湿地的生物多样性明显下降(操文颖等，2008)。崇明东滩牛群放牧使得大片的盐沼植被被牛群踩踏成“泥浆地”，危害了动植物的生存，严重破坏了生境多样性。湿地中浮游生物和底栖生物的物种多样性也有所减少，部分浮游生物种类异常增殖发生赤潮。底栖生物生物量也有所减少，群落结构趋向简单，表现为单种优势，导致生物多样性下降。

据近20年的资料对比，1998年与1983年相比，上海市湿地浮游生物种类减少69%，底栖生物种类减少54%，底栖生物生物量减少88.60%；河口区浮游动物在20世纪80年代初期有105种，90年代初仅有76种左右，减少27.60%，90年代末期仅为20种左右。在21世纪初的几次调查中，浮游动物种类数均值为25种，与90年代初相比减少67%(谢小平，2005)。长江冲淡水区20世纪80年代初期浮游动物种类数有81种，90年代末期平均为33种左右，至21世纪初约为35种。河口区21世纪初，潮下带底栖生物种类数仅为1978～1979年东海污染调查种类数的22.60%(后者包含部分杭州湾物种)。长江冲淡水区21世纪初，潮下带底栖生物种类数仅为1978～1979年东海污染调查种类数的8.30%(王金辉等，2004)。

国家重点保护野生动物，如小天鹅等的数量急剧减少，一些种类几乎绝迹，过境和越冬鸟类数量明显下降，经济水产品的产量也大大下降。例如，小天鹅的数量由20世纪90年代初期的3000余只下降到目前的百余只，越冬雁鸭类的数量由20世纪90年代中期的数十万只下降到目前的数万只。根据对20世纪80年代和近年来水鸟数量的比较，只有少数水鸟的数量有所增加，而有近一半种类水鸟的数量下降了一个数量级。

据统计，上海市渔业捕捞产量整体趋势呈振荡下降。20世纪90年代后期略有上升趋势外，其他各年份产量均低于平均产量。整个长江口水域渔业资源量呈现全面衰退的趋势，只是近年来衰退趋势逐渐趋于缓和，但产量仅在低水平上平稳，主要原因是近20年来不断加强的渔业管理措施发挥了作用(操文颖等，2008)。目前，只有风鲚产量相对稳定；前颌间银鱼已几近绝产；刀鲚、中华绒螯蟹、日本鳗鲡苗产量持续下跌，且极不稳定，难以形成渔汛，已经对渔业生产造成了严重影响。鲸、豚类大型哺乳动物以及海龟等已十分罕见。中华鲟、白鳍豚、松江鲈鱼、胭脂鱼、江豚数量本来十分稀少，且呈减少趋势。除历史记录外，近年来在河口已看不到白鳍豚、江豚出现。

## 3 小 结

上海市湿地生态环境受自然环境变化(风暴潮、海水入侵、海平面上升等)和人类活动的影响，生态环境极其脆弱。上海市地处海洋、淡水、陆地间的过渡区域，区域内自然资源、自然环境和人类开发活动的相互作用最为活跃。在海洋生态系统和陆地生态系统相互交错作用下，容易受自然因素和人为因素的干扰影响，湿地生态系统的不稳定性和脆弱性表现极为突出，是典型的生态环境脆弱区域。

上海市“四个率先”以及国际经济、金融、贸易及航运四个中心建设目标，使得城市人口快速增长、城市区域不断扩张以及市民群众对生态宜居、美好生活需求等诸多方面对湿地资源和功能提出更高的要求。另一方面，湿地面临资源总量与环境容量不足，受自然和人类活动影响加剧、湿地生态环境退化、资源承载力降低的现实状况。

城市发展需要不断攫取和利用湿地资源和效益，同时需要保护湿地资源免受过度开发、功能结构保持良好状态。这造就了众多湿地保护和利用的问题。上海市湿地资源的保护与利用开发这对矛盾需要在某个“程度”上达到统一，在这个“度”上，既满足上海市社会经济发展对湿地资源和效益的需求，又有足够良好的湿地系统满足上海市所需要的社会经济生态服务功能。

## 第三节 湿地资源变化及其原因分析

1998 ~2000 年，上海市在国家林业局组织下，开展了第一次大规模的湿地资源调查，调查湿地类型主要有 4 类 6 型，5 个重点调查湿地，调查最小湿地斑块面积为 100 公顷。2011 ~2012 年，上海市开展第二次湿地资源调查，调查湿地类型涉及 5 类 13 型，14 个重点调查湿地，调查最小湿地斑块面积为 8 公顷。第二次调查在湿地遥感详细判读解译基础上，做到了 100% 全覆盖现地湿地斑块修验。10 年来由于遥感、GIS 以及计算机技术进步和发展、财政投入的大幅度提高以及湿地历年监测技术与成果的积累，上海市第二次湿地资源调查在湿地类型分类与界定、调查数据精度、技术水平、成果质量等方面比第一次有了较大的提高。

### 1 湿地资源类型与面积变化分析

由于第一次、第二次湿地资源调查湿地斑块最小起调面积不同，调查湿地类型在划分标准体系上也有不同。第二次湿地资源调查对湿地类型进行了更全面、更详细的界定，新增加了一些湿地调查类型。依照同等类型同等条件(起调面积 100 公顷以上，近海与海岸湿地依照水深 5 米标准)比较，第一次湿地资源调查湿地面积为 319714. 22 公顷，第二次湿地资源调查湿地面积为 269195. 09 公顷，湿地资源总量相比明显减少，减少值为 50519. 13 公顷，减少率为 15. 80%(表 5-17，图 5-1)。

对于占上海主要湿地资源的近海与海岸湿地部分，由于第一次湿地资源调查时近海与海岸湿地调查标准为水深不超过 5 米的海域和河口水域，本次调查对近海与海岸湿地界定为水深不超过 6 米的海域和河口水域，因此两次数据结果只能相对比较。根据调查结果，第一次湿地调查近海与海岸湿地面积为 305421. 39 公顷，依照同等水深标准测算，本次调查水深不超过 5 米的近海与海岸湿地面积为 250902. 14 公顷。近 10 年来近海与海岸湿地资源显著减少，减少面积为 54519. 25 公顷，减少率达到 17. 85%。其原因主要是滩涂湿地围垦、长江上游来水来沙减少以及海岸带侵蚀。

**表 5-17 第一次与第二次湿地资源调查湿地类型及面积变化分析(公顷)**

<table>
<tr><th colspan="3">第一次湿地资源调查</th><th colspan="3">第二次湿地资源调查</th><th rowspan="2">变化值</th></tr>
<tr><th>湿地类</th><th>湿地型</th><th>面　积</th><th>湿地类</th><th>湿地型</th><th>面　积</th></tr>
<tr><td rowspan="7">近海与海岸湿地</td><td rowspan="2">岩石海岸</td><td rowspan="2">2501.85</td><td rowspan="7">近海与海岸湿地</td><td>浅海水域</td><td>3250.48</td><td rowspan="2"></td></tr>
<tr><td>岩石海岸</td><td>39.43</td></tr>
<tr><td rowspan="2">淤泥质海滩</td><td rowspan="2">13494.97</td><td>淤泥质海滩</td><td>43610.99</td><td rowspan="2"></td></tr>
<tr><td>潮间盐水沼泽</td><td>17794.53</td></tr>
<tr><td rowspan="2">河口水域</td><td rowspan="2">289404.57</td><td>河口水域</td><td>172764.51</td><td rowspan="2"></td></tr>
<tr><td>三角洲/沙洲/沙岛</td><td>13442.20</td></tr>
<tr><td>共　计</td><td>305421.39</td><td>共　计</td><td>250902.14</td><td>-54519.25</td></tr>
<tr><td>河流湿地</td><td>永久性河流</td><td>7190.71</td><td>河流湿地</td><td>永久性河流</td><td>7241.46</td><td>50.75</td></tr>
<tr><td>湖泊湿地</td><td>永久性淡水湖</td><td>6803.11</td><td>湖泊湿地</td><td>永久性淡水湖</td><td>5123.58</td><td>-1679.53</td></tr>
<tr><td rowspan="3">沼泽湿地</td><td rowspan="3">—</td><td rowspan="3">—</td><td rowspan="3">沼泽湿地</td><td>草本沼泽</td><td>8668.56</td><td></td></tr>
<tr><td>森林沼泽</td><td>160.84</td><td></td></tr>
<tr><td>共　计</td><td>8829.40</td><td></td></tr>
<tr><td rowspan="4">人工湿地</td><td rowspan="4">库塘</td><td rowspan="4">299.00</td><td rowspan="4">人工湿地</td><td>库塘</td><td>5927.90</td><td>5628.90</td></tr>
<tr><td>运河/输水河</td><td>25369.08</td><td></td></tr>
<tr><td>水产养殖场</td><td>3486.42</td><td></td></tr>
<tr><td>共　计</td><td>34783.40</td><td></td></tr>
<tr><td colspan="2">总　计</td><td>319714.22</td><td></td><td>总　计</td><td>269195.09</td><td>-50519.13</td></tr>
</table>

注：第二次湿地资源调查各湿地类型按斑块面积 100 公顷以上进行统计，近海与海岸湿地面积依照第一次湿地资源调查，按低潮线水深 5 米同等标准计算。

本次调查发现河流湿地主要是永久性河流湿地相比第一次调查，由 7190.71 公顷增加到 7241.46 公顷，增加面积为 50.75 公顷，其原因主要是部分河流湿地河段开挖和机械疏浚的结果。

上海湖泊湿地主要为永久性淡水湖，通过调查，湖泊湿地由第一次调查的 6803.11 公顷减少到现在的 5123.58 公顷，减少面积为 1679.53 公顷。湖泊湿地减少原因主要是部分湖泊湿地围垦为农田和人工养殖塘湿地。

第一次调查对人工湿地仅调查了库塘湿地，本次调查新增了运河/输水河湿地、人工养殖塘湿地等人工湿地类型。近 10 年来，由于上海城市建设飞速发展，新增建设了青草沙水库、南汇滴水湖、崇明北湖、金山城市沙滩、奉贤碧海金沙景区等库塘湿地，上海市域内面积 100 公顷以上的库塘人工湿地显著增加，由第一次湿地调查的 299.00 公顷增加到第二次湿地调查时的 5927.90 公顷，共增加 5628.90 公顷，增加量是第一次调查时库塘湿地资源的 18.83 倍。

第二次湿地资源调查新增加了沼泽湿地类型调查。上海市主要有草本沼泽和森林沼泽两种类型沼泽湿地。面积 100 公顷以上的沼泽湿地，总面积为 8829.40 公顷，其中草本沼泽为 8668.56 公顷，森林沼泽为 160.84 公顷。森林沼泽的出现主要是因为近 10 年来上海崇明生态岛植树造林工

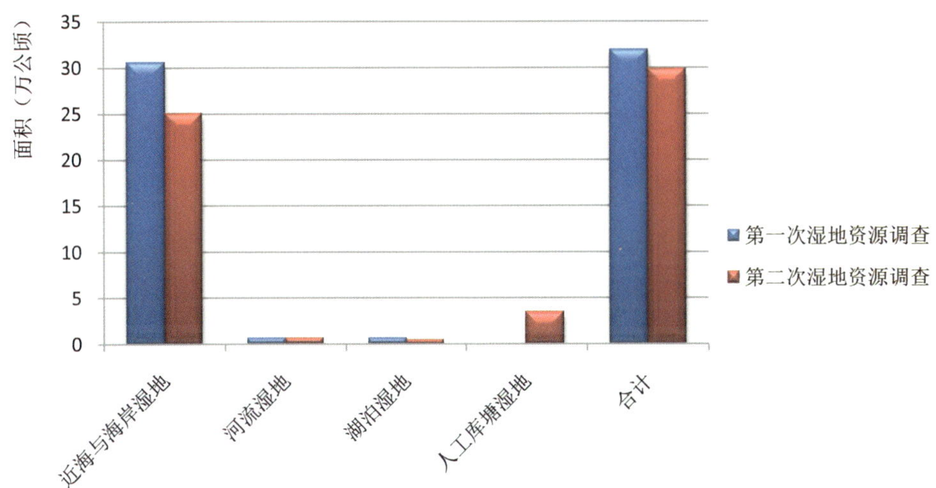


图 **5-1**　第一次与第二次湿地资源调查同类型同等条件湿地面积变化趋势分析

程建设的结果。

总的来看，近 10 年来，上海湿地资源结构、功能、面积和分布发生很大变化，人工湿地显著增加，但湿地资源总量呈现下降趋势，特别是近海与海岸湿地资源大量减少。

## 2　湿地地块变化与原因分析

以第一次湿地调查图形斑块为基础，针对第一次调查湿地斑块类型、面积及分布在近 10 年来的变化进行了分析比较，主要选择同地块湿地进行比较分析。上海市第一次调查共有湿地斑块 27 块，本次主要选取 13 块同地块进行分析比对。其对比分析方法和过程主要根据第一次湿地资源调查报告和数据，对第一次湿地调查相关专家进行咨询。查阅历年《上海市水利志》，分析长江口 1980 年、1990 年、2000 年、2005 年和 2006 年海图数据资料。获取上海市 1983 年最早的 MSS 卫星影像、1990 年、2000 年、2010 年美国陆地卫星 TM 遥感影像，实施多年度影像比较分析，基本弄清了第一次调查与第二次调查同地块湿地斑块变化情况和主要原因(表 5-18)。其变化情况和原因分析如下。

### 2.1　近海与海岸湿地

近海与海岸湿地变化主要有两个方面，一是长江口拦门沙区域泥沙淤积以及长江深水航道工程使湿地斑块面积增大，如九段沙。二是长江流域供沙减少、长江口南支河槽沙体侵蚀导致长江口南支南岸宝山边滩、长江口南支南岸川沙边滩以及崇明岛周缘湿地斑块面积减少。三是滩涂湿地人工圈围造成长江口南支南岸南汇边滩湿地、横沙岛周缘、长兴岛周缘湿地面积减少。

(1)九段沙湿地：第一次湿地调查时九段沙湿地为 40610. 88 公顷，依照水深 5 米以上标准(近海与海岸湿地斑块均按水深 5 米标准比较，下同)，本次湿地调查为 42154. 95 公顷，湿地面积增加 1544. 07 公顷，增长 3. 80%。主要原因是九段沙位于长江口拦门沙区域，加上深水航道南导堤水文影响效应，泥沙不断淤积，潮间盐水沼泽和淤泥质海滩湿地分布不断增长扩大(图 5-2)。

**表 5-18 第一次和第二次湿地资源调查同地块湿地变化分析**

<table>
<tr><th rowspan="2">序号</th><th rowspan="2">湿地名称</th><th colspan="3">第一次湿地调查</th><th></th><th colspan="3">第二次湿地调查</th><th rowspan="2">变化值（公顷）</th></tr>
<tr><th>类 型</th><th>是否重点</th><th>面积（公顷）</th><th>所属区县</th><th>类 型</th><th>是否重点</th><th>面积（公顷）</th></tr>
<tr><td>1</td><td>长江口南支南岸宝山边滩</td><td>河口水域</td><td>否</td><td>5654.07</td><td>宝山区</td><td>河口水域</td><td>否</td><td>1020.41</td><td>-4633.66</td></tr>
<tr><td>2</td><td>长江口南支南岸川沙边滩</td><td>河口水域</td><td>否</td><td>5954.70</td><td>浦东新区</td><td rowspan="2">淤泥质海滩、潮间盐水沼泽、河口水域</td><td rowspan="2">否</td><td rowspan="2">46021.94</td><td rowspan="2">-18018.89</td></tr>
<tr><td>3</td><td>长江口南支南岸南汇边滩</td><td>河口水域</td><td>是</td><td>58086.13</td><td>南汇县</td></tr>
<tr><td>4</td><td>崇明岛周缘</td><td>河口水域</td><td>否</td><td>41188.24</td><td>崇明县</td><td>淤泥质海滩、潮间盐水沼泽、河口水域、沙洲沙岛、草本沼泽、森林沼泽</td><td>是</td><td>30931.83</td><td>-10256.41</td></tr>
<tr><td>5</td><td>崇明东滩</td><td>河口水域</td><td>是</td><td>71896.77</td><td>崇明县</td><td>淤泥质海滩、潮间盐水沼泽、河口水域、沙洲沙岛</td><td>是</td><td>68237.09</td><td>-3659.68</td></tr>
<tr><td>6</td><td>横沙岛周缘</td><td>河口水域</td><td>否</td><td>50549.87</td><td>宝山区</td><td></td><td rowspan="2">是</td><td rowspan="2">64367.52</td><td rowspan="2">-1666.26</td></tr>
<tr><td>7</td><td>长兴岛周缘</td><td>河口水域</td><td>否</td><td>15483.91</td><td>宝山区</td><td>淤泥质海滩、潮间盐水沼泽、河口水域、沙洲沙岛、草本沼泽、库塘</td></tr>
<tr><td>8</td><td>九段沙</td><td>河口水域</td><td>是</td><td>40610.88</td><td>浦东新区</td><td>淤泥质海滩、潮间盐水沼泽、河口水域、沙洲沙岛</td><td>是</td><td>42154.95</td><td>1544.07</td></tr>
<tr><td>9</td><td>杭州湾北岸边滩</td><td>潮间淤泥质海滩</td><td>否</td><td>13494.97</td><td>金山区、奉贤县、南汇县</td><td>淤泥质海滩、潮间盐水沼泽、河口水域</td><td>否</td><td>4825.56</td><td>-8661.70</td></tr>
<tr><td>10</td><td>太浦河</td><td>永久性河流</td><td>否</td><td>255.30</td><td>青浦区</td><td>永久性河流</td><td>否</td><td>381.25</td><td>125.95</td></tr>
<tr><td>11</td><td>淀山湖</td><td>永久性淡水湖</td><td>否</td><td>4760.00</td><td>青浦区</td><td>永久性湖泊</td><td>是</td><td>4493.99</td><td>-266.01</td></tr>
<tr><td>12</td><td>雪落漾</td><td>永久性淡水湖</td><td>否</td><td>129.20</td><td>青浦区</td><td>永久性湖泊</td><td>是</td><td>54.68</td><td>-74.52</td></tr>
<tr><td>13</td><td>元荡</td><td>永久性淡水湖</td><td>否</td><td>324.75</td><td>青浦区</td><td>永久性湖泊</td><td>是</td><td>302.28</td><td>-22.47</td></tr>
</table>

注：第二次湿地资源调查所涉及近海与海岸湿地斑块面积均按低潮线水深 5 米计算。

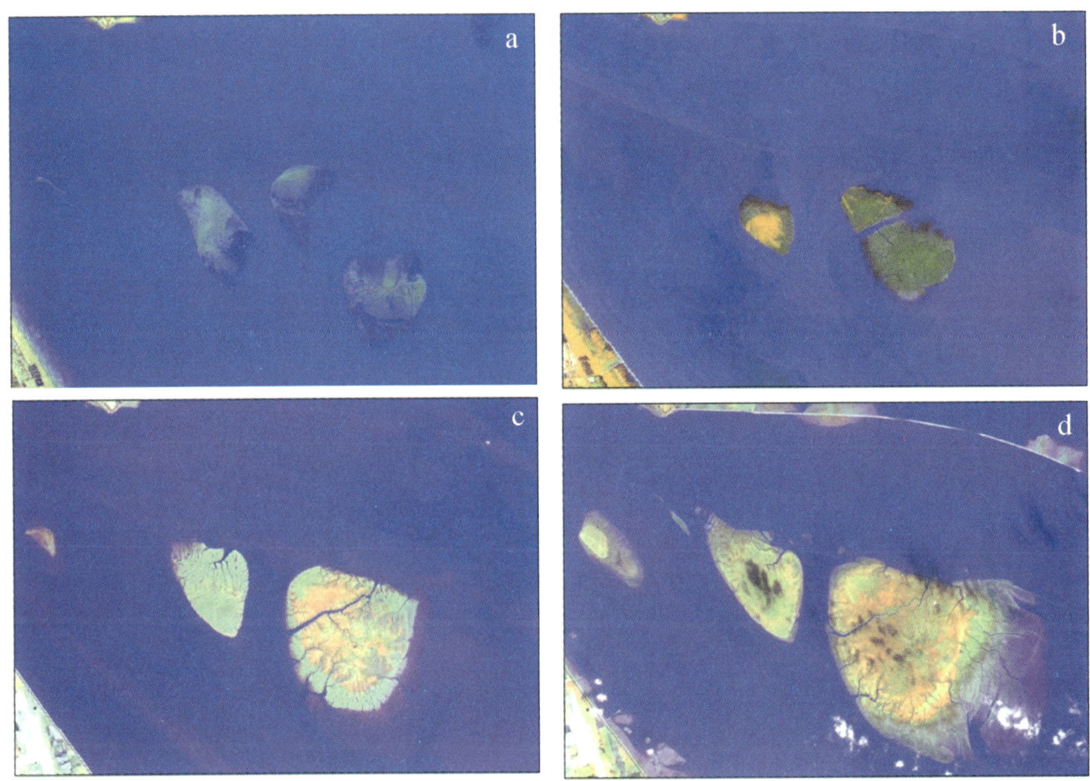


图 **5-2**　九段沙 **Landsat TM/ETM +** 遥感影像
（R4G5B3 彩色组合，a. 1990 年；b. 2000 年；c. 2005 年；d. 2010 年）

（2）横沙岛周缘、长兴岛周缘湿地：该湿地区由 66033.78 公顷减少到 64367.52 公顷，减少面积 1666.26 公顷，减少 2.52%，减幅不大，主要是由于横沙东滩和横沙浅滩沿长江口深水航道北导堤进行高强度的人工围垦等工程措施原因（图 5-3）。

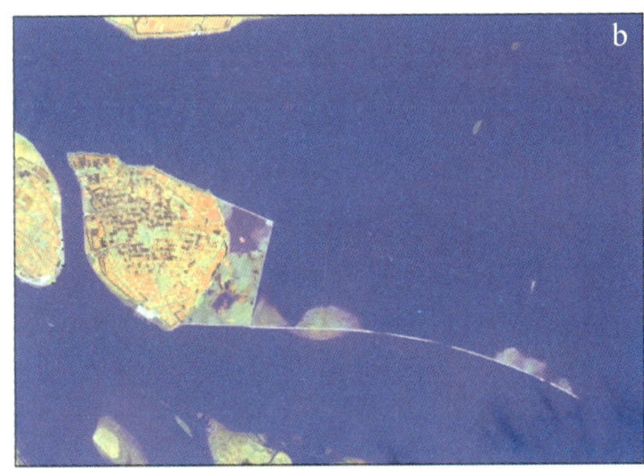


图 **5-3**　横沙岛周缘横沙东滩 **Landsat TM/ETM +** 遥感影像
（R4G5B3 彩色组合，a. 2000 年；b. 2010 年）

(3)崇明东滩湿地：该湿地区面积由第一次调查的71896.77公顷减少到68237.09公顷，面积减少3659.68公顷，减少5.10%。主要是长江上游来水来沙减少，潮间盐水沼泽和淤泥质海滩向东海淤涨速度降低，崇明东滩南部部分区域存在海岸侵蚀后退现象(图5-4)。

图**5-4** 崇明东滩 **Landsat TM/ETM+** 遥感影像
(R4G5B3彩色组合，a. 1990年；b. 1995年；c. 2005年；d. 2010年)

(4)长江口南支南岸：宝山边滩第一次调查为5654.07公顷，本次调查为1020.41公顷，面积减少4633.66公顷，减少率为81.95%，湿地面积大幅减少。崇明岛周缘湿地由第一次调查的41188.24公顷减少到30931.83公顷，面积减少10256.41公顷，减少率为24.90%。两块湿地均位于长江口南支和北支航道区域，由于长江上游水库工程建设特别是三峡工程蓄水后流域供沙大幅度减少，长江口南支河槽主要沙体受到侵蚀，加上河道治理工程，水深6米以上湿地明显减少。

(5)长江口川沙边滩：该湿地区由第一次调查的64040.83公顷减少到46021.94公顷，面积减少18018.89公顷，减少率为28.14%。主要因为上海市临港新城建设，湿地圈围和河槽沙体侵蚀。

## 2.2 湖泊湿地

湖泊湿地，主要是围垦导致湖泊面积减小，如淀山湖第一次湿地调查时为4760.00公顷，本次调查为4493.99公顷，缩小了5.5%。元荡湖由第一次调查时的324.75公顷变为302.28公顷，缩小了6.9%。雪落漾湖泊湿地部分区域已围垦为农场，其面积由第一次调查的129.20公顷变为现在的54.68公顷，减少74.52公顷。

## 2.3　河流湿地

太浦河湿地面积由第一次调查的255.30公顷变化为381.25公顷，面积增大125.95公顷，扩大了近50%，主要原因是河道开挖拓宽定型。第一次湿地资源调查修编青浦区湖群的水陆边界时，所利用上海市地形图是20世纪80年代航测资料。1991年6月太湖流域发生特大洪水后，太浦河工程成为国务院批准的太湖流域综合治理十大骨干工程之一。上海市于1992年开挖至-1.0米标高，并于1995年12月27日河道全线贯通定型(徐其华等，1997)(图5-5)。

a　　b

图**5-5**　太浦河湿地变化 **Landsat TM/ETM+** 遥感影像
(R4G5B3彩色组合，a.1990年；b.2010年)

# 第六章 湿地保护与管理

## 第一节 湿地保护管理现状

### 1 上海市湿地保护管理体系

#### 1.1 湿地保护法制建设

上海市人大和市人民政府高度重视上海市湿地立法工作。20 世纪 90 年代以来，上海市相继制定了多部地方性湿地开发利用及保护的法规、规章，如《上海市滩涂管理条例》(1997 年 1 月 1 日)，《上海市金山三岛海洋生态自然保护区管理办法》(1997 年 5 月 1 日)，《上海市崇明东滩鸟类自然保护区管理办法》(2003 年 5 月 1 日)，《上海市九段沙自然湿地保护区管理办法》(2003 年 12 月 1 日)。这些法规和规章有效地保护了上海市 4 个湿地类型自然保护区，推动了上海市湿地保护工作。

上海市人大代表高度关注上海市湿地立法，2004 年 1 月，在上海市十二届人大二次会议期间，吴复安等 11 位代表和董慧琴等 13 位代表针对上海市湿地的管理、保护和利用工作中存在的盲目开发、多头管理、缺少系统的科学研究和周密规划等问题，分别提出制定《上海市湿地保护条例》和“关注湿地保护”的议案。2009 ~ 2011 年，上海市第十三届人大代表钱翊梁、丁勤华等先后提交了 3 份议案，呼吁立法保护上海市湿地资源。

为了做好湿地立法前期调研工作，近年来上海市政府开展了多项湿地专题调研课题。自 2004 年以来，上海市林业局与市人大城建环保委员会建立联合课题组，先后委托上海交通大学法学院环境资源法研究所、华东政法大学、上海政法学院开展《国内外湿地保护立法比较研究》《上海湿地保护立法与利用研究》《上海湿地保护立法中的管理体制研究》等调研课题，为上海市湿地立法积累了扎实的基础资料。目前，上海市各个委办局对上海市湿地保护立法的必要性和重要性已经取得了一致的意见，但是对于湿地立法中需要明确的上海市湿地的定义、湿地保护的范围、湿地管理体制和湿地保护与利用的关系还有待进一步研究和细化。

## 1.2　湿地管理组织

目前上海市人民政府没有赋予一个部门“统一管理”湿地资源的职能，因而湿地保护管理形成了统一组织协调前提下的多部门单要素管理的行政管理格局。上海市林业局在湿地保护方面的职责是“组织、协调上海市湿地的保护，指导上海市野生动植物、湿地类型自然保护区的建设和管理”。上海市环境保护局的职责是“协调、监督生物多样性保护、野生动植物保护、湿地环境保护工作”。上海市农业委员会的职责“水生野生动植物保护工作”。上海市水务局（市海洋局）的职责是“负责管理滩涂资源，组织编制滩涂开发利用和保护的规划、年度计划并监督实施”。

为了加强湿地保护的统一协调，上海市人民政府办公厅发布《关于加强本市湿地保护管理的通知（沪府办〔2004〕44号）》，规定建立由市发展改革委、市农委、市旅游委、市农林局、市房地资源局、市财政局、市环保局、市规划局、市水务局和市海洋局等部门组成市湿地保护和合理利用联席会议制度，联席会议设在市农林局，负责本市保护和合理利用的日常工作。有重要湿地分布的区县，要把湿地保护列入政府重要议事日程，建立健全管理机构，并在人员编制、经费方面予以落实。由于机构职责调整等原因，这一协调工作机制并未真正运转实施。

近年来，上海市湿地保护管理体系逐渐完善。上海市林业局组织和协调上海市湿地保护工作。市林业局所属事业单位上海市野生动植物保护管理站，具体承担湿地保护管理工作；各郊区县均成立了林业工作站并加挂野生动物保护管理站牌子，负责区域内野生动物资源和湿地保护的日常管理工作。同时，为健全乡镇农业（林业）服务体系，上海市编办会同市农委、市林业局等部门联合下发《关于进一步加强本市基层农业（林业）公共服务队伍建设的意见》（沪农委〔2012〕344号），进一步强化了乡镇林业服务机构和林业管理职能，健全了管理体制。

## 1.3　湿地管理规划

为落实上海市人民政府与国家林业局关于编制《上海市湿地保护规划》，并与城市总体规划、土地利用规划、滩涂利用规划和海洋功能区划衔接的要求，2005年上海市林业局委托复旦大学研究编制了《上海市湿地系统保护规划研究报告》，并编制了《上海市湿地保护与恢复规划》。2010年以来，上海市林业局会同规划、环保等部门和有关区县政府编制了《上海市基本生态网络空间规划》，并经上海市人民政府批准发布。上述规划的制定实施，有利于扩大城市绿色生态空间，加强滩涂湿地和湿地生物多样性的保护管理。

湿地保护已列入《上海市国民经济和社会发展第十二个五年规划纲要》（上海市人民政府，2011）。纲要规定“保护海洋生态和滩涂湿地。科学开发利用滩涂资源，实施湿地动态保护，实现湿地保有量动态平衡。加强野生动植物及栖息地保护，推进崇明东滩鸟类国家级自然保护区、九段沙湿地国家级自然保护区、长江口中华鲟自然保护区和金山三岛自然保护区建设”。经上海市人民政府批准的《上海市绿化市容“十二五”规划》，将湿地保有率和综合物种指数列为全市生态环境发展的主要指标。“十二五”期间，湿地保护与生态恢复的工作目标是：初步形成国际和国家重要湿地、自然保护区以及具有特殊科学研究价值的栖息地网络。妥善处理滩涂围垦与湿地保护的矛盾，实施湿地动态保护，实现湿地保有量动态平衡。

## 2 上海市湿地受保护形式

### 2.1 湿地自然保护区建设

上海市湿地自然保护区(保护地)的划建与管理重点在长江河口和杭州湾湿地区域，以及重要水源湿地。20 世纪 90 年代中期以来，上海市人民政府先后批准建立了金山三岛海洋生态自然保护区管理、崇明东滩鸟类自然保护区、九段沙湿地自然保护区和长江口中华鲟自然保护区，其中崇明东滩鸟类自然保护区和九段沙湿地自然保护区 2005 年晋升为国家级自然保护区，崇明东滩鸟类自然保护区和长江口中华鲟自然保护区分别在 2001 年和 2008 年被列为国际重要湿地。目前 4 处自然保护区的湿地面积达到 112197. 59 公顷。

### 2.2 湿地公园和禁猎区建设

为了加强保护区以外的湿地保护，崇明、宝山、奉贤、浦东新区等区县建立了崇明西沙、崇明东滩、宝山炮台湾、宝山江湾、海湾森林、浦东金海、青浦大莲湖和上海市世博后滩等城市、郊野湿地公园。崇明西沙和宝山炮台湾湿地公园已被国家林业局批准为国家湿地公园(试点)。原南汇区和奉贤区人民政府先后批准建立野生动物禁猎区，也是湿地保护的有效形式之一。国家湿地公园和禁猎区内受保护湿地面积 2179. 80 公顷。

### 2.3 其他保护形式

2009 年 12 月，上海市第十三届人民代表大会常务委员会通过《上海市饮用水水源保护条例》，建立饮用水水源保护生态补偿制度，并对饮用水水源一级保护区实行封闭式管理。全市建立 4 个饮用水水源保护区，分别是黄浦江上游饮用水水源保护区、陈行饮用水水源保护区、青草沙饮用水水源保护区、崇明东风西沙饮用水水源保护区。各自分为一级保护区、二级保护区和准水源保护区，共计面积 136700 公顷，使 17465. 31 公顷的湿地受到保护。上海市还有国家森林公园、风景名胜区等区域内的受保护湿地 2562. 5 公顷。

依据国家林业局湿地保护管理中心关于受保护湿地的技术认定标准(林湿调字〔2011〕47 号)和第二次湿地资源调查结果，上海市受到保护的湿地面积达到 134405. 20 公顷，湿地保护率达到 28. 93%，比“十一五”期末略有提高。

## 3 上海市湿地监测与生态修复

### 3.1 湿地调查与监测

1997 ~2002 年，原上海市农林局完成上海市第一次湿地资源调查和上海市第一次野生动植物资源调查。编写了《上海市湿地资源调查报告》和《上海市野生动植物资源调查报告》。2004 年，依据两项资源调查成果编著出版了《上海湿地》和《上海陆生野生动植物资源》。2000 ~2003 年，原上海市农林局和浦东新区环保局委托复旦大学、华东师范大学、上海师范大学、上海水产大学、中国水产科学研究院东海水产研究所和上海市环境科学研究院等高校和科研单位开展崇明东滩鸟类自然保护区、九段沙湿地自然保护区的科学考察，2003～2004年，分别出版了《上海市九段沙湿地自然保护区科学考察集》和《上海市崇明东滩鸟类自然保护区科学考察集》。

2004～2005年，参与了国家林业局和世界自然基金会北京办事处共同组织的长江中下游水鸟同步调查。2006年以来，上海市野生动植物保护管理站每年开展全市水鸟同步调查并发布调查报告，年度调查频次达到9～16次，最高年份记录到水鸟117种近21万只，从水鸟及其栖息地角度科学反映了湿地质量与保护成效。同时开展了上海南汇东滩湿地鸟类多样性、鹭科鸟类资源和公园绿地鸟类多样性等专项调查。2010～2012年，上海市林业局和崇明县农业委员会按照《崇明生态岛建设纲要》的指标体系，开展崇明生态岛建设的1%水鸟物种数指标监测。通过崇明岛9块重要湿地每年16次的水鸟同步调查，掌握崇明岛水鸟种群数量，对《崇明生态岛建设纲要》的湿地鸟类保护起到跟踪监测、科学评估和预警预报作用。2010年，上海市环保局、市水务局、市绿化和市容管理局和市规划国土资源局建立了崇明岛生态环境监测网络和跟踪评估机制，监测评估内容包含了土地利用格局、水、气、声、土壤、生态系统等各项环境要素。

2006年开始，上海市林业局每年委托华东师大河口海岸国家重点实验室采用"3S"技术开展上海市湿地资源变化情况的监测，并委托编制上海市湿地资源监测年度报告和提交相关数字资料，使湿地资源监测逐步做到常态化和数字化。按照国家林业局要求，开展崇明东滩和长江口中华鲟自然保护区国际重要湿地监测，监测内容包括崇明东滩潮间带植被、潮间带大型底栖动物和水鸟，中华鲟种群数量等10余个专项监测内容，定期评估国际重要湿地生态质量。

崇明东滩鸟类自然保护区管理处自2005年以来，连续8年对自然保护区潮滩地貌演变、植被资源、底栖动物资源、浮游动物资源、鸟类资源、潮间带鱼类资源和潮沟水质开展调查监测。并根据调查监测结果，对保护区的资源状况进行综合分析与评价，每年编写和公布《上海市崇明东滩鸟类国家级自然保护区年度资源监测公报》。2002年以来，对迁徙过境的鸻鹬类进行有计划的鸟类环志和彩色旗标系放工作。截至2011年，共环志鸻鹬类46种近4万只，回收国内外环志或标记的鸟类20种469只。自2006年中国大陆首先开展编码旗标系放工作以来，到2011年共有9种1924只鸻鹬类携带崇明东滩的编码旗标。2007年崇明东滩成为鸻鹬类环志全球单点第一。

崇明东滩鸟类国家级自然保护区、崇明西沙国家湿地公园与复旦大学、华东师大等高校合作，开展科研平台建设，共建了全球碳通量崇明东滩野外观测站、长江河口湿地生态系统研究野外站和崇西湿地科学实验站等。

## 3.2 湿地生态治理与修复

2006年以来，上海市科委、市林业局、市环保局和市水务局等部门，依托复旦大学、华东师大、上海市环境科学研究院和上海市园林科学研究所等高校和科研单位，开展上海市滨海、湖泊湿地生态治理与修复研究，并建立多处湿地生态治理与修复的示范和实验基地，以及进行河道环境整治工作。

由市科委、市林业局资助并已完成或正在进行的上海市滨海、湖泊湿地生态治理与修复科研课题主要有：《崇明滩涂湿地的合理利用与保护技术研究》《崇明东滩鸟类国家级自然保护区互花米草生态控制与鸟类栖息地优化关键技术研究》《南汇东滩滩涂促淤与湿地动态保护的关键技术与示范》《淀山湖区域（以大莲湖为核心）湖滨带污染控制及湿地修复示范》《河口湿地生态系统碳的保汇与增汇技术研究与示范》《崇明东滩水鸟栖息地营造和种群维持的技术与示范》《上海市湿地资源调查与监测评估体系研究》《上海市湿地保护与修复工程技术指导意见研究》和《雁鸭类鸟类补充栖息地营造、监测和管理关键技术研究》等。

推广应用上述湿地生态治理与修复科研成果，在崇明、青浦、浦东、金山、宝山和普陀等区县建立总面积超过700 公顷的湿地生态治理与修复示范区和实验基地。主要有崇明东滩湿地生态保育与修复示范区、青浦淀山湖湖滨带污染控制及湿地修复示范区、浦东新区南汇东滩水鸟栖息地修复示范区、崇明西沙湿地保护与利用双赢模式实践区、上海市化学工业区恢复湿地与自然污水净化系统、苏州河整治与修复梦清园湿地、修复钢渣废料堆场湿地的吴淞炮台湾湿地、上海市实业集团公司崇明东滩湿地园区退化湿地修复区和黄浦江后滩湿地生态恢复与重建等。

在总结科研成果和应用成果的基础上，上海市林业局制定发布了《上海市湿地生物多样性修复技术导则》。与有关高校合作出版了《长江口生态系统修复技术和决策管理（生态上海建设的理论与实践)》《上海市西郊湖泊湿地修复的理论与实践》和《上海市内陆湖泊湿地湖滨带污染控制及生态修复》等专著。

# 4 上海市湿地保护宣传与执法

## 4.1 宣传与教育

自20 世纪90 年代以来，上海市林业部门始终坚持开展野生动植物和湿地保护宣传教育。一是利用传统平面媒体和政务微博、网站等新媒体推广普及湿地科学知识，让广大市民关注上海市湿地，了解湿地与人类的关系和对城市发展的作用。二是“爱鸟周”“世界湿地日”和“野生动物保护月”期间，开展湿地保护的图片展览、观鸟活动、文艺演出、摄影(知识、征文、绘画)比赛、印发宣传资料和出版科普图书(画册)。近年来推出受到年轻白领和青少年喜爱的“湿地日生态徒步”“自然笔记”“生态限时寻”“野趣上海市”“自然课堂”和“东滩之旅”等户外科普活动。三是开展未成年人生态道德教育。与教育部门合作建立150 多所野生动植物保护特色学校，开展结合中小学生素质教育活动，举办多种形式的青少年湿地保护宣传教育社会实践活动。四是组织“三进”教育宣传活动。2009 年起，开展野生动植物和湿地保护宣传教育“走进公园、走进社区、走进学校”的三进活动，在国际和国家重要湿地、湿地公园、野生动物重要栖息地等区域设置宣传牌、警示牌；在社区设置宣传横幅、召开科普宣传会和座谈会、发放宣传资料等，在近百所野生动植物保护特色学校开展宣传讲座、图片展、宣传画廊、发放宣传折页和书签等，提高市民野生动植物和湿地保护意识。五是利用自然保护区、植物园和湿地公园开展宣传教育活动。崇明东滩自然保护区利用鸟类科普教育基地每年对20 万参观人员开展湿地科普宣传。中华鲟自然保护区结合珍稀水生生物增殖放流活动和国际休闲水族展览会开展珍稀水生生物保护的宣传教育。六是建立志愿者队伍。崇明东滩自然保护区与世界自然基金会合作建立“志愿者之家”，招募复旦大学、华东师大等高校的志愿者35 批次800 人次。志愿者在保护区服务累计超过3000 小时。汇丰、英特尔、摩根士丹利、通用汽车、3M、诺华制药和利丰集团等企业组织员工在保护区开展体验式志愿者服务活动，3M、通用汽车和黛安芬国际集团等企业将保护区作为企业社会责任教育基地。

### 4.2 湿地对外合作交流

2000年以来，上海市林业局积极开展湿地保护对外合作交流。在湿地生物多样性监测、物种恢复与重引入、自然保护区的建设与管理、湿地生态治理与修复、湿地宣传教育和管理能力建设等方面，与湿地国际(WIB)、国际野生生物保护学会(WCS)、大自然保护协会(TNC)和世界自然基金会(WWF)等国际组织，以及香港、台湾等地的自然保护区与管理机构开展合作交流。与世界自然基金会发起组织长江中下游湿地保护网络，共建“长江湿地保护网络国际培训中心”，举办首次TOT湿地管理国际培训班。吸取了国(境)外野生动植物和湿地保护管理的先进技术和经验，提高保护管理湿地的能力。

### 4.3 湿地执法

由于上海市尚未建立森林公安机关，2005年来，上海市林业局联合公安、工商部门和有关区县开展以保护湿地鸟类及其栖息地为重要目标的11次联合执法行动。集中查处了一些重大案件，拯救了大批野生动物，维护了湿地生态安全，有力地打击了破坏湿地和野生动物资源的违法活动。在市林业局统一布置下，各区县林业部门、自然保护区在每年春季和秋冬季鸟类集中迁徙期间，组织“护鸟护湿”的专项执法检查行动，联合公安、工商部门联合打击破坏湿地资源和野生动物资源的活动。其中，2011年各区县林业部门、自然保护区出动执法检查人员2938人次，开展205次执法行动，在湿地区域拆除924处捕鸟网具和窝棚，收缴解救194只水鸟，查处涉嫌刑事犯罪案件9起，抓获犯罪嫌疑人12人。崇明东滩自然保护区投入近千万元建立广覆盖的视频监控系统，基本实现了保护区范围内的滩涂及重点区域的实时监控。

## 5 上海市湿地保护与管理存在的问题

### 5.1 管理体制尚待理顺

目前上海市与全国一样采用的是一种按照资源类别和用途进行多部门分工管理体制。在湿地管理方面的管辖权过于分散，且没有明确有哪个部门能够在湿地管理各部门间予以有效的协调，导致各相关部门各自为政和各取所需，管辖范围相互交叉、管辖权相互冲突，多头管理与交叉管理比较普遍，造成的职责不清、工作不协调和推诿扯皮等问题，导致湿地资源与功能不能得到有效保护和合理利用，不利于湿地生态系统完整性的保护管理，也必然导致管理成效不佳。比如占上海市湿地总面积80%的近海与海岸湿地分别由水务部门管辖滩涂资源开发利用，林业部门管辖陆生野生动植物及其栖息环境保护，农业部门管辖水生野生动物及其栖息环境保护，环境保护部门管辖湿地环境质量与污染防治，国土规划部门管辖滩涂围垦土地利用。又比如长江河口的4处湿地类型的自然保护区和2处国际重要湿地分别属于海洋、林业、环保和农业部门多方管理。由于各部门管理湿地的目标和出发点不同，这种管理模式往往导致部门矛盾和纠纷，不可避免地出现保护与合理利用相抵触的情况。部门间信息缺乏沟通、执法冲突屡有发生。管理体制上的交叉重叠已成为湿地保护与合理利用，各部门间有效沟通和协调的障碍。

### 5.2 地方立法推进艰难

2006年，上海市林业局与市人大的城建环保委员会合作开展湿地保护立法专题调研。《上海市湿地保护条例》列入上海市十三届人大常委会五年立法项目库。但至今未进入立法计划。究其主要原因，一是现行的湿地资源要素式管理模式也是立法工作一时难以逾越的障碍。我国的资源立法是以部门立法为主，过于强化部门权力，突出部门利益，欠缺对资源和环境的整体保护。由于部门多，部门立法庞杂，加之立法利益的平台和角度不同，导致各部门制定出来的法律法规对同一资源的保护存在严重的不协调和不一致。二是湿地资源保护与利用存在较大冲突。由于近海与海岸湿地是上海市城市发展的重要物质资源，是上海市城市发展土地空间补充的唯一途径，对于支撑上海市的发展具有重要战略意义。湿地保护立法的制度设计尚未找出平衡保护与利用两者关系的有效办法，由于保护与利用的冲突以及现行的管理体制，使得上海市湿地及其资源保护的地方立法工作长期处于艰难推进状态。

### 5.3 基础薄弱和管理粗放

上海市湿地保护事业起步于20世纪90年代中后期的上海市第一次湿地资源调查。市、区两级林业部门建立了野生动植物保护管理站，4个湿地类型自然保护区建立了专门管理机构。但湿地管理机构不健全，人员素质无法应对复杂的管理要求的总体薄弱状况未得到改变。特别是区县一级林业部门，湿地和野生动植物资源保护工作人员大都从林业转岗而来，缺乏专业训练和背景。长期的大城市小林业格局，使林业部门的自身能力建设薄弱，未设立林业规划设计院或林业科研院所这样的技术支撑单位，再加上湿地保护从原先的维护水禽及其重要栖息地，拓展到对整个生态系统的保护管理、治理修复和监督指导，工作基础、科学技术和人员能力的储备明显不足。导致湿地和野生动植物资源保护管理粗放。

管理粗放的表现主要有：一是没有研究建立湿地资源普查和质量监测评价制度并及时公布湿地资源状况公报，存在资源和质量状况不清问题，对湿地功能和价值量化标准和方法研究不够深入，湿地价值生态补偿标准与政策缺失，无法为保护和合理利用湿地资源提供科学依据。二是没有按照科学指导和分类管理原则，研究制定湿地及其资源保护行动规划与计划和合理利用的评估、划分标准。没有研究建立征占用湿地环境影响评价和审查管理制度，以制止目前强度过大的开发湿地及其资源行为。三是没有研究建立利用湿地资源实行生态环境建设补偿金制度，并利用该资金恢复和重建被破坏的湿地及其资源。

## 第二节
## 湿地保护管理建议

### 1 进一步理顺湿地保护管理机制

针对现存的湿地管理分散、协调不力等问题，有必要构建一个与上海市生态宜居城市建设和发展相适应的湿地保护管理体制，促进各职能部门加强沟通，密切配合，形成整体推进合力。一是加强领导，统筹协调，建立部门合作机制。湿地的利用和保护不仅涉及社会各个部门的利益，涉及湿地保护的全球义务，还涉及人类的代际公平。因此，针对湿地保护规划在实施中的重大问题，各有关部门要加强沟通，及时研究，建立完善的湿地管理协调机制，保障资源的公平可持续利用。湿地保护与管理属单一部门职责范围的，以相应部门为主；涉及两个以上部门的，确立牵头部门，明确责任，共同管理。二是强化湿地管理机构组织建设和能力建设，确保湿地高效率、高水平保护与管理。加强各区县、乡镇的湿地保护机构建立，强化湿地管理人员能力培训与考核，注重自然保护区保护机构、野生动植物保护管理站、林业养护社等一线管理机构的能力建设和组织建设，组织一支稳定的自上而下的湿地管理、监测、宣传与执法管护队伍。

## 2 抓紧建立湿地保护法律法规

虽然国家和上海市都加大了湿地资源与生态环境的保护力度，但由于"湿地"法律概念的不确定，因此湿地保护尚缺少足够的法律保障。湿地的管理法规应当由以往偏重资源开发利用，转向环境资源保护及有节度的利用。湿地立法旨在以法律形式明确湿地的定义、范围、保护与利用方针、原则和行为规范；明确各部门管理职责；明确对违法行为的处理方法、程序、自然湿地开发及用途改变的评估、审批制度等；使湿地保护、水资源综合管理、国土及环境规划、生物多样性保护、国际公约等协调一致。上海湿地立法时机已经成熟，下一步应在摸清上海市湿地管理的基本情况的基础上，理清立法思路，理顺管理体制，讲清必要性、要点和解决问题的方法。在立法过程中各政府部门要摈除部门、局部利益，从保护上海市自然环境资源和建设生态宜居城市，以及维护全国生态安全的大局出发，尽快制定出台符合上海实际的湿地保护地方性法规。

## 3 编制保护利用规划，建立湿地分级分类管理体系

采取湿地分级分类保护的方法，明确各级湿地保护的重点和力度，采取针对性的保护措施，合理控制利用的规模和程度，使保护和利用平衡发展。做到保护中合理利用注重经济效益；利用中兼顾保护发挥生态效益。上海湿地根据重要性大致可划分为 3 个层次：国际重要湿地和国家重要湿地、上海市重要湿地、一般湿地。对于每个湿地的分级确定不同的保护措施和类别。对于国际重要湿地和国家重要湿地，应划定生态保护红线，建立自然保护区，进行严格保护管理措施。对于上海市重要湿地，可以建立湿地公园、野生动物重要栖息地、野生动物禁猎区等，在维持湿地面积和质量的同时合理利用。对于一般湿地，应当进行登记备案，在不丧失其湿地的性质的前提下，提高其以服务价值为方式的科学利用。

## 4 建立湿地生态补偿和补助制度

湿地保护有助于增加湿地生态服务功能的供给，但公众无需支付费用即可获取。湿地不合理的利用活动导致湿地生态服务功能供给的减少，破坏湿地生态环境甚至导致湿地退化，但利用者却不承担相应的成本。因此湿地保护与利用中存在着的经济正外部性和负外部性，都不能通过市场机制予以消除。为使得湿地生态系统得到有效保护和恢复，湿地资源得以合理利用，政府应发挥主导作用，构建有效的湿地生态补偿机制，保障湿地各种生态服务功能。目前上海市已有公益

林、水源地和耕地生态补偿，国家已有湿地保护补助制度。建立湿地生态补偿制度是上海市加强湿地保护，提高湿地生态价值的重要举措。建议通过对湿地利用价值和效益的综合评估，研究制定湿地经济效益、生态效益和社会效益的量化标准和方法，逐步建立健全湿地生态补偿机制。按照“谁治理，谁受益”“谁破坏，谁补偿”的原则，向对湿地生态环境造成不利影响的建设项目或责任主体收取一定比例的生态补偿资金。对该资金实行专款专用，用于恢复与维护受损的湿地生态系统或提高湿地管护能力，逐步形成多渠道的湿地保护补助或投入机制。

## 5 建立上海市湿地资源信息管理系统

结合上海市第二次湿地资源调查结果，整合科研部门及相关部门各方力量，建立顺畅的信息沟通和协作机制，建立上海市湿地资源信息管理系统。要以国内外湿地保护最新动态为导向，及时掌握国内外湿地保护与利用理论和实践的最新动态，针对长江口湿地不同类型、不同地域和湿地面临的不同威胁，找准主要问题，明确保护和科学利用的主攻方向和湿地生态建设的途径及措施。根据上海市湿地资源动态变化的情况，在圈围速度不超过淤涨速度的情况下，确定适宜圈围的已经陆生化的滩涂区域，指导适度、合理的围垦。除湿地资源监测数据外，加强湿地生态环境监测数据共享协调，包括水文、水质、土壤、大气和污染物数据，湿地内部及周边社会经济活动情况等，为补偿政策的制定提供依据。同时，建立国际交流机制，及时引进国外在湿地保护、恢复和动态利用领域的先进理念、经验、方法和技术。

# 附录1　上海湿地调查区域植物名录

| 序　号 | 科 | 属 | 种 | |
|---|---|---|---|---|
| | | | 中文名 | 拉丁名 |
| 一、苔藓植物 | | | | |
| 1 | 曲尾藓科 | 小曲尾藓属 | 偏叶小曲尾藓 | *Dicranella subulata* |
| 2 | 羽藓科 | 小羽藓属 | 细叶小羽藓 | *Haplocladium microphyllum* |
| 3 | 葫芦藓科 | 葫芦藓属 | 葫芦藓 | *Funaria hygrometrica* |
| 4 | | 立碗藓属 | 立碗藓 | *Physcomitrium sphaericum* |
| 5 | 真藓科 | 真藓属 | 黄色真藓 | *Bryum pallescens* |
| 6 | 疣灯藓科 | 疣灯藓属 | 疣灯藓 | *Trachycystis microphylla* |
| 7 | 丛藓科 | 小石藓属 | 小石藓 | *Weisia controversa* |
| 二、维管束植物 | | | | |
| （一）蕨类植物 | | | | |
| 1 | 木贼科 | 木贼属 | 节节草 | *Equisetum ramosissimum* |
| 2 | 凤尾蕨科 | 凤尾蕨属 | 井栏边草 | *Pteris multifida* |
| 3 | 苹科 | 苹属 | 苹 | *Marsilea quadrifolia* |
| 4 | 槐叶苹科 | 槐叶苹属 | 槐叶苹 | *Salvinia natans* |
| 5 | 满江红科 | 满江红属 | 满江红 | *Azolla imbricata* |
| （二）裸子植物 | | | | |
| 1 | 松科 | 松属 | 湿地松 | *Pinus elliottii* |
| 2 | 杉科 | 水杉属 | 水杉 | *Metasequoia glyptostroboides* |
| 3 | | 落羽杉属 | 池杉 | *Taxodium ascendens* |
| 4 | | | 落羽杉 | *Taxodium distichum* |
| 5 | | | 中山杉 | *Taxodium distichum* × *T. mucronatum* |
| （三）被子植物 | | | | |
| 1 | 木麻黄科 | 木麻黄属 | 木麻黄 | *Casuarina equisetifolia* |
| 2 | 胡桃科 | 枫杨属 | 枫杨 | *Pterocarya stenoptera* |
| 3 | 杨柳科 | 杨属 | 意杨 | *Populus euramevicana* |
| 4 | | 柳属 | 垂柳 | *Salix babylonica* |
| 5 | | | 花叶柳 | *Salix integra* |
| 6 | | | 旱柳 | *Salix matsudana* |
| 7 | 桦木科 | 桤木属 | 江南桤木 | *Alnus trabeculosa* |
| 8 | 壳斗科 | 栎属 | 沼生栎 | *Quercus palustris* |

（续）

| 序 号 | 科 | 属 | 种 | |
|---|---|---|---|---|
| | | | 中文名 | 拉丁名 |
| 9 | 桑科 | 构属 | 构树 | *Broussonetia papyrifera* |
| 10 | | 桑属 | 桑 | *Morus alba* |
| 11 | 大戟科 | 秋枫属 | 重阳木 | *Bischofia polycarpa* |
| 12 | | 乌桕属 | 乌桕 | *Sapium sebiferum* |
| 13 | 楝科 | 楝属 | 楝 | *Melia azedarach* |
| 14 | 藜科 | 碱蓬属 | 碱蓬 | *Suaeda glauca* |
| 15 | | | 盐地碱蓬 | *Suaeda salsa* |
| 16 | | | 南方碱蓬 | *Suaeda australis* |
| 17 | 山茶科 | 柃木属 | 滨柃 | *Eurya emarginata* |
| 18 | 金缕梅科 | 蚊母树属 | 蚊母树 | *Distylium racemosum* |
| 19 | 锦葵科 | 木槿属 | 海滨木槿 | *Hibiscus hamabo* |
| 20 | | | 木芙蓉 | *Hibiscus mutabilis* |
| 21 | 柽柳科 | 柽柳属 | 柽柳 | *Tamarix chinensis* |
| 22 | 茜草科 | 水团花属 | 细叶水团花 | *Adina rubella* |
| 23 | 忍冬科 | 接骨木属 | 接骨木 | *Sambucus williamsii* |
| 24 | 桑科 | 葎草属 | 葎草 | *Humulus scandens* |
| 25 | 蓼科 | 蓼属 | 两栖蓼 | *Polygonum amphibium* |
| 26 | | | 萹蓄 | *Polygonum aviculare* |
| 27 | | | 水蓼 | *Polygonum hydropiper* |
| 28 | | | 蚕茧草 | *Polygonum japonicum* |
| 29 | | | 愉悦蓼 | *Polygonum jucundum* |
| 30 | | | 酸模叶蓼 | *Polygonum lapathifolium* |
| 31 | | | 密毛酸模叶蓼 | *Polygonum lapathifolium* var. *lanatum* |
| 32 | | | 绵毛酸模叶蓼 | *Polygonum lapathifolium* var. *salicifolium* |
| 33 | | | 红蓼 | *Polygonum orientale* |
| 34 | | | 杠板归 | *Polygonum perfoliatum* |
| 35 | | | 习见蓼 | *Polygonum plebeium* |
| 36 | | | 刺蓼 | *Polygonum senticosum* |
| 37 | | 酸模属 | 酸模 | *Rumex acetosa* |
| 38 | | | 皱叶酸模 | *Rumex crispus* |
| 39 | | | 齿果酸模 | *Rumex dentatus* |
| 40 | | | 羊蹄 | *Rumex japonicus* |
| 41 | | | 长刺酸模 | *Rumex trisetifer* |
| 42 | 商陆科 | 商陆属 | 垂序商陆 | *Phytolacca americana* |
| 43 | 马齿苋科 | 马齿苋属 | 马齿苋 | *Portulaca oleracea* |

（续）

| 序号 | 科 | 属 | 种 | |
|---|---|---|---|---|
| | | | 中文名 | 拉丁名 |
| 44 | 石竹科 | 卷耳属 | 球序卷耳 | *Cerastium glomeratum* |
| 45 | | 漆姑草属 | 漆姑草 | *Sagina japonica* |
| 46 | | 拟漆姑属 | 拟漆姑 | *Spergularia salina* |
| 47 | | 繁缕属 | 繁缕 | *Stellaria media* |
| 48 | 藜科 | 藜属 | 藜 | *Chenopodium album* |
| 49 | | | 小藜 | *Chenopodium serotinum* |
| 50 | | | 土荆芥 | *Chenopodium ambrosioides* |
| 51 | | | 灰绿藜 | *Chenopodium glaucum* |
| 52 | | 盐角草属 | 盐角草 | *Salicornia europaea* |
| 53 | 苋科 | 苋属 | 反枝苋 | *Amaranthus retroflexus* |
| 54 | | 牛膝属 | 牛膝 | *Achyranthes bidentata* |
| 55 | | 莲子草属 | 喜旱莲子草 | *Alternanthera philoxeroides* |
| 56 | 毛茛科 | 水毛茛属 | 水毛茛 | *Batrachium bungei* |
| 57 | | 毛茛属 | 毛茛 | *Ranunculus japonicus* |
| 58 | | | 刺果毛茛 | *Ranunculus muricatus* |
| 59 | | | 石龙芮 | *Ranunculus sceleratus* |
| 60 | | | 扬子毛茛 | *Ranunculus sieboldii* |
| 61 | 睡莲科 | 水盾草属 | 竹节水松 | *Cabomba caroliniana* |
| 62 | | 莼属 | 莼菜 | *Brasenia schreberi* |
| 63 | | 芡属 | 芡实 | *Euryale ferox* |
| 64 | | 莲属 | 莲 | *Nelumbo nucifera* |
| 65 | | 萍蓬草属 | 欧亚萍蓬草 | *Nuphar luteum* |
| 66 | | | 萍蓬草 | *Nuphar pumilum* |
| 67 | | 睡莲属 | 白睡莲 | *Nymphaea alba* |
| 68 | | | 红睡莲 | *Nymphaea alba* var. *rubra* |
| 69 | | | 黄睡莲 | *Nymphaea mexicana* |
| 70 | | | 粉睡莲 | *Nymphaea odorata* var. *turicensis* |
| 71 | | | 睡莲 | *Nymphaea tetragona* |
| 72 | | 王莲属 | 亚马逊王莲 | *Victoria amazonica* |
| 73 | | | 克鲁兹王莲 | *Victoria cruziana* |
| 74 | 金鱼藻科 | 金鱼藻属 | 金鱼藻 | *Ceratophyllum demersum* |
| 75 | 三白草科 | 蕺菜属 | 蕺菜 | *Houttuynia cordata* |
| 76 | | 三白草属 | 三白草 | *Saururus chinensis* |
| 77 | 罂粟科 | 紫堇属 | 紫堇 | *Corydalis edulis* |

（续）

| 序 号 | 科 | 属 | 种 | |
|---|---|---|---|---|
| | | | 中文名 | 拉丁名 |
| 78 | 十字花科 | 荠属 | 荠 | *Capsella bursa - pastoris* |
| 79 | | 碎米荠属 | 碎米荠 | *Cardamine hirsuta* |
| 80 | | 臭荠属 | 臭荠 | *Coronopus didymus* |
| 81 | | 播娘蒿属 | 播娘蒿 | *Descurainia sophia* |
| 82 | | 蔊菜属 | 蔊菜 | *Rorippa indica* |
| 83 | | | 沼生蔊菜 | *Rorippa islandica* |
| 84 | | | 风花菜 | *Rorippa globosa* |
| 85 | 景天科 | 景天属 | 珠芽景天 | *Sedum bulbiferum* |
| 86 | | | 垂盆草 | *Sedum sarmentosum* |
| 87 | 蔷薇科 | 蛇莓属 | 蛇莓 | *Duchesnea indica* |
| 88 | | 委陵菜属 | 朝天委陵菜 | *Potentilla supina* |
| 89 | 豆科 | 苜蓿属 | 南苜蓿 | *Medicago polymorph* |
| 90 | | | 紫苜蓿 | *Medicago sativa* |
| 91 | | 合萌属 | 合萌 | *Aeschynomene indica* |
| 92 | | 大豆属 | 野大豆 | *Glycine soja* |
| 93 | | 草木犀属 | 草木犀 | *Melilotus officinalis* |
| 94 | | 田菁属 | 田菁 | *Sesbania cannabina* |
| 95 | | 野决明属 | 霍州油菜 | *Thermopsis chinensis* |
| 96 | | 车轴草属 | 白车轴草 | *Trifolium repens* |
| 97 | | 野豌豆属 | 窄叶野豌豆 | *Vicia angustifolia* |
| 98 | | | 救荒野豌豆 | *Vicia sativa* |
| 99 | 酢浆草科 | 酢浆草属 | 酢浆草 | *Oxalis corniculata* |
| 100 | | | 红花酢浆草 | *Oxalis corymbosa* |
| 101 | 牻牛儿苗科 | 老鹳草属 | 野老鹳草 | *Geranium carolinianum* |
| 102 | 大戟科 | 大戟属 | 泽漆 | *Euphorbia helioscopia* |
| 103 | | | 地锦草 | *Euphorbia humifusa* |
| 104 | 葡萄科 | 乌蔹莓属 | 乌蔹莓 | *Cayratia japonica* |
| 105 | 锦葵科 | 苘麻属 | 苘麻 | *Abutilon theophrasti* |
| 106 | 堇菜科 | 堇菜属 | 长萼堇菜 | *Viola inconspicua* |
| 107 | 葫芦科 | 盒子草属 | 盒子草 | *Actinostemma tenerum* |
| 108 | 千屈菜科 | 千屈菜属 | 千屈菜 | *Lythrum salicaria* |
| 109 | 菱科 | 菱属 | 乌菱 | *Trapa bicornis* |
| 110 | | | 野菱 | *Trapa incisa* var. *quadricaudata* |
| 111 | | | 菱 | *Trapa bispinosa* |
| 112 | | | 四角刻叶菱 | *Trapa incisa* |

（续）

| 序　号 | 科 | 属 | 种 | |
|---|---|---|---|---|
| | | | 中文名 | 拉丁名 |
| 113 | 柳叶菜科 | 丁香蓼属 | 假柳叶菜 | *Ludwigia epilobioides* |
| 114 | | | 黄花水龙 | *Ludwigia peploides* subsp. *Stipulacea* |
| 115 | | 月见草属 | 月见草 | *Oenothera biennis* |
| 116 | 小二仙草科 | 狐尾藻属 | 粉绿狐尾藻 | *Myriophyllum aquaticum* |
| 117 | | | 穗状狐尾藻 | *Myriophyllum spicatum* |
| 118 | 伞形科 | 水芹属 | 水芹 | *Oenanthe javanica* |
| 119 | | 蛇床属 | 蛇床 | *Cnidium monnieri* |
| 120 | | 胡萝卜属 | 野胡萝卜 | *Daucus carota* |
| 121 | | 天胡荽属 | 天胡荽 | *Hydrocotyle sibthorpioides* |
| 122 | | | 香菇草 | *Hydrocotyle vulgaris* |
| 123 | | 前胡属 | 滨海前胡 | *Peucedanum japonicum* |
| 124 | | 窃衣属 | 窃衣 | *Torilis scabra* |
| 125 | 报春花科 | 珍珠菜属 | 泽珍珠菜 | *Lysimachia candida* |
| 126 | | | 滨海珍珠菜 | *Lysimachia mauritiana* |
| 127 | 龙胆科 | 百金花属 | 百金花 | *Centaurium pulchellum* var. *altaicum* |
| 128 | 睡菜科 | 荇菜属 | 水金莲花 | *Nymphoides aurantiacum* |
| 129 | | | 荇菜 | *Nymphoides peltatum* |
| 130 | 萝藦科 | 萝藦属 | 萝藦 | *Metaplexis japonica* |
| 131 | 茜草科 | 拉拉藤属 | 小叶猪殃殃 | *Galium trifidum* |
| 132 | | 鸡矢藤属 | 鸡矢藤 | *Paederia scandens* |
| 133 | 旋花科 | 打碗花属 | 打碗花 | *Calystegia hederacea* |
| 134 | | | 肾叶打碗花 | *Calystegia soldanella* |
| 135 | | 马蹄金属 | 马蹄金 | *Dichondra repens* |
| 136 | | 番薯属 | 蕹菜 | *Ipomoea aquatica* |
| 137 | | 牵牛属 | 圆叶牵牛 | *Pharbitis purpurea* |
| 138 | 唇形科 | 野芝麻属 | 宝盖草 | *Lamium amplexicaule* |
| 139 | | 益母草属 | 益母草 | *Leonurus artemisia* |
| 140 | | 地笋属 | 硬毛地笋 | *Lycopus lucidus* var. *hirtus* |
| 141 | | 薄荷属 | 水薄荷 | *Mentha aquatica* |
| 142 | | 紫苏属 | 紫苏 | *Perilla frutescens* |
| 143 | | 鼠尾草属 | 荔枝草 | *Salvia plebeia* |
| 144 | | 水苏属 | 水苏 | *Stachys japonica* |
| 145 | 茄科 | 茄属 | 龙葵 | *Solanum nigrum* |
| 146 | 马钱科 | 醉鱼草属 | 醉鱼草 | *Buddleja lindleyana* |

（续）

| 序 号 | 科 | 属 | 种 | |
|---|---|---|---|---|
| | | | 中文名 | 拉丁名 |
| 147 | 玄参科 | 通泉草属 | 通泉草 | *Mazus japonicus* |
| 148 | | 婆婆纳属 | 蚊母草 | *Veronica peregrina* |
| 149 | | | 水苦荬 | *Veronica undulata* |
| 150 | | | 婆婆纳 | *Veronica didyma* |
| 151 | 车前科 | 车前属 | 车前 | *Plantago asiatica* |
| 152 | | | 大车前 | *Plantago major* |
| 153 | | | 北美车前 | *Plantago virginica* |
| 154 | 桔梗科 | 半边莲属 | 半边莲 | *Lobelia chinensis* |
| 155 | 菊科 | 蓟属 | 蓟 | *Cirsium japonicum* |
| 156 | | | 刺儿菜 | *Cirsium setosum* |
| 157 | | 蒿属 | 艾 | *Artemisia argyi* |
| 158 | | | 青蒿 | *Artemisia carvifolia* |
| 159 | | | 野艾蒿 | *Artemisia lavandulaefolia* |
| 160 | | | 猪毛蒿 | *Artemisia scoparia* |
| 161 | | 紫菀属 | 钻叶紫菀 | *Aster subulatus* |
| 162 | | 鬼针草属 | 鬼针草 | *Bidens pilosa* |
| 163 | | 白酒草属 | 香丝草 | *Conyza bonariensis* |
| 164 | | | 小蓬草 | *Conyza canadensis* |
| 165 | | | 苏门白酒草 | *Conyza sumatrensis* |
| 166 | | 醴肠属 | 鳢肠 | *Eclipta prostrata* |
| 167 | | 飞蓬属 | 春一年蓬 | *Erigeron philadelphicus* |
| 168 | | | 一年蓬 | *Erigeron annuus* |
| 169 | | 鼠麹草属 | 鼠麹草 | *Gnaphalium affine* |
| 170 | | 泥胡菜属 | 泥胡菜 | *Hemistepta lyrata* |
| 171 | | 旋覆花属 | 旋覆花 | *Inula japonica* |
| 172 | | | 线叶旋覆花 | *Inula lineariifolia* |
| 173 | | 小苦荬属 | 中华小苦荬 | *Ixeridium chinense* |
| 174 | | 苦荬菜属 | 苦荬菜 | *Ixeris polycephala* |
| 175 | | 马兰属 | 马兰 | *Kalimeris indica* |
| 176 | | 母菊属 | 母菊 | *Matricaria recutita* |
| 177 | | 翅果菊属 | 台湾翅果菊 | *Pterocypsela formosana* |
| 178 | | 豨莶属 | 腺梗豨莶 | *Siegesbeckia pubescens* |
| 179 | | 一枝黄花属 | 加拿大一枝黄花 | *Solidago canadensis* |
| 180 | | 苦苣菜属 | 苦苣菜 | *Sonchus oleraceus* |
| 181 | | | 花叶滇苦菜 | *Sonchus asper* |
| 182 | | | 短裂苦苣菜 | *Sonchus uliginosus* |

（续）

| 序 号 | 科 | 属 | 种 | |
|---|---|---|---|---|
| | | | 中文名 | 拉丁名 |
| 183 | 菊科 | 蒲公英属 | 蒲公英 | *Taraxacum mongolicum* |
| 184 | | 碱菀属 | 碱菀 | *Tripolium vulgare* |
| 185 | | 苍耳属 | 苍耳 | *Xanthium sibiricum* |
| 186 | | 黄鹌菜属 | 黄鹌菜 | *Youngia japonica* |
| 187 | 泽泻科 | 泽泻属 | 泽泻 | *Alisma plantago – aquatica* |
| 188 | | 泽薹草属 | 泽薹草 | *Caldesia parnassifolia* |
| 189 | | 慈姑属 | 野慈姑 | *Sagittaria trifolia* |
| 190 | | | 慈姑 | *Sagittaria trifolia* var. *sinensis* |
| 191 | 水鳖科 | 伊乐藻属 | 伊乐藻 | *Elodea nuttallii* |
| 192 | | 水鳖属 | 水鳖 | *Hydrocharis dubia* |
| 193 | | 黑藻属 | 黑藻 | *Hydrilla verticillata* |
| 194 | | 水车前属 | 龙舌草 | *Ottelia alismoides* |
| 195 | | 苦草属 | 苦草 | *Vallisneria natans* |
| 196 | | | 刺苦草 | *Vallisneria spinulosa* |
| 197 | 川蔓藻科 | 川蔓藻属 | 川蔓藻 | *Ruppia maritima* |
| 198 | 眼子菜科 | 眼子菜属 | 菹草 | *Potamogeton crispus* |
| 199 | | | 眼子菜 | *Potamogeton distinctus* |
| 200 | | | 光叶眼子菜 | *Potamogeton lucens* |
| 201 | | | 微齿眼子菜 | *Potamogeton maackianus* |
| 202 | | | 竹叶眼子菜 | *Potamogeton malaianus* |
| 203 | | | 篦齿眼子菜 | *Potamogeton pectinatus* |
| 204 | | | 小眼子菜 | *Potamogeton pusillus* |
| 205 | 茨藻科 | 茨藻属 | 大茨藻 | *Najas marina* |
| 206 | | | 小茨藻 | *Najas minor* |
| 207 | 百合科 | 葱属 | 薤白 | *Allium macrostemon* |
| 208 | 雨久花科 | 雨久花属 | 鸭舌草 | *Monochoria vaginalis* |
| 209 | | 凤眼莲属 | 凤眼莲 | *Eichhornia crassipes* |
| 210 | | 梭鱼草属 | 梭鱼草 | *Pontederia cordata* |
| 211 | | | 白花梭鱼草 | *Pontederia cordata* var. *alba* |
| 212 | 鸢尾科 | 唐菖蒲属 | 唐菖蒲 | *Gladiolus gandavensis* |
| 213 | | 鸢尾属 | 花菖蒲 | *Iris ensata*var. *hortensis* |
| 214 | | | 蝴蝶花 | *Iris japonica* |
| 215 | | | 鸢尾 | *Iris tectorum* |
| 216 | | | 黄菖蒲 | *Iris pseudacorus* |
| 217 | 鸭跖草科 | 鸭跖草属 | 鸭跖草 | *Commelina communis* |

（续）

| 序 号 | 科 | 属 | 种 | |
|---|---|---|---|---|
| | | | 中文名 | 拉丁名 |
| 218 | 禾本科 | 看麦娘属 | 看麦娘 | *Alopecurus aequalis* |
| 219 | | | 日本看麦娘 | *Alopecurus japonicus* |
| 220 | | 燕麦草属 | 银边草 | *Arrhenatherum elatius* var. *bulbosum* |
| 221 | | 芦竹属 | 芦竹 | *Arundo donax* |
| 222 | | 燕麦属 | 野燕麦 | *Avena fatua* |
| 223 | | 菵草属 | 菵草 | *Beckmannia syzigachne* |
| 224 | | 拂子茅属 | 拂子茅 | *Calamagrostis epigeios* |
| 225 | | | 密花拂子茅 | *Calamagrostis epigeios* var. *densiflora* |
| 226 | | 薏苡属 | 薏苡 | *Coix lacryma-jobi* |
| 227 | | 蒲苇属 | 蒲苇 | *Cortaderia selloana* |
| 228 | | 狗牙根属 | 狗牙根 | *Cynodon dactylon* |
| 229 | | 马唐属 | 马唐 | *Digitaria sanguinalis* |
| 230 | | 稗属 | 长芒稗 | *Echinochloa caudata* |
| 231 | | | 稗 | *Echinochloa orusgalli* |
| 232 | | | 无芒稗 | *Echinochloa crusgali* var. *mitis* |
| 233 | | | 西来稗 | *Echinochloa crusgali* var. *zelayensis* |
| 234 | | | 孔雀稗 | *Echinochloa cruspavonis* |
| 235 | | | 旱稗 | *Echinochloa hispidula* |
| 236 | | 穇属 | 牛筋草 | *Eleusine indica* |
| 237 | | 羊茅属 | 高羊茅 | *Festuca elata* |
| 238 | | 甜茅属 | 甜茅 | *Glyceria acutiflora* subsp. *japonica* |
| 239 | | 白茅属 | 白茅 | *Imperata cylindrica* |
| 240 | | 箬竹属 | 阔叶箬竹 | *Indocalamus latifolius* |
| 241 | | 柳叶箬属 | 柳叶箬 | *Isachne globosa* |
| 242 | | 假稻属 | 假稻 | *Leersia japonica* |
| 243 | | 千金子属 | 千金子 | *Leptochloa chinensis* |
| 244 | | 黑麦草属 | 多花黑麦草 | *Lolium multiflorum* |
| 245 | | | 毒麦 | *Lolium temulentum* |
| 246 | | 芒属 | 五节芒 | *Miscanthus floridulus* |
| 247 | | | 芒 | *Miscanthus sinensis* |
| 248 | | 稻属 | 稻 | *Oryza sativa* |
| 249 | | 雀稗属 | 双穗雀稗 | *Paspalum paspaloides* |
| 250 | | | 雀稗 | *Paspalum thunbergii* |
| 251 | | 狼尾草属 | 狼尾草 | *Pennisetum alopecuroides* |
| 252 | | 束尾草属 | 束尾草 | *Phacelurus latifolius* |
| 253 | | | 单穗束尾草 | *Phacelurus latifolius* var. *monostachyus* |

（续）

| 序号 | 科 | 属 | 种 | |
|---|---|---|---|---|
| | | | 中文名 | 拉丁名 |
| 254 | 禾本科 | 虉草属 | 虉草 | *Phalaris arundinacea* |
| 255 | | 芦苇属 | 芦苇 | *Phragmites australis* |
| 256 | | 早熟禾属 | 早熟禾 | *Poa annua* |
| 257 | | 棒头草属 | 棒头草 | *Polypogon fugax* |
| 258 | | | 长芒棒头草 | *Polypogon monspeliensis* |
| 259 | | 鹅观草属 | 鹅观草 | *Roegneria kamoji* |
| 260 | | 狗尾草属 | 大狗尾草 | *Setaria faberii* |
| 261 | | | 狗尾草 | *Setaria viridis* |
| 262 | | 米草属 | 互花米草 | *Spartina alterniflora* |
| 263 | | 荻属 | 荻 | *Triarrhena sacchariflora* |
| 264 | | 菰属 | 菰 | *Zizania latifolia* |
| 265 | | 结缕草属 | 结缕草 | *Zoysia japonica* |
| 266 | | | 中华结缕草 | *Zoysia sinica* |
| 267 | 天南星科 | 菖蒲属 | 菖蒲 | *Acorus calamus* |
| 268 | | | 石菖蒲 | *Acorus tatarinowii* |
| 269 | | 芋属 | 芋 | *Colocasia esculenta* |
| 270 | | | 紫芋 | *Colocasia tonoimo* |
| 271 | | 奥昂蒂属 | 金棒花 | *Orontium aquaticum* |
| 272 | 浮萍科 | 浮萍属 | 浮萍 | *Lemna minor* |
| 273 | | 紫萍属 | 紫萍 | *Spirodela polyrrhiza* |
| 274 | 香蒲科 | 香蒲属 | 水烛 | *Typha angustifolia* |
| 275 | | | 香蒲 | *Typha orientalis* |
| 276 | 莎草科 | 莎草属 | 风车草 | *Cyperus alternifolius* subsp. *flabelliformis* |
| 277 | | | 异型莎草 | *Cyperus difformis* |
| 278 | | | 高秆莎草 | *Cyperus exaltatus* |
| 279 | | | 碎米莎草 | *Cyperus iria* |
| 280 | | | 具芒碎米莎草 | *Cyperus microiria* |
| 281 | | | 纸莎草 | *Cyperus papyrus* |
| 282 | | | 香附子 | *Cyperus rotundus* |
| 283 | | 球柱草属 | 球柱草 | *Bulbostylis barbata* |
| 284 | | 薹草属 | 短鳞薹草 | *Carex augustinowiczii* |
| 285 | | | 翼果薹草 | *Carex neurocarpa* |
| 286 | | | 糙叶薹草 | *Carex scabrifolia* |
| 287 | | 飘拂草属 | 两歧飘拂草 | *Fimbristylis dichotoma* |
| 288 | | | 烟台飘拂草 | *Fimbristylis stauntoni* |

（续）

| 序 号 | 科 | 属 | 种 | |
|---|---|---|---|---|
| | | | 中文名 | 拉丁名 |
| 289 | 莎草科 | 荸荠属 | 荸荠 | *Heleocharis dulcis* |
| 290 | | | 羽毛荸荠 | *Heleocharis wichurai* |
| 291 | | 水莎草属 | 水莎草 | *Juncellus serotinus* |
| 292 | | 水蜈蚣属 | 短叶水蜈蚣 | *Kyllinga brevifolia* |
| 293 | | 扁莎属 | 球穗扁莎 | *Pycreus globosus* |
| 294 | | 藨草属 | 海三棱藨草 | *Scirpus* × *mariqueter* |
| 295 | | | 藨草 | *Scirpus triqueter* |
| 296 | | | 水葱 | *Scirpus validus* |
| 297 | | | 猪毛草 | *Scirpus wallichii* |
| 298 | | | 扁秆藨草 | *Scirpus planiculmis* |
| 299 | 美人蕉科 | 美人蕉属 | 蕉芋 | *Canna edulis* |
| 300 | | | 大花美人蕉 | *Canna generalis* |
| 301 | | | 美人蕉 | *Canna indica* |
| 302 | | | 紫叶美人蕉 | *Canna warscewiezii* |
| 303 | 竹芋科 | 再力花属 | 再力花 | *Thalia dealbata* |
| 304 | 兰科 | 绶草属 | 绶草 | *Spiranthes sinensis* |

# 附录2　上海湿地调查区域动物名录

| 序　号 | 目 | 科 | 种 | |
|---|---|---|---|---|
| | | | 中文名 | 拉丁名 |
| 一、脊椎动物 | | | | |
| (一)鱼　类 | | | | |
| 1 | 鲼目 | 魟科 | 中国魟 | *Dasyatis sinensis* |
| 2 | | 鳐科 | 孔鳐 | *Raja porosa* |
| 3 | 鲟形目 | 鲟科 | 中华鲟 | *Acipenser sinensis* |
| 4 | 鲱形目 | 鲱科 | 斑鰶 | *Konosirus punctatus* |
| 5 | | | 刀鲚 | *Coilia ectenes* |
| 6 | | | 凤鲚 | *Coilia mystus* |
| 7 | | 鳀科 | 中颌棱鳀 | *Thryssa mystax* |
| 8 | 海鲢目 | 大海鲢科 | 大海鲢 | *Megalops cyprinoides* |
| 9 | 鲑形目 | 银鱼科 | 陈氏新银鱼 | *Neosalanx tangkahkeii* |
| 10 | | | 大银鱼 | *Protosalanx chinensis* |
| 11 | | | 有明银鱼 | *Salanx ariakensis* |
| 12 | 灯笼鱼目 | 狗母鱼科 | 龙头鱼 | *Harpodon nehereus* |
| 13 | 鳗鲡目 | 蛇鳗科 | 尖吻蛇鳗 | *Ophichthus apicalis* |
| 14 | | 海鳗科 | 海鳗 | *Muraenesox cinereus* |
| 15 | | 鳗鲡科 | 鳗鲡 | *Anguilla japonica* |
| 16 | | 康吉鳗科 | 星康吉鳗 | *Conger myriaster* |
| 17 | 鲤形目 | 鲤科 | 棒花鱼 | *Abbottina rivularis* |
| 18 | | | 鳘 | *Hemiculter leucisculus* |
| 19 | | | 贝氏鳘 | *Hemiculter bleekeri* |
| 20 | | | 草鱼 | *Ctenopharyngodon idellus* |
| 21 | | | 青鱼 | *Mylopharyngodon piceus* |
| 22 | | | 赤眼鳟 | *Squaliobarbus curriculus* |
| 23 | | | 翘嘴鲌 | *Culter alburnus* |
| 24 | | | 蒙古鲌 | *Culter mongolicus* |
| 25 | | | 红鳍原鲌 | *Cultrichthys erythropterus* |
| 26 | | | 达氏鲌 | *Culter dabryi* |
| 27 | | | 银飘鱼 | *Pseudolaubuca sinensis* |
| 28 | | | 寡鳞飘鱼 | *Pseudolaubuca engraulis* |
| 29 | | | 光唇蛇鮈 | *Saurogobio gymnocheilus* |
| 30 | | | 似刺鳊鮈 | *Paracanthobrama guichenoti* |
| 31 | | | 长蛇鮈 | *Saurogobio dumerili* |

（续）

| 序 号 | 目 | 科 | 种 | |
|---|---|---|---|---|
| | | | 中文名 | 拉丁名 |
| 32 | 鲤形目 | 鲤科 | 蛇鮈 | *Saurogobio dabryi* |
| 33 | | | 黑鳍鳈 | *Sarcocheilichthys nigripinnis* |
| 34 | | | 花䱻 | *Hemibarbus maculatus* |
| 35 | | | 鲤 | *Cyprinus carpio* |
| 36 | | | 鲢 | *Hypophthalmichthys molitrix* |
| 37 | | | 鳙 | *Aristichthys nobilis* |
| 38 | | | 麦穗鱼 | *Pseudorasbora parva* |
| 39 | | | 鲫 | *Carassius auratus* |
| 40 | | | 华鳈 | *Sarcocheilichthys sinensis* |
| 41 | | | 鳊 | *Parabramis pekinensis* |
| 42 | | | 似鳊 | *Pseudobrama simoni* |
| 43 | | | 似鲚 | *Toxabramis swinhonis* |
| 44 | | | 大鳍鱊 | *Acheilognathus macropterus* |
| 45 | | | 兴凯鱊 | *Acheilognathus chankaensis* |
| 46 | | | 斑条鱊 | *Acheilognathus taenianalis* |
| 47 | | | 银鮈 | *Squalidus argentatus* |
| 48 | | | 银鲴 | *Xenocypris argentea* |
| 49 | | | 细鳞斜颌鲴 | *Plagiognathops microlepis* |
| 50 | | | 鲂 | *Megalobrama skolkovii* |
| 51 | | | 团头鲂 | *Megalobrama amblycephala* |
| 52 | | | 高体鳑鲏 | *Rhodeus ocellatus* |
| 53 | | | 中华鳑鲏 | *Rhodeus sinensis* |
| 54 | | 鳅科 | 中华花鳅 | *Cobitis sinensis* |
| 55 | | | 大鳞副泥鳅 | *Paramisgurnus dabryanus* |
| 56 | | | 泥鳅 | *Misgurnus anguillicaudatus* |
| 57 | 鲶形目 | 鲿科 | 光泽黄颡鱼 | *Pelteobagrus nitidus* |
| 58 | | | 黄颡鱼 | *Pelteobagrus fulvidraco* |
| 59 | | | 长吻鮠 | *Leiocassis longirostris* |
| 60 | | 鲶科 | 鲶 | *Silurus asotus* |
| 61 | | 胡子鲶科 | 胡鲶 | *Clarias fuscus* |
| 62 | | 海鲶科 | 中华海鲶 | *Arius sinensis* |
| 63 | 鳉形目 | 胎鳉科 | 食蚊鱼 | *Gambusia affinis* |
| 64 | 银汉鱼目 | 银汉鱼科 | 凡氏下银汉鱼 | *Hypoatherina valenciennei* |
| 65 | 颌针鱼目 | 鱵科 | 间下鱵 | *Hyporhamphus intermedius* |
| 66 | 刺鱼目 | 海龙鱼科 | 尖海龙 | *Syngnathus acus* |

（续）

| 序　号 | 目 | 科 | 种 | |
|---|---|---|---|---|
| | | | 中文名 | 拉丁名 |
| 67 | 鲻形目 | 马鲅科 | 多鳞四指马鲅 | *Eleutheronema rhadinum* |
| 68 | | 鲻科 | 棱鲮 | *Liza carinatus* |
| 69 | | | 鲮 | *Liza haematocheila* |
| 70 | | | 鲻 | *Mugil cephalus* |
| 71 | 鲈形目 | 鮨科 | 中国花鲈 | *Lateolabrax maculatus* |
| 72 | | 石首鱼科 | 银彭纳石首鱼 | *Pennahia argentatus* |
| 73 | | | 黄姑鱼 | *Nibea albiflora* |
| 74 | | | 白姑鱼 | *Argyrosomus argentatus* |
| 75 | | | 鳞鳍叫姑鱼 | *Johnius distinctus* |
| 76 | | | 鮸 | *Miichthys miiuy* |
| 77 | | | 棘头梅童鱼 | *Collichthys lucidus* |
| 78 | | 鲷科 | 黑棘鲷 | *Acanthopagrus schlegeli* |
| 79 | | 鰤科 | 香鰤 | *Callionymus olidus* |
| 80 | | 塘鳢科 | 尖头塘鳢 | *Eleotris oxycephala* |
| 81 | | | 乌塘鳢 | *Bostrychus sinensis* |
| 82 | | | 河川沙塘鳢 | *Odontobutis potamophila* |
| 83 | | 鳢科 | 乌鳢 | *Channa argus* |
| 84 | | 鰕虎鱼科 | 阿部鲻鰕虎鱼 | *Mugilogobius abei* |
| 85 | | | 髭缟鰕虎鱼 | *Tridentiger barbatus* |
| 86 | | | 矛尾鰕虎鱼 | *Chaeturichthys stigmatias* |
| 87 | | | 子陵吻鰕虎鱼 | *Rhinogobius giurinus* |
| 88 | | | 棕刺鰕虎鱼 | *Acanthogobius luridus* |
| 89 | | | 斑尾刺鰕虎鱼 | *Acanthogobius ommaturus* |
| 90 | | | 短棘缟鰕虎鱼 | *Tridentiger brevispinis* |
| 91 | | | 竿鰕虎鱼 | *Liciogobius guttatus* |
| 92 | | | 大弹涂鱼 | *Boleophthalmus pectinirostris* |
| 93 | | | 大鳍弹涂鱼 | *Periophthalmus magnuspinnatus* |
| 94 | | | 睛尾蝌蚪鰕虎鱼 | *Lophiogobius ocellicauda* |
| 95 | | | 拉氏狼牙鰕虎鱼 | *Odontamblyopus lacepedii* |
| 96 | | | 舌鰕虎鱼 | *Glossogobius giuris* |
| 97 | | | 小头栉孔鰕虎鱼 | *Ctenotrypauchen microcephalus* |
| 98 | | | 长体刺鰕虎鱼 | *Acanthogobius elongata* |
| 99 | | | 纹缟鰕虎鱼 | *Tridentiger trigonocephalus* |
| 100 | | 鳗鰕虎鱼科 | 孔鰕虎鱼 | *Trypauchen vagina* |
| 101 | | | 须鳗鰕虎鱼 | *Taenioides cirratus* |

（续）

| 序号 | 目 | 科 | 种 | |
|---|---|---|---|---|
| | | | 中文名 | 拉丁名 |
| 102 | 鲈形目 | 鳚科 | 美肩鳃鳚 | *Omobranchus elegans* |
| 103 | | 鲳科 | 镰鲳 | *Pampus echinogaster* |
| 104 | | | 银鲳 | *Pampus argenteus* |
| 105 | 鲉形目 | 鲬科 | 鲬 | *Platycephalus indicus* |
| 106 | 鲽形目 | 舌鳎科 | 焦氏舌鳎 | *Cynoglossus joyneri* |
| 107 | | | 半滑舌鳎 | *Cynoglossus semilaevis* |
| 108 | | | 宽体舌鳎 | *Cynoglossusrobustus* |
| 109 | | | 窄体舌鳎 | *Cynoglossusgracilis* |
| 110 | 鲀形目 | 鲀科 | 暗纹东方鲀 | *Takifugu obscurus* |
| 111 | | | 黄鳍东方鲀 | *Takifugu xanthopterus* |
| 112 | | | 双斑东方鲀 | *Takifugu bimaculatus* |
| 113 | | | 铅点东方鲀 | *Takifugu alboplumbeus* |
| **（二）两栖类** | | | | |
| 1 | 有尾目 | 隐鳃鲵科 | 大鲵 | *Andrias davidianus* |
| 2 | 无尾目 | 蟾蜍科 | 中华蟾蜍 | *Bufo gargarizans* |
| 3 | | | 花背蟾蜍 | *Bufo raddei* |
| 4 | | 树蟾科 | 日本树蟾 | *Hyla immaculata* |
| 5 | | | 中国树蟾 | *Hyla chinensis* |
| 6 | | 蛙科 | 虎纹蛙 | *Hoplobatrachus rugulosus* |
| 7 | | | 沼水蛙 | *Rana guentheri* |
| 8 | | | 泽陆蛙 | *Rana multistriata* |
| 9 | | | 黑斑蛙 | *Rana nigromaculata* |
| 10 | | | 金线侧褶蛙 | *Pelophylax plancyi* |
| 11 | | | 镇海林蛙 | *Rana zhenhaiensis* |
| 12 | | | 斑腿泛树蛙 | *Polypedates megacephalus* |
| 13 | | | 大泛树蛙 | *Polypedates dennysi* |
| 14 | | | 饰纹姬蛙 | *Microhyla ornata* |
| **（三）爬行类** | | | | |
| 1 | 龟鳖目 | 平胸龟科 | 平胸龟 | *Platysternon megacephalum* |
| 2 | | 龟科 | 大头乌龟 | *Chinemys megalocephala* |
| 3 | | | 乌龟 | *Chinemy sreevesii* |
| 4 | | | 黄缘盒龟 | *Cistoclemmys flavomarginata* |
| 5 | | | 中华花龟 | *Ocadia sinensis* |
| 6 | | 陆龟科 | 缅甸陆龟 | *Geochlone elongata* |

（续）

| 序　号 | 目 | 科 | 种 | |
|---|---|---|---|---|
| | | | 中文名 | 拉丁名 |
| 7 | 龟鳖目 | 海龟科 | 蠵龟 | *Testudo caretta* |
| 8 | | | 玳瑁 | *Eretmochelys imbricata* |
| 9 | | | 丽龟 | *Lepidochelys olivacea* |
| 10 | | 棱皮龟科 | 棱皮龟 | *Dermochelys coriacea* |
| 11 | | 鳖科 | 鼋 | *Pelochelys cantorii* |
| 12 | | | 鳖 | *Pelodiscus sinensis* |
| 13 | | | 斑鳖 | *Rafetus swinhoei* |
| 14 | 蜥蜴目 | 壁虎科 | 多疣壁虎 | *Gekko japonicus* |
| 15 | | | 铅山壁虎 | *Gekko hokouensis* |
| 16 | | 石龙子科 | 石龙子 | *Eumeces chinensis* |
| 17 | | | 蓝尾石龙子 | *Eumeces elegans* |
| 18 | | | 宁波滑蜥 | *Scincella modesta* |
| 19 | | | 铜蜓蜥 | *Sphenomorphus indicus* |
| 20 | | 蜥蜴科 | 北草蜥 | *Takydromus septentrionalis* |
| 21 | 蛇目 | 游蛇科 | 黑脊蛇 | *Achalinus spinalis* |
| 22 | | | 赤链蛇 | *Dinodon rufozonatum* |
| 23 | | | 双斑锦蛇 | *Elaphe bimaculata* |
| 24 | | | 王锦蛇 | *Elaphe carinata* |
| 25 | | | 白条锦蛇 | *Elaphe dione* |
| 26 | | | 红点锦蛇 | *Elaphe rufodorsata* |
| 27 | | | 环纹华游蛇 | *Sinonatrix aequifasciata* |
| 28 | | | 黑眉锦蛇 | *Elaphe taeniura* |
| 29 | | | 黑头剑蛇 | *Sibynophis chinensis* |
| 30 | | | 赤链华游蛇 | *Sinonatrix annularis* |
| 31 | | | 虎斑颈槽蛇 | *Rhabdophis tigrinus* |
| 32 | | | 翠青蛇 | *Cyclophiops major* |
| 33 | | | 乌梢蛇 | *Zaocys dhumnades* |
| 34 | | | 青环海蛇 | *Hydrophis cyanocinctus* |
| 35 | | 蝰科 | 短尾蝮 | *Gloydius brevicaudus* |
| 36 | 鳄目 | 鼍科 | 扬子鳄 | *Alligator sinensis* |
| | | | **（四）鸟　类** | |
| 1 | 潜鸟目 | 潜鸟科 | 红喉潜鸟 | *Gavia stellata* |
| 2 | 䴙䴘目 | 䴙䴘科 | 小䴙䴘 | *Tachybaptus ruficollis* |
| 3 | | | 角䴙䴘 | *Podiceps auritus* |
| 4 | | | 黑颈䴙䴘 | *Podiceps nigricollis* |
| 5 | | | 凤头䴙䴘 | *Podiceps cristatus* |

（续）

| 序 号 | 目 | 科 | 种 | |
|---|---|---|---|---|
| | | | 中文名 | 拉丁名 |
| 6 | 鹈形目 | 鸬鹚科 | ［普通］鸬鹚 | *Phalacrocorax carbo* |
| 7 | 鹳形目 | 鹭科 | 苍鹭 | *Ardea cinerea* |
| 8 | | | 草鹭 | *Ardea purpurea* |
| 9 | | | 绿鹭 | *Butorides striatus* |
| 10 | | | 池鹭 | *Ardeola bacchus* |
| 11 | | | 牛背鹭 | *Bubulcus ibis* |
| 12 | | | 大白鹭 | *Egretta alba* |
| 13 | | | 白鹭 | *Egretta garzetta* |
| 14 | | | 黄嘴白鹭 | *Egretta eulophotes* |
| 15 | | | 中白鹭 | *Egretta intermedia* |
| 16 | | | 夜鹭 | *Nycticorax nycticorax* |
| 17 | | | 黄苇鳽 | *Ixobrychus sinensis* |
| 18 | | | 大麻鳽 | *Botaurus stellaris* |
| 19 | | 鹳科 | 东方白鹳 | *Ciconia boyciana* |
| 20 | | 鹮科 | 白琵鹭 | *Platalea leucorodia* |
| 21 | | | 黑脸琵鹭 | *Platalea minor* |
| 22 | 雁形目 | 鸭科 | 鸿雁 | *Anser cygnoides* |
| 23 | | | 豆雁 | *Anser fabalis* |
| 24 | | | 小天鹅 | *Cygnus columbianus* |
| 25 | | | 翘鼻麻鸭 | *Tadorna tadorna* |
| 26 | | | 绿翅鸭 | *Anas crecca* |
| 27 | | | 罗纹鸭 | *Anas falcata* |
| 28 | | | 绿头鸭 | *Anas platyrhynchos* |
| 29 | | | 斑嘴鸭 | *Anas poecilorhyncha* |
| 30 | | | 赤膀鸭 | *Anas strepera* |
| 31 | | | 赤颈鸭 | *Anas penelope* |
| 32 | | | 白眉鸭 | *Anas querquedula* |
| 33 | | | 琵嘴鸭 | *Anas clypeata* |
| 34 | | | 红头潜鸭 | *Aythya ferina* |
| 35 | | | 凤头潜鸭 | *Aythya fuligula* |
| 36 | | | 鸳鸯 | *Aix galericulata* |
| 37 | | | 斑头秋沙鸭 | *Mergus albellus* |
| 38 | | | 普通秋沙鸭 | *Mergus merganser* |

（续）

| 序 号 | 目 | 科 | 种 | |
|---|---|---|---|---|
| | | | 中文名 | 拉丁名 |
| 39 | 鹤形目 | 鹤科 | 灰鹤 | *Grus grus* |
| 40 | | | 白头鹤 | *Grus monacha* |
| 41 | | | 沙丘鹤 | *Grus canadensis* |
| 42 | | 秧鸡科 | 白胸苦恶鸟 | *Amaurornis phoenicurus* |
| 43 | | | 黑水鸡 | *Gallinula chloropus* |
| 44 | | | 白骨顶 | *Fulica atra* |
| 45 | | | 小田鸡 | *Porzana pusilla* |
| 46 | 鸻形目 | 雉鸻科 | 水雉 | *Hydrophasianus chirurgus* |
| 47 | | 鸻科 | 灰斑鸻 | *Pluvialis squatarola* |
| 48 | | | 金[斑]鸻 | *Pluvialis dominica* |
| 49 | | | 金眶鸻 | *Charadrius dubius* |
| 50 | | | 环颈鸻 | *Charadrius alexandrinus* |
| 51 | | | 蒙古沙鸻 | *Charadrius mongolus* |
| 52 | | | 铁嘴沙鸻 | *Charadrius leschenaultii* |
| 53 | | 鹬科 | 小杓鹬 | *Numenius minutus* |
| 54 | | | 中杓鹬 | *Numenius phaeopus* |
| 55 | | | 白腰杓鹬 | *Numenius arquata* |
| 56 | | | 红腰杓鹬 | *Numenius madagascariensis* |
| 57 | | | 黑尾塍鹬 | *Limosa limosa* |
| 58 | | | 斑尾塍鹬 | *Limosa lapponica* |
| 59 | | | 红脚鹤鹬 | *Tringa erythropus* |
| 60 | | | 红脚鹬 | *Tringa totanus* |
| 61 | | | 泽鹬 | *Tringa stagnatilis* |
| 62 | | | 青脚鹬 | *Tringa nebularia* |
| 63 | | | 白腰草鹬 | *Tringa ochropus* |
| 64 | | | 林鹬 | *Tringa glareola* |
| 65 | | | 矶鹬 | *Tringa hypoleucos* |
| 66 | | | 灰尾漂鹬 | *Heteroscelus brevipes* |
| 67 | | | 翘嘴鹬 | *Xenus cinereus* |
| 68 | | | 翻石鹬 | *Arenaria interpres* |
| 69 | | | 半蹼鹬 | *Limnodromus semipalmatus* |
| 70 | | | 扇尾沙锥 | *Gallinago gallinago* |
| 71 | | | 丘鹬 | *Scolopax rusticola* |
| 72 | | | 红腹滨鹬 | *Calidris canutus* |
| 73 | | | 大滨鹬 | *Calidris tenuirostris* |

（续）

| 序 号 | 目 | 科 | 种 | |
|---|---|---|---|---|
| | | | 中文名 | 拉丁名 |
| 74 | 鸻形目 | 鹬科 | 红胸滨鹬 | *Calidris ruficollis* |
| 75 | | | 长趾滨鹬 | *Calidris subminuta* |
| 76 | | | 乌脚滨鹬 | *Calidris temminckii* |
| 77 | | | 尖尾滨鹬 | *Calidris acuminata* |
| 78 | | | 黑腹滨鹬 | *Calidris alpina* |
| 79 | | | 弯嘴滨鹬 | *Calidris ferruginea* |
| 80 | | | 斑胸滨鹬 | *Calidris melanotos* |
| 81 | | | 阔嘴鹬 | *Limicola falcinellus* |
| 82 | | 反嘴鹬科 | 黑翅长脚鹬 | *Himantopus himantopus* |
| 83 | | 燕鸻科 | 普通燕鸻 | *Glareola maldivarum* |
| 84 | 鸥形目 | 鸥科 | 黑尾鸥 | *Larus crassirostris* |
| 85 | | | 海鸥 | *Larus canus* |
| 86 | | | 红嘴鸥 | *Larus ridibundus* |
| 87 | | | 黑嘴鸥 | *Larus saundersi* |
| 88 | | | 银鸥 | *Larus argentatus* |
| 89 | | 燕鸥科 | 须浮鸥 | *Chlidonias hybrida* |
| 90 | | | 白翅浮鸥 | *Chlidonias leucoptera* |
| 91 | | | 鸥嘴噪鸥 | *Gelochelidon nilotica* |
| 92 | | | 普通燕鸥 | *Sterna hirundo* |
| 93 | | | 白额燕鸥 | *Sterna albifrons* |
| 94 | 隼形目 | 鹰科 | 鹗 | *Pandion haliaetus* |
| 95 | 佛法僧目 | 翠鸟科 | 普通翠鸟 | *Alcedo atthis* |
| **(五)兽　类** | | | | |
| 1 | 食虫目 | 鼩鼱科 | 大麝鼩 | *Crocidura lasiura* |
| 2 | | | 小麝鼩 | *Crocidura Suaveolens* |
| 3 | | | 灰麝鼩 | *Crocidura attenuata* |
| 4 | | | 臭鼩 | *Suncus murinus* |
| 5 | | 猬科 | 刺猬 | *Erinaceus europeus* |
| 6 | 翼手目 | 菊头蝠科 | 马铁菊头蝠 | *Rhinolophus ferrumequinum* |
| 7 | | 蝙蝠科 | 普通伏翼 | *Pipistrellus abramus* |
| 8 | | | 灰伏翼 | *Pipistrellus pulveratus* |
| 9 | | | 山蝠 | *Nyctalus lasiopterus* |
| 10 | | | 棕蝠 | *Eptesicus seronitus* |
| 11 | | | 长翼蝠 | *Miniopterus schreibersi* |
| 12 | | | 绯鼠耳蝠 | *Myotis formosus* |

（续）

| 序号 | 目 | 科 | 种 | |
|---|---|---|---|---|
| | | | 中文名 | 拉丁名 |
| 13 | 翼手目 | 蝙蝠科 | 须鼠耳蝠 | *Myotis mystacinus* |
| 14 | | | 大鼠耳蝠 | *Myotis myotis* |
| 15 | | | 小黄蝠 | *Scotophilus temmincki* |
| 16 | 鳞甲目 | 鲮鲤科 | 穿山甲 | *Manis pentadactyla* |
| 17 | 兔形目 | 兔科 | 华南兔 | *Lepus sinensis* |
| 18 | 啮齿目 | 松鼠科 | 赤腹松鼠 | *Callosciurus erythraeus* |
| 19 | | 仓鼠科 | 花背仓鼠 | *Cricetulus barabensis* |
| 20 | | 鼠科 | 黑线姬鼠 | *Apodemus agrarius* |
| 21 | | | 黑家鼠 | *Rattus rattus* |
| 22 | | | 黄胸鼠 | *Rattus flavipectus* |
| 23 | | | 大足鼠 | *Rattus nitidus* |
| 24 | | | 褐家鼠 | *Rattus norvegicus* |
| 25 | | | 社鼠 | *rattus niviventer* |
| 26 | | | 小家鼠 | *Mus musculus* |
| 27 | | | 巢鼠 | *Micromys minutus* |
| 28 | 鲸目 | 海豚科 | 宽吻海豚 | *Tursiops truncatus* |
| 29 | | | 糙齿海豚 | *Steno breaanensis* |
| 30 | | 鼠海豚科 | 江豚 | *Neophocaena phocaenoides* |
| 31 | | 领航鲸科 | 领航鲸 | *Globicephala macrorhynchus* |
| 32 | | 河豚科 | 白鳍豚 | *Lipotes vexillifer* |
| 33 | 鳍脚目 | 海豹科 | 斑海豹 | *Phoca largha* |
| 34 | 食肉目 | 鼬科 | 黄鼬 | *Mustela sibirica* |
| 35 | | | 鼬獾 | *Melogale moschata* |
| 36 | | | 狗獾 | *Meles meles* |
| 37 | | | 猪獾 | *Arctonyx collaris* |
| 38 | | | 水獭 | *Lutra lutra* |
| 39 | | 灵猫科 | 小灵猫 | *Viverricula indica* |
| 40 | | | 大灵猫 | *Viverra zibetha* |
| 41 | | 猫科 | 豹猫 | *Prionailurus bengalensis* |
| 42 | | 犬科 | 赤狐 | *Vulpes vulpes* |
| 43 | | | 貉 | *Nyctereutes procyonoides* |
| 44 | 偶蹄目 | 鹿科 | 獐 | *Hydropotes inermis* |
| | | **二、无脊椎动物** | | |
| 1 | 水螅虫目 | 钟螅科 | 薮枝螅 | *Obelia* sp. |
| 2 | 海葵目 | 海葵科 | 海葵 | *Actiniidae* sp. |

（续）

| 序 号 | 目 | 科 | 种 | |
|---|---|---|---|---|
| | | | 中文名 | 拉丁名 |
| 3 | 异纽虫目 | 脑纽科 | 纽虫 | *Cerebratulina* sp. |
| 4 | 革囊星虫目 | 革囊星虫科 | 可口革囊星虫 | *Phasolosma esculenta* |
| 5 | 吻蛭目 | 舌蛭科 | 扁舌蛭 | *Glossiphonia complanata* |
| 6 | 颤蚓目 | 颤蚓科 | 霍甫水丝蚓 | *Limnodrilus hoffmeisteri* |
| 7 | | | 苏氏尾鳃蚓 | *Branchiura sowerbyi* |
| 8 | | | 正颤蚓 | *Tubifex tubifex* |
| 9 | 叶须虫目 | 沙蚕科 | 日本刺沙蚕 | *Neanthes japonica* |
| 10 | | | 双齿围沙蚕 | *Perinere aibuhitensis* |
| 11 | | | 多齿围沙蚕 | *Perinereis nuntia* |
| 12 | | | 疣吻沙蚕 | *Tylorrhynchus heterochaetus* |
| 13 | | 齿吻沙蚕科 | 齿吻沙蚕 | *Nephtys* sp. |
| 14 | | | 圆锯齿吻沙蚕 | *Dentinephtys glabra* |
| 15 | | | 加州齿吻沙蚕 | *Nephtys californiensis* |
| 16 | | | 日本角吻沙蚕 | *Goniada japonica* |
| 17 | | | 寡鳃齿吻沙蚕 | *Nephtys oligobranchia* |
| 18 | | | 多鳃齿吻沙蚕 | *Nephtys polybranchia* |
| 19 | 矶沙蚕目 | 欧努菲虫科 | 智利巢沙蚕 | *Diopatra chiliensis* |
| 20 | | 矶沙蚕科 | 岩虫 | *Marphysa sanguinea* |
| 21 | 锥头虫目 | 锥头虫科 | 叉毛锥头虫 | *Orbinia dicrochaeta* |
| 22 | 海蛹目 | 海蛹科 | 海蛹 | *Opheliidae* sp. |
| 23 | 扇毛虫目 | 不倒翁虫科 | 不倒翁虫 | *Sternaspis scutata* |
| 24 | | 小头虫科 | 小头虫 | *Capitella capitata* |
| 25 | | | 丝异蚓虫 | *Heteromastus filiformis* |
| 26 | | | 背蚓虫 | *Notomastus latericeus* |
| 27 | | | 异头虫 | *Capitellethus dispar* |
| 28 | 樱鳃虫目 | 樱鳃虫科 | 尖刺缨虫 | *Potamilla acuminata* |
| 29 | | | 肾刺缨虫 | *Potamilla reniformis* |
| 30 | | 龙介虫科 | 内刺盘管虫 | *Hydroides ezoensis* |
| 31 | 原始腹足目 | 笠贝科 | 矮拟帽贝 | *Patelloida pygmaea* |
| 32 | | 马蹄螺科 | 托氏蜎螺 | *Umbonium thomasi* |
| 33 | | 蜒螺科 | 齿纹蜒螺 | *Nerita yoldi* |
| 34 | | | 紫游螺 | *Neritina violacea* |

（续）

| 序号 | 目 | 科 | 种 | |
|---|---|---|---|---|
| | | | 中文名 | 拉丁名 |
| 35 | 中腹足目 | 田螺科 | 方形环棱螺 | *Bellamya quadraya* |
| 36 | | | 梨形环棱螺 | *Bellamya purificata* |
| 37 | | | 铜锈环棱螺 | *Bellamya aeruginosa* |
| 38 | | 滨螺科 | 中间拟滨螺 | *littorina scabra* |
| 39 | | 微小螺科 | 微小螺 | *Elachisina* sp. |
| 40 | | 拟沼螺科 | 拟沼螺 | *Assiminea* sp. |
| 41 | | 沼螺科 | 堇拟沼螺 | *Assiminea violacea* |
| 42 | | | 绯拟沼螺 | *Assiminea latericea* |
| 43 | | 狭口螺科 | 光滑狭口螺 | *Stenothyia glabra* |
| 44 | | 肋蜷科 | 方格短沟蜷 | *Semisulcospira cancellata* |
| 45 | | 汇螺科 | 中华拟蟹守螺 | *Cerithidea sinensis* |
| 46 | | | 尖锥拟蟹守螺 | *Cerithidea largillierti* |
| 47 | | 玉螺科 | 微黄镰玉螺 | *Lunatia gilva* |
| 48 | 新腹足目 | 骨螺科 | 红螺 | *Rapana bezoar* |
| 49 | | | 疣荔枝螺 | *Thais clavigera* |
| 50 | | 核螺科 | 丽核螺 | *Pyrene bella* |
| 51 | | 织纹螺科 | 纵肋织纹螺 | *Nassarius variciferus* |
| 52 | | | 红带织纹螺 | *Nassarius succinctus* |
| 53 | | 笋螺科 | 三列笋螺 | *Terebra triseriata* |
| 54 | 头楯目 | 阿地螺科 | 泥螺 | *Bullacta exarata* |
| 55 | | 三叉螺科 | 圆筒原盒螺 | *Eocylichna braunsi* |
| 56 | 基眼目 | 耳螺科 | 中国耳螺 | *Ellobium chinensis* |
| 57 | | 椎实螺科 | 耳萝卜螺 | *Radix auricularia* |
| 58 | 柄眼目 | 石磺科 | 瘤背石磺 | *Onchidium struma* |
| 59 | 列齿目 | 蚶科 | 双纹须蚶 | *Barbatia bistrigata* |
| 60 | 异柱目 | 贻贝科 | 湖沼股蛤 | *Limnoperna lacustris* |
| 61 | | 牡蛎科 | 近江牡蛎 | *Crassostrea rivularis* |
| 62 | 真瓣鳃目 | 蚌科 | 圆顶珠蚌 | *Unio douglasiae* |
| 63 | | | 扭蚌 | *Arconaia lanceolata* |
| 64 | | | 三角帆蚌 | *Hyriopsis cumingii* |
| 65 | | | 剑状矛蚌 | *Lanceolaria gladiola* |
| 66 | | | 短褶矛蚌 | *Lanceolaria grayana* |
| 67 | | | 背瘤丽蚌 | *Lamprotula leai* |
| 68 | | | 椭圆丽蚌 | *Lamprotula gottschei* |
| 69 | | | 薄壳丽蚌 | *Lamprotula leleci* |

（续）

| 序 号 | 目 | 科 | 种 | |
|---|---|---|---|---|
| | | | 中文名 | 拉丁名 |
| 70 | 真瓣鳃目 | 蚌科 | 背角无齿蚌 | *Anodonta woodiana woodiana* |
| 71 | | | 圆背角无齿蚌 | *Anodonta woodianapacifica* |
| 72 | | 截蛏科 | 中国淡水蛏 | *Novaculina chinensis* |
| 73 | | 蚬科 | 河蚬 | *Corbicula fluminea* |
| 74 | | 球蚬科 | 湖球蚬 | *Sphaerium lacustre* |
| 75 | | 帘蛤科 | 短文蛤 | *Meretrix petechialis* |
| 76 | | 蛤蜊科 | 四角蛤蜊 | *Mactra veneyformis* |
| 77 | | 紫云蛤科 | 紫彩血蛤 | *Sanguinolaria olivacea* |
| 78 | | 樱蛤科 | 彩虹明樱蛤 | *Moerella iridescens* |
| 79 | | 绿螂科 | 中国绿螂 | *Glauconome chinensis* |
| 80 | | 竹蛏科 | 缢蛏 | *Sinonovacula constricta* |
| 81 | 海螂目 | 篮蛤科 | 黑龙江河篮蛤 | *Potamocorbula amurensis* |
| 82 | | 欧蛤科 | 吉村马特海笋 | *Martesia yoshimurai* |
| 83 | 围胸目 | 藤壶科 | 网纹藤壶 | *Balanus reticulatus* |
| 84 | | | 白脊管藤壶 | *Fistulobalanus albicostatus* |
| 85 | | | 泥藤壶 | *Balanus uliginousus* |
| 86 | 端足目 | 蜾蠃蜚科 | 中华蜾蠃蜚 | *Corophium sinensis* |
| 87 | | | 日本旋卷蜾蠃蜚 | *Corophium volutator* |
| 88 | | | 河蜾蠃蜚 | *Corophium acherusicum* |
| 89 | | | 日本大螯蜚 | *Grandidierella japonica* |
| 90 | | | 卷曲蜾蠃蜚 | *Corophium volutatator* |
| 91 | | | 蜾蠃蜚 | *Corophium* sp. |
| 92 | | 跳钩虾科 | 板跳钩虾 | *Orchestia platensis* |
| 93 | | 平额钩虾科 | 硬爪始根钩虾 | *Eohaustorius cheliferus* |
| 94 | | 尖头钩虾科 | 尖叶狐钩虾 | *Grandifoxus cuspis* |
| 95 | | 钩虾科 | 独眼钩虾 | *Monoculodes limnophilus* |
| 96 | | | 钩虾 | *Gammarus* sp. |
| 97 | 等足目 | 纺锤水虱科 | 前足罗司水虱 | *Rocinela propodialis* |
| 98 | | 团水虱科 | 雷伊著名团水虱 | *Gnorimosphaeroma rayi* |
| 99 | | 盖鳃水虱科 | 光背节鞭水虱 | *Synidotea laevidorsalis* |
| 100 | | 栉水虱科 | 水栉水虱 | *Asellus aquaticus* |
| 101 | | 海蟑螂科 | 海蟑螂 | *Ligia exotica* |
| 102 | 十足目 | 樱虾科 | 中国毛虾 | *Acetes chinensis* |
| 103 | | 玻璃虾科 | 细螯虾 | *Leptochela gracilis* |
| 104 | | 鼓虾科 | 日本鼓虾 | *Alpheus japonicus* |

（续）

| 序　号 | 目 | 科 | 种 | |
|---|---|---|---|---|
| | | | 中文名 | 拉丁名 |
| 105 | 十足目 | 长臂虾科 | 脊尾白虾 | *Exopalaemon carinicauda* |
| 106 | | | 安氏白虾 | *Exopalaemon annandalei* |
| 107 | | | 秀丽白虾 | *Exopalaemon modestus* |
| 108 | | | 葛氏长臂虾 | *Palaemon gravieri* |
| 109 | | | 日本沼虾 | *Macrobrachium nipponense* |
| 110 | | 玉蟹科 | 豆形拳蟹 | *Philyra pisum* |
| 111 | | 馒头蟹科 | 中华虎头蟹 | *Orithyia sinica* |
| 112 | | 沙蟹科 | 弧边招潮 | *Uca arcuata* |
| 113 | | | 宽身大眼蟹 | *Macrophthalmus dilatatum* |
| 114 | | | 特异大权蟹 | *Macromedaeus distinguendus* |
| 115 | | | 谭氏泥蟹 | *Ilyrplax deschampsi* |
| 116 | | | 圆球股窗蟹 | *Scopimera globosa* |
| 117 | | | 四齿大额蟹 | *Metopograpsus quadridentatus* |
| 118 | | | 狭颚绒螯蟹 | *Eriocheir leptognathus* |
| 119 | | | 中华绒螯蟹 | *Eriocheir sinensis* |
| 120 | | | 肉球近方蟹 | *Hemigrapsus sanguineus* |
| 121 | | | 绒螯近方蟹 | *Hemigrapsus penicillatus* |
| 122 | | | 红螯螳臂相手蟹 | *Chinomantes haematocheir* |
| 123 | | | 无齿螳臂相手蟹 | *Chinomantes dehaani* |
| 124 | | | 褶痕相手蟹 | *Sesarma plicata* |
| 125 | | | 中型仿相手蟹 | *Sesarmops intermedium* |
| 126 | | | 沈氏厚蟹 | *Helice sheni* |
| 127 | | | 伍氏厚蟹 | *Helice wuana* |
| 128 | | 梭子蟹科 | 三疣梭子蟹 | *Portunus trituberculatus* |
| 129 | | | 天津厚蟹 | *Helice tientsinensis* |
| 130 | | 扇蟹科 | 长足长方蟹 | *Metaplax longipes* |
| 131 | | 方蟹科 | 日本大眼蟹 | *Macrophthalmus japonicus* |
| 132 | | | 拟穴青蟹 | *Scylla paramamosain* |
| 133 | 双翅目 | 摇蚊科 | 摇蚊幼虫 | *Chironmidae larve* |
| 134 | | | 羽摇蚊 | *Chironomus plumosus* |
| 135 | | | 红裸须摇蚊 | *Propsilocerus akamusi* |
| 136 | | | 中国长足摇蚊 | *Tanypus chinensisi* |
| 137 | | 蠓科 | 蠓科幼虫 | *Ceratopogonidae larvae* |
| 138 | | 蚊总科 | 双翅目幼虫 | *Diptera larvae* |
| 139 | 直翅目 | 蝼蛄科 | 蝼蛄 | *Gryllotalpa orientalis* |

（续）

| 序　号 | 目 | 科 | 种 | |
|---|---|---|---|---|
| | | | 中文名 | 拉丁名 |
| 140 | 革翅目 | 蠼螋科 | 蠼螋 | *Allodablia* sp. |
| 141 | 鳞翅目 | 蛾总科 | 鳞翅目幼虫 | *Lepidoptera larvae* |
| 142 | 鞘翅目 | 虎甲科 | 虎甲科幼虫 | *Cicidelidae larvae* |
| 143 | | 叶甲科 | 水叶甲科幼虫 | *Chrysomelidae larvae* |
| 144 | 蜻蜓目 | 蜻蜓科 | 蜻蜓目幼虫 | *Odonata larvae* |

# 附录3　上海重点调查湿地概况

**1. 崇明东滩国际重要湿地**

崇明东滩国际重要湿地范围面积32600公顷，湿地面积为25828.90公顷，主要湿地类型为河口水域湿地和淤泥质海滩湿地。地理坐标东经121°45′~122°04′，北纬31°25′~31°38′；位于崇明县内。

湿地拥有高等植物4门42科84属106种。国家重点保护野生植物2种。其中，国家Ⅱ级保护野生植物2种。记录到外来植物9科18属19种。湿地植物划分为2个植被型组，4个植被型，8个群系。

有脊椎动物22目33科105种。其中，鱼类12目17科38种，两栖类1目2科4种，爬行类2目2科2种，水鸟7目12科60种，哺乳类1目1科1种。国家重点保护野生动物9种。其中，国家Ⅰ级保护野生动物2种，国家Ⅱ级保护野生动物7种。

于1998年建立省级自然保护区，2005年晋升为国家级自然保护区。受中华人民共和国国际湿地公约履约办公室管理，成立了上海市崇明东滩鸟类自然保护区管理处。主要受到围垦、外来物种入侵威胁。

**2. 长江口中华鲟国际重要湿地**

长江口中华鲟国际重要湿地范围面积3760公顷，湿地面积为3760公顷，主要湿地类型为河口水域湿地。地理坐标东经122°03′~122°08′，北纬31°28′~31°32′；位于崇明县内。

区域内无高等植物分布。

有脊椎动物10目16科29种。其中，鱼类10目16科29种。由于本调查区域均为深水区域，未记录到两栖爬行动物、水鸟和哺乳类。

于2002年建立省级自然保护区，同年晋升为国家级自然保护区。受中华人民共和国国际湿地公约履约办公室管理，成立了上海市长江口中华鲟自然保护区管理处。

主要受到污染、过度捕捞和采集、水利工程潜在威胁。

**3. 崇明岛周缘湿地**

崇明岛周缘湿地面积为33366.81公顷，主要湿地类型为河口水域湿地和淤泥质海滩湿地。地理坐标东经121°07′~121°51′，北纬31°25′~31°52′；位于崇明县内。

湿地拥有高等植物3门30科72属84种。国家重点保护野生植物1种。其中，国家Ⅰ级保护野生植物1种。记录到外来植物8科17属17种。湿地植物划分为3个植被型组，4个植被型，7个群系。

有脊椎动物15目25科84种。其中，鱼类8目12科32种，两栖类1目2科4种，未记录到爬行类，水鸟类6目11科48种，未记录到哺乳类。国家重点保护野生动物2种。其中，国家Ⅰ级保护野生动物1种，国家Ⅱ级保护野生动物1种。未记录到外来动物。

受上海市林业局管理，成立了崇明县林业站管理机构。主要受到基建和城市化、围垦、外来物种入侵威胁。

#### 4. 长兴岛和横沙岛周缘湿地

长兴岛和横沙岛周缘湿地面积为66941.33公顷，主要湿地类型为河口水域湿地。地理坐标东经121°26′~122°21′，北纬31°07′~31°30′；位于崇明县内。

湿地拥有高等植物2门22科47属53种。无国家重点保护野生植物。记录到外来植物6科12属12种。湿地植物划分为1个植被型组，2个植被型，4个群系。

有脊椎动物16目22科98种。其中，鱼类8目10科33种，两栖类1目1科2种，未记录到爬行类，水鸟7目11科63种，未记录到哺乳类。国家重点保护野生动物3种，均为国家Ⅱ级保护野生动物。未记录到外来动物。

受上海市林业局管理，成立了崇明县林业站管理机构。主要受到基建和城市化、围垦、污染、外来物种入侵威胁。

#### 5. 金山三岛湿地

金山三岛湿地范围面积2583.04公顷，湿地面积为115.46公顷，主要湿地类型为浅海水域湿地和岩石海岸湿地。地理坐标东经121°22′~121°26′，北纬30°40′~30°43′；位于金山区内。

湿地拥有高等植物2门14科18属19种。无国家重点保护野生植物。记录到外来植物1科1属1种。

有脊椎动物13目18科25种。其中，鱼类9目13科20种，未记录到两栖类，爬行类1目1科1种，水鸟3目4科4种，未记录到哺乳类。无国家重点保护野生动物。未记录到外来动物。

受上海市林业局管理，成立了金山区林业站管理机构。金山三岛湿地目前尚未受到各种威胁因子的影响，但从地理位置和周边环境来看，有受到污染的潜在威胁。金山三岛湿地受威胁状况等级为安全。

#### 6. 崇明东滩鸟类国家级自然保护区

崇明东滩鸟类国家级自然保护区范围面积24155公顷，湿地面积为24155公顷，主要湿地类型为淤泥质海滩湿地和潮间盐水沼泽湿地。地理坐标东经121°45′~122°04′，北纬31°25′~31°38′；位于崇明县内。

湿地拥有高等植物2门18科45属53种。无国家重点保护野生植物。记录到外来植物5科12属12种。湿地植物划分为1个植被型组，3个植被型，6个群系。

有脊椎动物20目30科93种。其中，鱼类12目17科38种，两栖类1目2科3种，未记录到爬行类，水鸟类6目10科51种，哺乳类1目1科1种。国家重点保护野生动物8种。其中，国家Ⅰ级保护野生动物1种，国家Ⅱ级保护野生动物7种。在这些重点保护野生动物中，有湿地鸟类8种。未记录到外来动物。

于1998年建立省级自然保护区，2005年晋升为国家级自然保护区。受上海市林业局管理，成立了上海市崇明东滩鸟类自然保护区管理处。主要受到外来物种入侵威胁。

### 7. 九段沙湿地国家级自然保护区

九段沙湿地国家级自然保护区范围面积42020公顷，湿地面积为41281.72公顷，主要湿地类型为河口水域湿地和潮间盐水沼泽湿地。地理坐标东经121°46′~122°15′，北纬31°03′~31°17′；位于浦东新区内。

湿地拥有高等植物2门16科45属49种。无国家重点保护野生植物，记录到外来植物5科9属9种。湿地植物划分为1个植被型组，2个植被型，5个群系。

有脊椎动物17目27科84种。其中，鱼类11目18科38种，未记录到两栖类和爬行类，水鸟类5目8科45种，哺乳类1目1科1种。国家重点保护野生动物2种，均是国家Ⅱ级保护野生动物。未记录到外来动物。

于2000年建立省级自然保护区，2005年晋升为国家级自然保护区。受上海市环保局管理，成立了上海市九段沙湿地国家级自然保护区管理署。主要受到外来物种入侵的威胁。

### 8. 长江口中华鲟自然保护区

长江口中华鲟自然保护区范围面积69600公顷，湿地面积为69600公顷，主要湿地类型为河口水域湿地和淤泥质海滩湿地。地理坐标东经121°45′~122°14′，北纬31°21′~31°38′；位于崇明县内。

湿地拥有高等植物4门41科83属103种。国家重点保护野生植物2种，其中国家Ⅱ级保护野生植物2种。记录到外来植物9科18属19种。湿地植物划分为2个植被型组，4个植被型，8个群系。

有脊椎动物17目27科81种。其中，鱼类10目16科29种，未记录到两栖类和爬行类，水鸟6目10科51种，哺乳类1目1科1种。国家重点保护野生动物8种。其中，国家Ⅰ级保护野生动物1种，国家Ⅱ级保护野生动物7种。未记录到外来动物。

于2002年建立省级自然保护区，年晋升为国家级自然保护区。受上海市农业委员会管理，成立了上海市长江口中华鲟自然保护区管理处。主要受到外来物种入侵威胁。

### 9. 金山三岛海洋生态自然保护区

金山三岛海洋生态自然保护区范围面积1033.59公顷，湿地面积为115.46公顷，主要湿地类型为岩石海岸湿地和浅海水域湿地。地理坐标东经121°23′~121°26′，北纬30°40′~30°43′；位于金山区内。

湿地拥有高等植物2门14科18属19种。无国家重点保护野生植物。记录到外来植物1科1属1种。

有脊椎动物13目18科25种。其中，鱼类9目13科20种，未记录到两栖类，爬行类1目1科1种，水鸟3目4科4种，未记录到哺乳类。无国家重点保护野生动物。未记录到外来动物。

于1991年建立省级自然保护区，年晋升为国家级自然保护区。受上海市海洋局管理，成立了金山三岛海洋生态自然保护区管理署。金山三岛海洋生态自然保护区目前尚未受到其他的威胁，但有受到污染的潜在威胁，受威胁状况等级为安全。

**10. 南汇东滩野生动物禁猎区**

南汇东滩野生动物禁猎区(大堤内)范围面积12250公顷，湿地面积为1781.27公顷，主要湿地类型为草本沼泽湿地和水产养殖场湿地。地理坐标东经121°50′~121°58′，北纬30°50′~31°06′；位于浦东新区内。

湿地拥有高等植物1门21科37属43种。国家重点保护野生植物1种。其中，国家Ⅱ级保护野生植物1种。记录到外来植物6科7属7种。湿地植物划分为1个植被型组，3个植被型，5个群系。

有脊椎动物22目32科101种。其中，鱼类12目15科27种，两栖类1目2科4种，未记录到爬行类，水鸟6目12科67种，哺乳类3目3科3种。国家重点保护野生动物5种。均是国家Ⅱ级保护野生动物。未记录到外来动物。

受上海市林业局管理，成立了浦东新区林业站管理机构。主要受到基建和城市化、围垦、外来物种入侵威胁。

**11. 崇明西沙湿地公园**

崇明西沙湿地公园范围面积363.10公顷，湿地面积为305.81公顷，主要湿地类型为森林沼泽湿地和潮间盐水沼泽湿地。地理坐标东经121°12′~121°15′，北纬31°43′~31°44′；位于崇明县内。

湿地拥有高等植物2门31科65属78种。无国家重点保护野生植物。记录到外来植物8科14属14种。湿地植物划分为3个植被型组，3个植被型，3个群系。

有脊椎动物10目16科39种。其中，鱼类7目11科28种，两栖类1目2科3种，未记录到爬行类，水鸟2目3科8种，未记录到哺乳类。无国家重点保护野生动物。未记录到外来动物。

于2005年建立湿地公园，2011年晋升为国家湿地公园。受崇明县旅游局管理，成立了上海西沙湿地公园管理有限公司。崇明西沙湿地公园目前尚未受到威胁因子的影响，但有受到污染的潜在威胁，受威胁状况等级为安全。

**12. 淀山湖区**

淀山湖区范围面积5584.51公顷，湿地面积为5584.51公顷，主要湿地类型为永久性湖泊湿地和草本沼泽湿地，湖泊为淡水湖。地理坐标东经120°52′~121°01′，北纬31°01′~31°08′；位于青浦区内。

湿地拥有高等植物3门33科56属77种。国家重点保护野生植物2种，均为国家Ⅱ级保护野生植物。记录到外来植物7科9属9种。湿地植物划分为2个植被型组，4个植被型，5个群系。

有脊椎动物20目28科72种。其中，鱼类9目14科45种，两栖类1目3科5种，未记录到爬行类，水鸟7目8科19种，哺乳类2目2科2种。国家重点保护野生动物3种，均是国家Ⅱ级保护野生动物。在这些重点保护野生动物中，没有湿地鸟类。未记录到外来动物。

受上海市林业局管理，成立了青浦区林业站管理机构。主要受到基建和城市化、围垦、污染、水利工程、引排水威胁。

**13. 青草沙水库**

青草沙水库范围面积6535.25公顷，湿地面积为6495.82公顷，主要湿地类型为库塘湿地和草本沼泽湿地。地理坐标东经121°30′~121°43′，北纬31°24′~31°29′；位于崇明县内。

湿地拥有高等植物2门19科36属40种。无国家重点保护野生植物。记录到外来植物1科6属6种。湿地植物划分为1个植被型组，1个植被型，2个群系。

有脊椎动物17目20科53种。其中，鱼类8目10科32种，两栖类1目1科1种，未记录到爬行类，水鸟8目9科20种，未记录到哺乳类。国家重点保护野生动物2种，均是国家Ⅱ级保护野生动物。未记录到外来动物。

受上海市城市建设投资开发总公司管理，成立了上海市城投原水有限公司管理机构。青草沙水库目前尚未受到威胁因子的影响，但存在盐水入侵的潜在威胁，受威胁状况等级为安全。

**14. 陈行水库**

陈行水库范围面积343.78公顷，湿地面积为343.78公顷，主要湿地类型为库塘湿地。地理坐标东经121°19′~121°22′，北纬31°29′~31°30′；位于宝山区内。

湿地拥有高等植物1门8科14属15种。无国家重点保护野生植物。记录到外来植物2科4属4种。湿地植物划分为1个植被型组，1个植被型，1个群系。

有脊椎动物9目13科19种。其中，鱼类1目3科3种，两栖类1目2科2种，未记录到爬行类，水鸟7目8科14种，未记录到哺乳类。国家重点保护野生动物1种，为国家Ⅱ级保护野生动物。在这些重点保护野生动物中，没有湿地鸟类。未记录到外来动物。

受上海市城市建设投资开发总公司管理，成立了上海市城投原水有限公司管理机构。陈行水库目前尚未受到各种威胁因子影响，但有受到泥沙淤积和盐水入侵的潜在威胁，水库受威胁状况等级为安全。

# 参考文献


[1]薄顺奇，袁晓，陆万鹏. 楔尾鹱等7种上海市鸟类新记录[J]. 复旦学报(自然科学版)，2013，52(4)：142－145.

[2]蔡音亭. 上海市环境变化对鸟类的影响[D]. 上海：复旦大学，2011.

[3]蔡音亭，唐仕敏，袁晓，等. 上海市鸟类记录及变化[J]. 复旦学报(自然科学版)，2011：334－343.

[4]蔡友铭，史家明，王天厚，等. 上海西郊湖泊湿地修复的理论与实践[M]. 北京：科学出版社，2007.

[5]操文颖，李红清，李迎喜. 长江口湿地生态环境保护研究[J]. 人民长江，2008，39(23).

[6]车生泉，杨知洁，倪文峰. 上海淀山湖沿岸带生态修复景观模式研究[J]. 中国园林，2008，24(5)：9－14.

[7]陈基炜，梅安新，袁江红. 从海岸滩涂变迁看上海滩涂土地资源的利用[J]. 上海国土资源，2005(1)：18－20.

[8]陈吉余，陈沈良. 长江口生态环境变化和对河口治理的意见[C]. 中国水利学会2002学术年会. 2002.

[9]陈吉余，程和琴，戴志军. 滩涂湿地利用与保护的协调发展探讨——以上海市为例[J]. 中国工程科学，2007，9(6)：11－17.

[10]陈吉余，李道季. 21世纪的长江河口初探[M]. 北京：海洋出版社，2009：48.

[11]陈中义，李博，陈家宽. 长江口崇明东滩土壤盐度和潮间带高程对外来种互花米草生长的影响[J]. 长江大学学报(自然科学版)，2005，2(2)：6－9.

[12]崔保山，杨志峰. 湿地生态环境需水量研究[J]. 环境科学学报，2002，22(2)：219－224.

[13]邓兵，范代读. 海平面上升及其对上海市可持续发展的影响[J]. 同济大学学报(自然科学版)，2002，30(11)：1321－1325.

[14]丁峰元，左本荣，庄平，等. 长江口南汇潮滩湿地污水处理系统的净化功能[J]. 环境科学与技术，2005，28：3－5.

[15]董婷婷. 上海市节约用水及阶梯式水价研究[D]. 同济大学环境科学与工程学院，2009.

[16]杜寅，周放，舒晓莲，等. 全球气候变暖对中国鸟类区系的影响[J]. 动物分类学报，2009，34(3)：664－674.

[17]葛振鸣，周晓，王开运，等. 长江河口典型湿地碳库动态研究方法[J]. 生态学报，2010，30(4)：1097－1108.

[18]葛振鸣. 长江口滨海湿地迁徙水禽群落特征及生境修复策略[D]. 上海：华东师范大学，2007.

[19]关道明. 中国滨海湿地[M]. 北京：海洋出版社，2012.

[20]国家海洋局. 2011年中国海平面公报[EB/OL]. [2012－07－04]. http：// www. coi. gov. cn/gongbao/haipingmian/201207/t20120704_ 23137. html.

[21]中华人民共和国国务院. 关于推进上海加快发展现代服务业和先进制造业建设国际金融中心和国际航运中心的意见[EB/OL]. [2009－4－14]. http：// www. gov. cn/ zwgk/ 2009－04/29/content_ 1299428. htm

[22]胡艳. 上海地区雷暴天气及下垫面特征对它的影响分析[D]. 南京：南京信息工程大学，2006.

[23]胡毅，王雅君. 上海市海洋发展“十二五”规划[EB/OL]. [2012－9－6]. http：// www. cusdn. org. cn/news_ detail. php？ md =261&epid =357&id =213462.

[24]黄华梅，张利权，高占国. 上海滩涂植被资源遥感分析研究[C]. 第十五届全国遥感技术学术交流会论文摘要集. 2005.

[25]黄华梅，张利权，袁琳. 崇明东滩自然保护区盐沼植被的时空动态[J]. 生态学报，2007，27(10)：4166－4172.

[26]黄华梅. 上海滩涂盐沼植被的分布格局和时空动态研究[D]. 上海：华东师范大学，2009.

[27]黄正一，孙振华，虞快，等. 上海鸟类资源及其生境[M]. 上海：复旦大学出版社，1993.
[28]冀永生. 上海市湿地资源现状与保护对策研究[D]. 上海：华东师范大学，2009.
[29]贾治邦. 加强湿地保护促进和谐社会建设[J]. 湿地科学与管理，2006，2(1)：4－6.
[30]敬凯，唐仕敏，陈家宽，等. 崇明东滩白头鹤的越冬生态[J]. 动物学杂志，2002，37(6)：29－34.
[31]乐勤，关许为，刘小梅，等. 青草沙水库取水口选址与取水方式研究[J]. 给水排水，2009，35(2)：46－51.
[32]李行. 长江三角洲海岸侵蚀决策支持系统若干关键技术研究[D]. 上海：华东师范大学，2010.
[33]李建生，程家骅. 长江口渔场渔业生物资源动态分析[J]. 海洋渔业，2005，27(1)：33－37.
[34]李致勋，唐子英，荆建华. 上海鸟类调查报告[J]. 动物学报，1959，11(3).
[35]刘苍字，董永发. 杭州湾的沉积结构与沉积环境分析[J]. 海洋地质与第四纪地质，1990(4)：53－65.
[36]刘杜娟，叶银灿. 长江三角洲地区的相对海平面上升与地面沉降[J]. 地质灾害与环境保护，2005，16(4)：400－404.
[37]刘登国，卢士强，林卫青. 陈行水库水质模型与自净规律研究[J]. 水资源保护，2005，21(2)：40－45.
[38]刘红，何青，吉晓强，等. 波流共同作用下潮滩剖面沉积物和地貌分异规律——以长江口崇明东滩为例[J]. 沉积学报，2008，26(5)：833－843.
[39]刘敏，侯立军，许世远. 底栖穴居动物对潮滩沉积物中营养盐早期成岩作用的影响[J]. 上海环境科学，2003，(3)：180－184.
[40]陆健健，何文珊，童春富，等. 湿地生态学[M]. 北京：高等教育出版社，2006.
[41]马广仁. 在全国湿地保护管理工作处长会议上的讲话[J]. 湿地科学与管理，2009，5(1)：4－9.
[42]马涛，傅萃长，陈家宽. 上海城市发展中的湿地保护与可持续利用[J]. 城市问题，2006(9)：29－32.
[43]马永亮，邹春静，孙卿，等. 基于系统动力学的崇明岛生态需水量预测[J]. 生态学杂志，2008，27：140－144.
[44]解梁军. 风电场在上海地区开发前景探讨[J]. 长春工程学院学报(自然科学版)，2006，7(4)：40－42.
[45]上海百科全书编辑委员会. 上海百科全书[M]. 上海：上海科学技术出版社，2010：631－631.
[46]上海市人民政府. 上海市国民经济和社会发展第十二个五年规划纲要[EB/OL]. [2011-03-02]. http：//www. shanghai. gov. cn/shanghai/node2314/node25307 /node25455 /node25457/u21ai485258. html.
[47]上海市林业局. 上海湿地鱼类资源[EB/OL]. [2008-6-24]. http：//shsd. shidi. org/68E3A109A4E949B2B916D9B3183F8B69_ shsd.
[48]上海市农林局. 上海陆生野生动植物资源[M]. 上海：上海科学技术出版社，2004.
[49]上海市统计局，国家统计局上海调查总队. 2011 年上海市国民经济和社会发展统计公报[EB/OL]. [2012-02-2]. http：//www. stats-sh. gov. cn /sjfb/ 201202/ 239488. html
[50]上海市统计局. 2011 上海统计年鉴，表1. 1 行政区划(2010)[EB/OL]. [2012-07]. http：//www. stats-sh. gov. cn/tjnj/nj11. htm? d1 =2011tjnj/C0101. htm.
[51]上海市统计局. 上海年鉴 2011，(三)人口[EB/OL]. [2012-03-19]. http：// www. shanghai. gov. cn/shanghai/node2314/node24651/node29277/node29283/u21ai593637. html.
[52]上海市统计局. 少数民族人口数量与结构分析[EB/OL]. [2011-11-21]. http：// www. stats-sh. gov. cn/fxbg/201111/235919. html.
[53]孙清，张玉淑，胡恩和，等. 海平面上升对长江三角洲地区的影响评价研究[J]. 长江流域资源与环境，1997(1)：58－64.
[54]孙永涛，张金池. 长江口北支湿地鸟类多样性研究——鸟类物种多样性研究[J]. 湿地科学与管理，2010(3)：50－53.
[55]汤坚，顾长明，周小春. 城市湿地的保护与利用[J]. 北京林业大学学报，2011.
[56]田波，马剑，王祥荣，等. 崇明东滩鸟类自然保护区气候变化脆弱性分析与评价[A]. 中国气象学会. 第27 届

中国气象学会年会应对气候变化分会场——人类发展的永恒主题论文集[C]. 中国气象学会, 2010, 9.
[57]田自强. 中国湿地及其植物与植被[M]. 北京: 中国环境科学出版社, 2011.
[58]汪松年. 上海市水资源普查报告[M]. 上海: 上海科学技术出版社, 2001.
[59]王金辉, 黄秀清, 刘阿成, 等. 长江口及邻近水域的生物多样性变化趋势分析[J]. 海洋通报, 2004, 23(1): 32-39.
[60]吴征镒. 中国植被[M]. 北京: 科学出版社, 1980.
[61]武海涛, 吕宪国. 中国湿地评价研究进展与展望[J]. 世界林业研究, 2005, 18(4): 49-53.
[62]谢小平. 长江河口九段沙形成发展及演化规律研究[D]. 上海: 华东师范大学, 2004.
[63]谢小平, 王兆印. 人类活动对河流泥沙及长江河口潮滩湿地生态环境的影响[C]. 中国水利学会 2005 学术年会. 2005.
[64]谢一民. 上海湿地[M]. 上海: 上海科学技术出版社, 2004.
[65]谢屹, 温亚利. 我国湿地保护中的利益冲突研究[J]. 北京林业大学学报(社会科学版), 2005, 4(4): 60-63.
[66]许世远. 上海城市自然地理图集[M]. 上海: 中国地图出版社, 2004.
[67]许世远, 黄仰松, 范安康. 上海市地貌类型与地貌分区[J]. 华东师范大学学报(自然科学版), 1986(4).
[68]徐其华, 霍美芬, 宋德蕃, 等. 上海水利志[M]. 上海: 上海社会科学院出版社, 1997.
[69]应祖凌. 东滩湿地公园战略研究[D]. 上海: 复旦大学, 2005.
[70]由文辉. 上海的水资源管理和保护[J]. 长江流域资源与环境, 1999(4): 372-377.
[71]由文辉. 淀山湖水生植被资源及其利用[J]. 植物资源与环境学报, 1994(1).
[72]袁庆. 长江口的河口海岸数据服务一体化系统关键技术研究[D]. 上海: 华东师范大学, 2011.
[73]张二凤. 长江中下游人类活动对河流泥沙来源及入海泥沙的影响研究[D]. 上海: 华东师范大学, 2004.
[74]张华鹏. 沙化对向海湿地功能的影响及治理措施研究[D]. 长春: 吉林大学, 2005.
[75]张军宏. 崇明岛及长江口北支全新世沉积特征与沉积环境演变[D]. 上海: 华东师范大学, 2009.
[76]张利权. 河口滩涂的自然演替规律及其生境分布研究[R]. 上海, 2005.
[77]张利权, 丁平兴, 陈吉余, 等. 上海市滩涂湿地可持续发展[R]. 上海:《上海滩涂湿地可持续发展》项目组, 2006.
[78]张爽, 郭成久, 苏芳莉, 等. 不同盐度水灌溉对芦苇生长的影响[J]. 沈阳农业大学学报, 2008, 39(1): 65-68.
[79]张宜莓, 屈云芳. 宝钢水库生态治理研究[C]. 第二届全国宝钢学术年会, 2006.
[80]赵风清. 华夏地块前加里东期变质基底的年代构造格架[J]. 前寒武纪研究进展, 1999(2): 39-46.
[81]郑建平, 徐惠强, 姚志刚, 等. 江苏省太湖流域湿地保护与修复研究[J]. 污染防治技术, 2012(3): 79-82.
[82]周淑贞. 上海城市气候中的"五岛"效应[J]. 中国科学(B辑), 1988(11): 1226-1234.
[83]周云轩, 谢一民. 上海市湿地资源调查与评估体系研究[M]. 上海: 上海科学技术出版社, 2012.
[84]庄平. 长江口生境与水生动物资源[J]. 科学, 2012, 64(2): 19-24.
[85]宗玮, 林文鹏, 周云轩, 等. 基于遥感的上海崇明东滩湿地典型植被净初级生产力估算[J]. 长江流域资源与环境, 2011(11): 1355-1360.
[86]Aber J S, Pavri F, Aber S. Wetland environments: a global perspective[M]. John Wiley & Sons, 2012.
[87]Azous A, Horner R R. Wetlands and Urbanization: Implications for the Future[M]. Taylor & Francis, 2010.
[88]Chen Z M, Chen G Q, Chen B, et al. Net ecosystem services value of wetland: Environmental economic account[J]. Communications in Nonlinear Science and Numerical Simulation, 2009, 14(6): 2837-2843.
[89]Costanza R, d'Arge R, De Groot R, et al. The Value of the World's Ecosystem Services and Natural Capital[J]. Nature, 1997, 387(15): 253-260.
[90]Crowe A. Millennium Wetland Event Program with Abstracts[M]. Canada: Quebec, 2000.

[91]Guo H Q, Noormets A, Zhao B, et al. Tidal effects on net ecosystem exchange of carbon in an estuarine wetland[J]. Agricultural and Forest Meteorology, 2009, 149(11): 1820 – 1828

[92]Kawaguchi Y, Saiki M, Mizuno T, et al. Effects of different bank types on aquatic organisms in an experimental stream: contrasting vegetation cover with a concrete revetment[J]. International Association of Theoretical and Applied Limnoloy, 2006, 29(3): 1427 – 1432.

[93]Mitsch W J, Gosselink J G. Wetlands[M]. Van Nostrand Reinhold Company Inc., 2000.

[94]Wang J, Liu Y L, Ye M Y. Potential impact of sea level rise on the tidal wetlands of the Yangtze River Estuary, China[J]. Disaster Advances, 2012, 5(4): 1076 – 1081.

[95]Wang Q, Jørgensen S E, Lu J, et al. A model of vegetation dynamics of Spartina alterniflora and Phragmites australis in an expanding estuarine wetland: Biological interactions and sedimentary effects[J]. Ecological Modelling, 2013, 250(1753): 195 – 204.

[96]Xu H, Ding H, Li M, et al. The distribution and economic losses of alien species invasion to China[J]. Biological Invasions, 2006, 8(7): 1495 – 1500(6).

[97]Yuan L, Zhang L Q, Xiao D R, et al. The application of cutting plus waterlogging to control Spartina alterniflora on saltmarshes in the Yangtze Estuary, China[J]. Estuarine Coastal & Shelf Science, 2011, 92(1): 103 – 110.

# 附　件

## 上海湿地资源调查主要参与单位及人员

**上海市林业局：** 陆月星、蔡友铭、谢一民、孙余杰、薛程、刘雨邑、张秩通、丁勤华、钱杰

**上海市野生动植物保护管理站：** 裴恩乐、袁晓、薄顺奇

**华东师范大学：** 周云轩、李小平、赵云龙、张利权、田波、袁琳、童春富、袁庆、张林、于鹏、赖婷、钱伟伟、朱春娇、徐德骏、杨小波、何镇、翁骏超、曹浩冰、李莎莎、张天雨、王恒

**上海市应用技术学院：** 邹维娜、陈静、余光良、曹亚峰、汪鸿洋、罗剑、彭健、黄云花、宋宜霖、钟海斌、於开发

**上海市环境科学研究院：** 孙从军、曹勇

**中国水产科学院东海水产研究所：** 陈亚瞿、全为民

**浦东新区林业站：** 罗家渊、孙迎、苗建华、张宝良、黄伟、蔡静萍、李岚、周建明、周义轮、吴时英、顾建明、顾雪峰、汪杰、田广伟、唐海明、朱磊、董云

**金山区林业站：** 杨文良、陆保林、陆纪忠、杨忠弟、谢军辉、周锋、干超峰、顾小斌

**闵行区林业站：** 林靖、茅勤英、金晓云、黄卫明、张晨杰、管利琴、朱海青、庄亮、苏峥春、龚洪斌、钱国英

**松江区林业站：** 范文弟、唐雪元、沈国平、顾旭忠、蔡锋、夏彩云、王晖

**崇明县林业站：** 袁刚、邹锦忠、范凯峰、吴愿兵、李永涛、杨广宇、陆锦昌、丁卫、刘岳、施洪辉、王晓晨

**青浦区林业站：** 汤福明、吴利荣、金燕、陆春燕、唐晓东、钟晨威、潘烨、邵文慧、张毅

**奉贤区林业站：** 夏根龙、褚可龙、徐进、黄军平、蒋文忠

**嘉定区林业站：** 张建强、张伟、归学军、樊敏、梁秀萍、陆万鹏、沈洁

**宝山区林业站：** 张卫国、严宗兴、居益民、李萍、顾捷宇、滕耀华、戚裕锋、张瑜俊、舒丽明、汪海、林平、李根宝、陈大彬、钱剑佳、刘建民、须垚杰

# 后　记

20 世纪 90 年代上海市开展第一次全市湿地资源调查，距今已有十多年。在此期间，上海的湿地状况发生了变化。尤其是近年来，湿地面临着一系列人类活动和自然要素的影响与威胁，主要表现在：快速城市化使得湿地结构、功能和分布不断发生变化，湿地生物资源遭到过度利用，湿地人工化趋势加速；滩涂围垦导致近海与海岸湿地资源总量和比重不断降低，湿地生态发展空间不足；长江上游来水来沙减少、海岸侵蚀、全球气候变化、环境污染以及外来物种入侵等的综合作用，造成湿地资源减少、湿地生物多样性降低、湿地生态功能退化。此外，还存在湿地保护在全市生态文明建设中的地位作用不明确、现有管理体制效率不高、湿地立法长期停留调研阶段、湿地保护规划协调缺失、科研与能力建设投入偏少等问题。

为摸清上海市湿地资源现状，掌握湿地资源动态变化，理清在生态文明建设背景下加强湿地保护、合理利用和科学管理遇到的问题，同时探讨有效的对策，在国家林业局统一部署下，2012 年，上海市正式启动第二次湿地资源调查工作。上海市第二次湿地资源调查是以最新中巴遥感卫星数据为基础，结合 2011 年空间分辨率为 2 米的福卫二号高分辨遥感影像数据，全面精细解译了全市湿地斑块。湿地斑块野外调查修验实施 100% 覆盖，做到全市每块湿地野外现地多点 GPS 定位，共定位 7275 点；对疑似斑块进行现地核实，确保了湿地斑块位置、面积以及相关调查因子的准确性；对湿地植物、周边环境进行现地照片拍摄，共拍摄 36197 张图片，构建了全系列的湿地图片库，为掌握湿地斑块现地情况、监测每块湿地变动状况积累了第一手图片资料。与上海市第一次湿地资源调查数据比较分析，近 10 年来湿地结构、分布和功能发生显著变化。特别是近海与海岸湿地的潮间盐水沼泽和淤泥质光滩湿地总量和比例明显下降，而人工湿地(特别是库塘湿地)面积显著增加，人工湿地比重达到 11. 98% 。按照国家林业局的统一口径计算上海市湿地保护率达到 28. 93% 。

本书是该项调查和研究成果的总结，也是迄今为止较为全面翔实介绍上海湿地资源的专著，主要包括以下几个部分：①基本情况，对上海自然和社会经济状况等方面进行了概述。②湿地类型，说明湿地资源现状、特点与变化，论述上海 5 类 13 型湿地资源现状、特点与分布规律，分析了自第一次湿地资源调查以来上海湿地资源变化情况。③湿地生物资源，详述了上海湿地植被的种类、数量以及分布情况，分析了湿地植被的生态分布和演替规律，阐明了上海外来湿地植物种类、入侵和蔓延分布状况。同时论述了上海湿地的大型底栖生物、鱼类、两栖类、爬行类、鸟类和兽类的现状与特点。④湿地资源利用，从土地使用、供水、净化污染、生物、景观、航运等方面分析了上海市湿地的生态效益、经济效益和利用现状。⑤湿地资源评估，主要对重要湿地的基本情况、水质状况、湿地植物、受胁情况、保护管理和利用现状进行了评价，并从城市化建设、湿地围垦、外来物种入侵、海岸侵蚀、全球气候变化和海平面上升等角度综合分析和评价了湿地与湿地生态系统受威胁情况、保护与利用存在的问题及应对策略。⑥湿地保护与管理，从湿地保护的组织管理、法制建设、体系建设、生态修复、调查监测、执法监管、宣传教育、科学研究和国际合作等方面，全面评估上海湿地保护与管理现状、存在问题及解决对策。

本书共分6章，章节编写分工为：第一章基本情况，由蔡友铭、谢一民、袁晓、薛程编写；第二章湿地类型，由谢一民、薛程、田波编写；第三章湿地生物资源，由裴恩乐、袁晓、陈亚瞿、赵云龙、薄顺奇、田波、周云轩、袁琳、邹维娜编写；第四章湿地资源利用，由薛程、谢一民、裴恩乐、袁晓、刘雨邑、孙从军编写；第五章湿地资源评价，由薛程、田波、周云轩、张利权、童春富、袁庆编写；第六章湿地保护与管理，由谢一民、蔡友铭、孙余杰、薛程编写。蔡友铭、孙余杰、谢一民、袁晓、薛程负责全书的统稿。

特别感谢国家林业局湿地保护管理中心、国家林业局调查规划设计院和上海市、区县林业、环保、水务(海洋)和农业部门的大力支持和协助，感谢国家和上海市林业系统各级领导和专家的悉心指导，同时也要感谢所有参与调查的单位和全体调查队员的通力合作和辛勤工作。感谢本书所有研究者及中国林业出版社对本书顺利出版付出的辛勤劳动和贡献。

《中国湿地资源·上海卷》编写组

2014年6月